J. Gasteiger (Ed.)

Software-Entwicklung in der Chemie 1

Proceedings des Workshops
„Computer in der Chemie"
Hochfilzen/Tirol
19.–21. November 1986

Veranstaltet von der Arbeitsgruppe

CIC Computer in der Chemie

der GDCh-Fachgruppe Chemie-Information

Springer-Verlag
Berlin Heidelberg New York London Paris Tokyo

Priv.-Doz. Dr. Johann Gasteiger
Organisch-Chemisches Institut
Techn. Universität München
Lichtenbergstr. 4, 8046 Garching

ISBN-13: 978-3-540-18465-2 e-ISBN-13: 978-3-642-73080-1
DOI: 10.1007/978-3-642-73080-1

2152/3140-543210

Inhaltsverzeichnis

Vorwort
J. Gasteiger VII

Technisches Vorwort
W. D. Ihlenfeldt, R. Wanke XI

Kommunikation über Computer
H. Schulz 1

Die Datenstruktur des Beilstein für organische Verbindungen
S. M. Welford 5

Graphische Eingabe von chemischen Reaktionen unter Verwendung von GKS auf Mikrocomputern
B. Christoph 13

Eine Verarbeitung der R,S- und E,Z-Nomenklatur zur Spezifikation der Stereochemie
L. Gann 17

PIMM - Ein Kraftfeldprogramm zur Berechnung von Molekülen und Molekülkomplexen
H. J. Lindner 35

RESY - Struktur-Retrieval-System, Baustein eines integrierten Chemie-Systems
W. T. Donner 43

Ein automatisierter Molekülbaukasten
Ch. Hiller 53

Molekulardynamische Simulation von Flüssigkeiten
A. Geiger 67

Lokale Wechselwirkungspotentiale zur Simulation von Wasser und wässrigen Lösungen
Ph. Bopp 69

Ablauf der dezentralen Datenerfassung für das Gmelin-Online-System: Von der Diskette zur Datenbank
M. Klöffler 99

Programme zur Auswertung kristallographischer Daten in Datenbanken
G. Bergerhoff 113

Computerunterstützte Strukturaufklärung organischer Verbindungen: Automatische Interpretation von ^{13}C-NMR-Spektren
W. Robien 119

Multidimensionale Spektroskopie
R. Neudert 127

UNIFAC - ein wichtiges Werkzeug für die chemische Industrie
J. Gmehling 137

Dortmunder Datenbank - Organisation, Stand und Anwendungsmöglichkeiten
J. R. Rarey-Nies 153

Mustererkennung bei dynamischen Prozessen durch Simultanspektroskopie
G. Gauglitz 165

Rechnernetze in der instrumentellen Analytik
D. Ziessow 201

Sprachverwirrungen bei integrierten Mikro-Mainframe Entwicklungen
H. Grotz 215

INFUCHS: Konzept und Entwicklungsstand eines flexiblen Fakteninformationssystems für umweltrelevante Chemikalien
L. Austenat 223

SPEKTREN II - ein strukturorientiertes spektroskopisches Informationssystem auf der Basis einer relationalen Datenbank
T. Förster 241

VORWORT

Software-Entwicklung in der Chemie

- Wissenschaftler, die sich in den verschiedensten Bereichen der Chemie mit der Entwicklung von Computerprogrammen beschäftigen, sollten zum Erfahrungs- und Meinungsaustausch zusammengebracht werden -

Workshop

- eine Arbeitstagung sollte es sein; ein kleiner Kreis an Spezialisten wurde erwartet -

Hochfilzen/Tirol

- ein abgelegener, unbekannter Ort wurde gewählt, um nur wirklich Interessierte in eine Atmosphäre der Abgeschiedenheit zusammenzuholen.

Diese Absichten ließen sich erfüllen; es kam aber doch etwas anders als erwartet: Es blieb nicht bei einem kleinen Kreis hochspezialisierter Experten, sondern die beachtliche Zahl von 136 Teilnehmer aus der BRD, Österreich, der Schweiz und der DDR fand sich zusammen. Und dies obwohl der Workshop zum ersten Mal veranstaltet wurde und obwohl zwischen Ankündigung und Durchführung nur der kurze Zeitraum von fünf Monaten zur Verfügung stand.

Es besteht also ein Bedarf an einer Tagung über Aufgaben und Probleme bei der Entwicklung von Computerprogrammen für chemische Fragestellungen. Und, dieses Gebiet ist nicht mehr nur das Betätigungsfeld einiger weniger Spezialisten, sondern kann schon breitere Aufmerksamkeit auf sich ziehen:

Die Chemie ist reif für den Computer geworden.

Nun, Computer werden in der Chemie schon seit langem eingesetzt. Computer werden zur Durchführung numerischer Rechnungen herangezogen wie z.B. bei quantenmechanischen Verfahren. Und auch die Chemie-Dokumentation ist kaum mehr ohne Computer vorstellbar. Aber über diese längst etablierten Anwendungen von Computern in der Chemie hinaus wurden in den letzten Jahren eine Reihe weiterer Gebiete eröffnet: Von der wissenschaftlichen Textverarbeitung bis zur Erstellung von Expertensystemen.

Die Chemie ist ein Wissensgebiet, das besonders geeignet ist, mit Hilfe des Computers neue Möglichkeiten der Problemlösung erschlossen zu bekommen. Chemisches Wissen gründet sich weniger auf explizit angebbare, lösbare mathematische Gleichungen als vielmehr auf Gesetzmäßigkeiten und

Regeln, die aus vielen Einzelbeobachtungen, aus einer Fülle von Information abgeleitet wurden.

Der Computer bietet Möglichkeiten, die ihn besonders geeignet zur Verarbeitung chemischer Information machen:
- schnelle Rechenoperationen
- viel Speicherplatz
- logische Operationen
- graphische Darstellung.

Auch innerhalb der Gesellschaft Deutscher Chemiker wurde die Bedeutung des Computers längst erkannt; in verschiedenen Fachgruppen wurden Arbeitskreise und -gruppen eingerichtet, um den Einsatz von Computern zu fördern und dadurch chemische Probleme besser zu lösen. Diese Abteilungen haben auf ihren Gebieten oft Beachtliches geleistet und interessante neue Anwendungen für Computer erarbeitet. Jedoch wurden diese Ergebnisse meist kaum über den Kreis der Gruppenmitglieder hinaus bekannt.

Allmählich wurde aber immer deutlicher, daß für den Einsatz von Computern in der Chemie, unabhängig von der speziellen Einzelanwendung, oft eine Reihe ähnlich gelagerter Aufgabenstellungen zu lösen ist. In zunehmendem Maße wurde daher der Ruf nach einem gemeinsamen Forum für den Gedanken- und Erfahrungsaustausch laut. Übergreifend über die einzelnen Spezialdisziplinen hinweg sollte die Kommunikation zwischen den Wissenschaftlern, die sich mit dem Einsatz des Computers zur Lösung chemischer Problemstellungen beschäftigen, erhöht werden. Aus den unterschiedlichen Ansätzen heraus könnten, in einem synergetischen Effekt, neue Erkenntnisse gewonnen werden.

Die GDCh-Fachgruppe "Chemie-Information" erkannte die Zeichen der Zeit und rief im November 1985 eine Arbeitsgruppe ins Leben, die sich die Bezeichnung "CIC - Computer in der Chemie" gab. Es ist ganz folgerichtig, daß die Initiative hierfür von der Fachgruppe "Chemie-Information" ausging. Denn diese Fachgruppe ist für alle traditionellen chemischen Einzeldisziplinen offen; Information ist die Grundlage jeder chemischen Wissenschaft. Darüberhinaus hat der Computer im Bereiche der Information und Dokumentation schon längst einen festen Platz erhalten; die Bewältigung der Informationsflut wäre ohne Computereinsatz nicht mehr möglich.

Die Arbeitsgruppe CIC will der Zersplitterung der Interessen entgegenwirken und Mechanismen für einen intensiveren Gedankenaustausch einrichten. Insofern versteht sich die Arbeitsgruppe CIC nicht als Konkurrenz zu bereits bestehenden Gruppierungen, die den Einsatz des Computers in der Chemie fördern wollen, sondern will deren Arbeiten unterstützen und verstärken.

Zur ersten wissenschaftlichen Bestandsaufnahme und um fachübergreifende Kontakte zu knüpfen, wurde im November 1986 in Hochfilzen/Tirol der Workshop "Software-Entwicklung in der Chemie" veranstaltet.

Mit dem Tagungsprogramm sollten zunächst die Grundlagen der Verarbeitung chemischer Information mit dem Computer angesprochen werden, damit ein gemeinsamer Nenner für weitere Diskussionen geschaffen wird. Das Fundament der Chemie sind Verbindungen und deren Eigenschaften, und die gilt es im Computer zu repräsentieren. Dementsprechend wurde jeweils ein halber Tag Vorträgen über die Codierung struktureller und sterischer Merkmale, über die Modellierung von Molekülen und deren Dynamik und über Spektrensammlungen und Faktendatenbanken gewidmet, bevor mit zusätzlichen Beiträgen in weitere Anwendungsgebiete vorgestoßen wurde.

In diesem Tagungsband sind diejenigen Vorträge des Workshops gesammelt, für die Manuskripte oder Zusammenfassungen eingingen. Leider können aber nicht die intensiven Diskussionen wiedergegeben werden, die das Besondere dieser Veranstaltung ausmachten.

Die Durchführung einer Tagung erfordert natürlich die Mitarbeit vieler Personen. Mein Dank gilt dabei den Mitgliedern der Arbeitsgruppe und des wissenschaftlichen Komitees, den Herren Dr.W.Bremser, Prof.Dr.J.Brickmann, Dr.C.Jochum, Dr.V.Schubert, Dr.J.H.Winter und Prof.Dr.D.Ziessow. Die gesamte Korrespondenz und das Tagungsbüro wurde bestens von Frau Claudia Götz und Frau Clarissa Götz betreut. Ein besonderer Dank gilt auch Herrn Bürgermeister J. Bergmann, Frau M.Perterer und Frau Herta Gfäller sowie vielen anderen aus dem Orte Hochfilzen, die vielfältige und bereitwillige Hilfe gaben.

Der Fachgruppe "Chemie-Information" der Gesellschaft Deutscher Chemiker sei für den Versand der Zirkulare gedankt; dem Bundesministerium für Forschung und Technologie für einen Zuschuß zur Tagung.

Mit der Erstellung des Tagungsbandes sollte die Aufbereitung von Manuskripten verschiedener Textverarbeitungssysteme erprobt werden. Die dabei aufgetretenen Probleme und Lösungen hierfür werden von den Bearbeitern Roland Wanke und Wolf-Dietrich Ihlenfeldt in einem eigenen Vorwort dargelegt.

Über die Tagung wurde in einem Beitrag von Frau Hedda Schulz in den Nachrichten aus Chemie, Technik und Laboratorium (35 (1), 19 (1987)) berichtet. Dieser Artikel wird hier nochmals wiedergegeben, da er ein hervorragendes Stimmungsbild zeichnet. Für die Erlaubnis zum Abdruck sei der VCH Verlagsgesellschaft gedankt.

Johann Gasteiger

Technisches Vorwort

oder

Desk Top Publishing ???

Bei einem gewöhnlichen Zeitschriftenartikel wird das Erzeugen einer "druckfertigen" Vorlage vom Verlag übernommen. Bei einem Tagungsband, an dem wohl nicht viel zu verdienen ist, sind die Autoren bzw. die Herausgeber selbst für das ansprechende Äußere verantwortlich.

Behilflich dabei sind ihnen, zumal wenn sie ohnehin Umgang mit Computern haben, diverse Textverarbeitungssysteme. Am verbreitetsten auf dem PC-Sektor ist wohl immer noch WordStar ®, in neuerer Zeit werden auch T^3 ® (wenn man viele Formeln zu schreiben hat) und 1stWord ® (auf dem Atari) verwendet.

Diese PC-Textverarbeitungssysteme sind zwar mehr oder weniger benutzerfreundlich, die Qualität der erzeugten Texte ist aber meist durch die vorhandenen Ausgabemedien begrenzt. Nadeldrucker zeigen auch mit ihren besten Vertretern eben nur *Near* Letter Quality, Typenraddrucker sind aufgrund ihres beschränkten Zeichenvorrats für wissenschaftliche Zwecke nur bedingt einsetzbar.

Das Ziel aller Wünsche könnten die Laser Drucker sein: Sie verfügen über eine (fast) unendliche Vielfalt von Zeichensätzen und erzeugen ein qualitativ hochwertiges Schriftbild.

Aber: Wenn man nicht für ein Heidengeld ein vernünftiges Textverarbeitungssystem hinzukauft, so hat man nur die Wahl zwischen den - fast - kostenlosen Programmen troff und **TEX**. Und beide leiden daran, etwas unübersichtlich zu sein (siehe z.B. die troff-Eingabe für diesen Absatz).

```
     Aber: Wenn man nicht f\*:ur ein Heidengeld ein vern\*:unftiges
Textverarbeitungssystem hinzukauft, so hat man nur die Wahl zwischen
den \(hy fast \(hy kosten\%losen Programmen
'us"troff
und\fB T\v'0.3'\s-4E\s0\v'-0.3'X\fP\&. Und beide leiden
daran, etwas un\*:ubersichtlich zu sein (siehe z\&.B\&. die troff\(hyEingabe
f\*:ur diesen Absatz)\&.
\.br
```

Wir haben nun versucht, die angenehme Erstellung von Texten mit einem PC-Textverarbeitungssystem mit dem ansprechenden Druckbild eines Laserdruckers zu verbinden und die Konversion zwischen den beiden Formaten zu automatisieren. Da wir im Institut zur Textverarbeitung Atari-PC's benutzen, wurden die Programme so geschrieben, daß sie auf 1stWord-Dateien ausgerichtet sind. Es sollen aber auch normale ASCII-Dateien verarbeitet werden können.

Der Werdegang einer WordStar-Datei im IBM-Format sieht dann etwa so aus:

- Zunächst wird die Datei an einem IBM-kompatiblen PC (Olivetti M24) eingelesen. Dann muß das interne Datenformat von WordStar in ASCII-Format umgewandelt werden. Dazu bietet WordStar die Möglichkeit, auf eine Datei zu drucken. Dann muß die Datei auf den Atari gebracht werden, aber das geht natürlich nicht direkt, denn wer hat schon mal davon gehört, daß man zwei verschiedene Rechner einfach zusammenhängen könne?

- Die Datei wird daher zunächst an die Cyber 990 unseres Rechenzentrums übertragen, von wo aus sie auf den Atari überspielt werden soll. Die Übertragung vom Olivetti an die Cyber geht bei drei Dateien problemlos, bei einer vierten stürzt die Übertragung ab. Was war geschehen? Die von WordStar erzeugte ASCII-Datei war doch nicht so ganz ASCII. Die Steuerzeichen für Unterstreichungen waren im Text noch vorhanden. Na ja, wenns weiter nichts ist.

- Die Übertragung Cyber --> Atari läuft problemlos. Bevor man die Datei in 1stWord einlesen kann, müssen die Leerzeichen (1stWord unterscheidet - wie andere Textverarbeitungssysteme auch - zwischen Leerzeichen, die vom Benutzer eingegeben wurden und solchen, die das Programm eingefügt hat) und Umlaute in das 1stWord-Format übertragen werden. Anschließend müssen in jeder Zeile die Leerzeichen vor der ersten Spalte entfernt werden, wobei leider Information über Zentrierung oder Einrückung von Absätzen verlorengeht. Dies ist jedoch unumgänglich, da ***troff*** bei Zeilen, die mit einem Leerzeichen beginnen, einen Zeilenumbruch durchführt und außerdem wegen der variablen Zeichenbreite eine Positionierung durch Einfügen von Leerzeichen ohnehin nicht erfolgen kann.

- Beim Einlesen in 1stWord laufen die Bearbeitung von ASCII-Dateien zusammen mit jenen, die direkt mit 1stWord erstellt wurden. Hier können noch problemlos Hoch- und Tiefstellungen sowie die verschiedenen Schriftarten (normal, fett, kursiv, unterstrichen) eingestellt werden.

- Jetzt werden noch Steuerzeichen für den Zeilenumbruch am Ende eines Absatzes eingefügt. Nun kann die Datei "gedruckt" werden. Wir haben einen eigenen Druckertreiber geschrieben, der für Sonderzeichen, Schriftartwechsel u.ä. die ***troff*** - Steuersequenzen in den Text einfügt. Gedruckt wird direkt über die serielle Schnittstelle in eine Datei unseres Cadmus 9200, auf dem ***troff*** installiert und der Laserdrucker angeschlossen ist.

- Hier müssen nur mehr die Informationen, die durch das einseitige Ausrichten verlorengegangen sind, wieder von Hand restauriert werden. Und dann beginnt das langwierige Geschäft des Page Layout...

W. D. Ihlenfeldt, R. Wanke

Kommunikation über Computer

H. Schulz

(Dieser Beitrag erschien in den Nachrichten aus Chemie, Technik und Laboratorium Bd.35, S.19 (1987). Wir danken der VCH Verlagsgesellschaft für die freundliche Genehmigung zum Abdruck dieses Berichtes.)

Das hat wohl keiner erwartet, der zur Tagung "Software- Entwicklungen in der Chemie" nach Hochfilzen/Tirol reiste: Als Workshop war diese Veranstaltung angekündigt, um - so vermuteten sowohl die Veranstalter als auch die Teilnehmer - einer kleinen Gruppe von Interessierten und Engagierten ein Forum zu schaffen, auf dem über Erfolg und Mißerfolg des Computereinsatzes in der Chemie berichtet und Erfahrungen ausgetauscht werden sollte. Doch sie kamen in Scharen - über 130 Teilnehmer - ins abseits von jeglichem Tourismus gelegene, noch schneefreie und verschlafene Hochfilzen (in der Nähe von St. Johann), das kaum einer der Teilnehmer vorher kannte. J. Gasteiger von der TU München, der aus der Überzeugung, daß endlich auch in Deutschland ein Forum für Software-Entwicklungen in der Chemie geschaffen werden sollte, diese Veranstaltung privat organisierte (sie stand jedoch unter dem Zeichen der Arbeitsgruppe "CIC Computer in der Chemie" der GDCh-Fachgruppe Chemieinformation) und sich nicht durch Auflagen und organisatorische Schwierigkeiten beirren ließ, war selbst am meisten vom regen Zuspruch überrascht: denn der kleine Ort schien mit seiner Bettenkapazität vollkommen überfordert zu sein, so daß C. Jochum vom Beilstein-Institut mit seinen Mitarbeitern in der örtlichen Jugendherberge übernachten mußte.

In Hochfilzen trafen sich zu einer Art Klausurtagung alle diejenigen, die sich mit Software-Entwicklungen in der Chemie beschäftigen oder sich zumindest dafür interessieren (auch die DDR war mit einem Teilnehmer vertreten): 50% der 130 Teilnehmer kamen aus Hochschulen und Universitäten, und das Durchschnittsalter der Teilnehmer war dementsprechend relativ niedrig. Und da möge noch jemand behaupten, daß an deutschen Universitäten der Computer im Bereich der Chemie nicht eingesetzt wird! Es scheint zwar, daß Computer nur in bestimmten Gebieten, meistens in der physikalischen Chemie, und auch erst an einigen Universitäten als Hilfsmittel in der Forschung eingesetzt werden, aber dort, wo die Rechner Eingang gefunden haben, sind höchst interessante Programme entstanden, die leider bis jetzt viel zu sehr im Dunklen geblieben sind. Diese Entwicklungen brauchen die Öffentlichkeit - auch die amerikanische - nicht zu scheuen, obwohl sicher noch ein Defizit vorhanden ist. Aber erstaunlich an dieser Veranstaltung war es doch, daß die Industrie kaum Notiz von dieser Entwicklung an den deutschen Universitäten im Bereich der Chemie nimmt, obwohl sie sich doch sonst so sehr darüber beklagt, daß die Chemiestudenten zu wenig

J. Gasteiger (Hrsg.)
Software-Entwicklung in der Chemie

praxisbezogen ausgebildet werden. Nur etwa zehn Vertreter aus der chemischen und pharmazeutischen Industrie scheinen den Bereich der Computeranwendungen in diesem Bereich nur schlecht zu repräsentieren. Oder richtet man sich dort alleine nach US- Standards und -Anwendungen, ohne sich für die Entwicklungen vor der eigenen Tür zu interessieren oder diese gar zu fördern? Da bezeugen die Hard- und Softwarehersteller größeres Interesse, denn Vertreter von IBM und Honeywell Bull, Bruker und Molecular Design waren anwesend.

Selten hat man eine Tagung erlebt, bei der die 130 Teilnehmer von morgens 8.30 Uhr bis nach 22.00 Uhr zusammenblieben, um zu diskutieren und Kontakte zu knüpfen. Selbst als bekannt wurde, daß am Donnerstag die Abendveranstaltung, ein Dia- und Videovortrag "Kunst und Computer" ausfallen mußte, da der Vortragende, J. Brickmann von der TH Darmstadt, im letzten Moment verhindert war, wurde dies zwar allgemein mit großem Bedauern aufgenommen, doch sofort wurde der Vorschlag begeistert akzeptiert, an diesem Abend eine offene Diskussion über die Tagung selbst und über die Zukunft solcher Workshops zu veranstalten. Denn der einzig negative Punkt der Tagung war, daß gegenüber den vielen, sehr interessanten Vorträgen zu wenig Raum für Diskussionen blieb.

Nicht nur der äußere Rahmen und die Atmosphäre der Veranstaltung waren überraschend und bemerkenswert, auch die gute Qualität der Vorträge soll hervorgehoben werden, denn die meist jungen Vortragenden verstanden es in überzeugender Weise, ihre Gedanken in Wort und Bild auszudrücken. Thematisch waren die Vorträge in vier Gruppen zusammengefaßt, die mehr oder weniger die verschiedenen Entwicklungsbereiche der Software in der Chemie widerspiegeln:

Codierung struktureller und sterischer Merkmale

Obwohl der GREMAS-Code von R. Fugmann in den siebziger Jahren Maßstäbe für die Codierung chemischer Verbindungen gesetzt hat, scheint sich seitdem in der chemischen Industrie nichts grundsätzlich Neues getan zu haben. In den Vorträgen, die aus den verschiedensten Bereichen stammten, sowohl aus der praktischen Anwendung - Beilstein, Fachinformationszentrum Chemie, chemische Industrie - als auch aus der Forschungsarbeit an den Universitäten, wurde deutlich herausgestellt, daß die topologische Codierung noch immer die Grundlage für die Speicherung chemischer Verbindungen bildet. Allerdings konzentriert sich die heutige Entwicklung auf die genauere Beschreibung der Bindungstypen. So erhält z.B. die Speicherung oder auch die automatische Zuordnung von Stereoinformationen eine zentrale Bedeutung: Beide großen Faktendatenbanken, die gerade in der Bundesrepublik aufgebaut werden, die Beilstein- und die Gmelin-Datenbank, werden die codierten Strukturen mit entsprechend codierten Stereoinformationen enthalten - im Gegensatz zu den CAS-Strukturen, bei denen die Stereoinformationen nur im Text als Teil des Verbindungsnamens genannt werden.

Modellierung von Molekülen und Computergraphik

Faszinierend ist und bleibt Molecular Modelling. Die Berechnung und die farbige, dreidimensionale Darstellung von Molekülen war bis vor kurzem nur Groβrechnern vorbehalten. M. Waldherr-Teschner von der TH Darmstadt zeigte in seinem Vortrag, daβ selbst die Darstellung der Kalottenmodelle von kleinen und mittleren Molekülen auf einem Mikrocomputer, dem Amiga von Commodore, möglich ist - mit farbigen Schattierungen so dargestellt, als ob dieses dreidimensionale Molekül von vorne beleuchtet wird. Mit seinem "automatisierten Molekülbaukasten" gelingt es Ch. Hiller von der TU München, aus der Konnektivitäts- und Stereoinformation die dreidimensionalen Atomkoordinaten für organische Moleküle zu erzeugen. In verschiedenen Schritten berechnet das Programm Bindungslängen, Bindungswinkel und Torsionswinkel, die dann in kartesische Atomkoordinaten umgewandelt werden. Dieser Molekülbaukasten wird jetzt schon zur Struktur-Wirkungsanalyse von süβschmeckenden Verbindungsklassen eingesetzt.

Angesichts der Möglichkeiten des Molecular Modelling ist man erstaunt zu hören, daβ trotz all der computerunterstützten Möglichkeiten die Eigenschaften des Wassers noch nicht voll erforscht sind. Mit Hilfe molekulardynamischer Simulationsrechnungen versucht man, das Wasserstoffbrücken-Netzwerk quantitativ zu beschreiben oder z.B. intermolekulare magnetische Dipol-Dipol-Wechselwirkungen zur Untersuchung von Struktur und Dynamik von Flüssigkeiten zu bestimmen. Doch für all die Modelle, die in den letzten Jahren zur Berechnung der inter- und intramolekularen Wechselwirkungspotentiale entwickelt wurden, gilt der Spruch: "Alle Modelle sind falsch, nur einige wenige sind nützlich"!

Spektrensammlungen und Faktendatenbanken

Heute sind Literaturdatenbanken kaum noch ein Diskussionspunkt. Sie gehören - oder sollten es zumindest - zum allgemeinen Rüstzeug bei der Chemie-Ausbildung und Forschung. Dagegen rücken Faktendatenbanken immer mehr in den Blickpunkt des Interesses. G. Bergerhoff von der Universität Bonn zeigte, welche Möglichkeiten eine zentrale Sammlung von kristallographischen Daten bietet, die nicht nur von einem Forschungsinstitut oder einer Universität, sondern überregional aufgebaut wurde. An solche Datenbanken können eigene Programme angebunden werden, um neue Theorien zu überprüfen und vorhandenes Wissen mit neuen Erkenntnissen zu vergleichen. Im Bereich der anorganischen Chemie sind solche zentralen Faktendatensammlungen anerkannt und haben dazu geführt, daβ bei Publikationen die entsprechenden Analysenergebnisse zentral hinterlegt werden. Diese Entwicklung wird auch in der organischen Chemie gefordert: Die Daten der ^{13}C-NMR-, IR- und Massenspektren sollten bei Publikationen ebenfalls zentral hinterlegt werden. Hier wird natürlich die Mitarbeit der verschiedenen Redaktionen von Fachzeitschriften gefordert. Aus zentral hinterlegten

Spektren könnten dann allgemein zugängliche Datenbanken aufgebaut werden. Ganz besonders fasziniert die multidimensionale Spektroskopie, die von R. Neudert (BASF) vorgestellt wurde. Das Konzept basiert auf einem Interpretationssystem zur kombinierten Analyse von ^{13}C- und ^{1}H- NMR, IR- und Massenspektren. Durch die Interpretation der verschiedenen Spektren und dem Vergleich der daraus folgenden (hoffentlich eindeutigen!) Molekülvorschläge soll es langfristig möglich sein, Strukturaufklärung per Computer zu betreiben. Dies ist sicher ein sehr großes Projekt; Teilbereiche davon werden gerade bei der BASF für die Analyse von Massenspektren verwirklicht.

Vermischtes

Besonders beachtet wurde der Vortrag von D. Ziessow (TU Berlin), der seine Vorstellungen und deren beginnende Verwirklichung der computerintegrierenden Chemie darlegte. Wichtig ist nicht nur die Entwicklung von Software, sondern auch, daß die Kommunikation zwischen den einzelnen Entwicklungsgruppen ständig aufrecht erhalten wird. Die ist mit den heutigen Möglichkeiten von lokalen Rechnernetzen und auch der Datenfernübertragung z.B. über das Deutsche Forschungsnetz (DFN) möglich. Das DFN, über das heute schon eine Vielzahl von Arbeitsgruppen in Berlin, Bochum, Düsseldorf, Frankfurt, Karlsruhe, Tübingen, Darmstadt und München verbunden ist, bietet nicht nur den Transfer von Informationen, z.B. von Spektren zur Auswertung und von Fremdprogrammen zur besseren Interpretation, zum zentralen Gebrauch von Spektrenbibliotheken und Parametersammlungen, sondern ist auch ein Medium für schnelle Dienstleistungen (z.B. spektroskopische Messungen) bis hin zum schnellen Informationsaustausch über den "elektronischen Postweg".

Um nicht nur auf diese relativ anonyme Kommunikation über einen Rechnerverbund angewiesen zu sein, sind solche Tagungen wie diese in Hochfilzen wichtig und notwendig. Deshalb wurde auch am Ende der Tagung angeregt, daß dieser "Workshop" jährlich stattfinden soll. Die einheitlich positive Beurteilung kann daran gemessen werden, daß die Mehrzahl der Teilnehmer trotz der zum Teil langen Anfahrt den gleichen Tagungsort für November 1987 wünschte. Fazit dieser Veranstaltung: Bei den "Computerleuten" kam die oft sehr trockene Atmosphäre einer honorigen Chemie-Tagung nicht auf. Hier wurden Mentalität und Engagement einer neuen Generation sichtbar, und nicht nur einer neuen "Computer-Generation"!

Die BEILSTEIN Datenstruktur für organische Verbindungen

S.M. Welford

Beilstein Institut
Varrentrappstr. 40-42
D-6000 Frankfurt/Main 90

Dieser Vortrag beschreibt Aspekte des Prozesses der Beilstein Strukturregistrierung, im besonderen die hauptsächlichen Software Komponenten und die Beilstein Registry Connection Tables für die organischen chemischen Verbindungen.

Dieser Vortrag beschreibt kurz das System der Beilstein Struktur Registrierung, dessen Entwicklung einen Hauptteil des Beilstein Online Projekts ausmacht. Dieses Projekt begann 1984 mit den folgenden Zielsetzungen:

- Es sollte eine Konvertierung in maschinenlesbare Form vorgenommen werden für erstens das bereits gedruckte Material des Beilstein Handbuchs der organischen Verbindungen zweitens die vorliegenden Abstracts (Zettel) für die Literatur des Zeitraums von 1960 - 1980, die jetzt als geprüfte und redundanzfreie Daten im E V veröffentlicht werden, sowie drittens für die Daten, die aus der aktuellen Literatur excerpiert werden.

- Diese Datenbank soll für Online Zugriff bereitgestellt werden, das heißt, für den weltweiten Online Zugriff über öffentliche Hosts auf der einen Seite, aber auch die Struktur Datei zusammen mit geeigneter Suchsoftware für den Inhouse Gebrauch von chemischen Firmen auf der anderen Seite.

Die Datenbank besteht aus den Strukturen der chemischen Verbindungen und aus den Daten über ihre chemischen und physikalischen Eigenschaften, zum Beispiel chemische Bildung, elektrische und optische Eigenschaften, Spektren, usw. Für viele Verbindungen ist die Anzahl der bekannten Eigenschaften klein, typisch sind 5, während für andere die bekannten Daten mehrere hundert Seiten im Beilstein Handbuch füllen.

Aus diesem Grunde sind sowohl die chemische Struktur als auch numerische und alphanumerische Daten in der Beilstein Datenbank enthalten. In Anbetracht dieser Daten wurde eine Datenstruktur definiert, die es erlaubt, über 500 verschiedene chemische und physikalische Eigenschaften für jede Verbindung zu beschreiben. Davon sind über 200 auf Existenz suchbar und über 60 numerisch. Als DBMS wird Adabas für diese Daten verwendet, das umfassende Datenbankerhaltung, Update, Datensicherheit und Suchmöglichkeiten garantiert.

J. Gasteiger (Hrsg.)
Software-Entwicklung in der Chemie

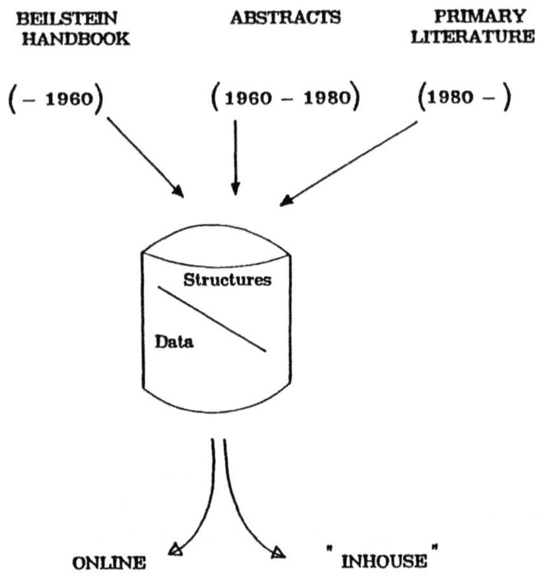

Die chemischen Strukturen auf der anderen Seite werden nicht unter Adabas gespeichert, sondern im "Structure Registry File", einem Teil des "Structure Registry System". Mit jeder Struktur ist eine eindeutige "Registry Number" gespeichert, die die Verbindung zwischen dem "Registry File" und den Adabas - Fakten - Files herstellt.

Das "Structure Registry System" erfüllt die folgenden Ziele:

- Es soll gesichert sein, daß jede unterschiedliche Verbindung nur einmal im "Registry File" beschrieben ist; das beinhaltet eine eineindeutige Darstellung der Connection tables.

- Eine schnelle Entscheidung, ob eine Struktur bereits im "Registry File" enthalten ist oder neu hinzukommt, soll getroffen werden können: Das ist notwendig für den Update der Datenbank und wird auch für eine Vollstruktursuche benutzt.

  Zur Zeit ist es vorgesehen, den Zugriff über einen Hash - Code zu realisieren, der direkt mit den Connection Tables der Strukturen operiert.

- Für eine flexible Substruktursuche soll gesorgt werden, die allein oder in Verbindung mit Faktensuchen in den Adabas Fakten - Files genutzt werden kann.

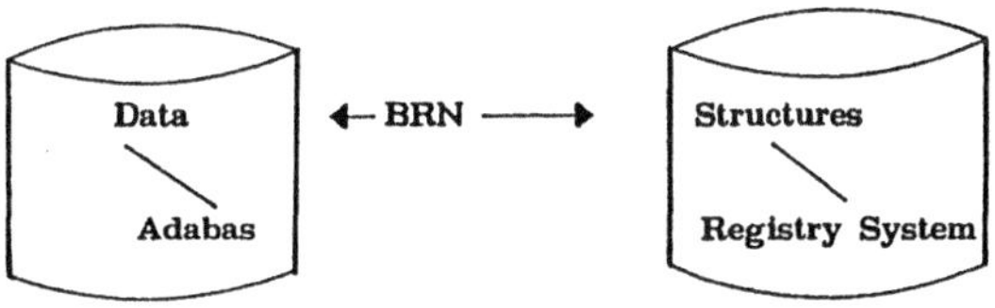

Aims of the Structure Registry System:

1. unique and unambigous CT
2. structure already present, or new ?
3. substructure search capability

Das "Structure Registry System" selbst enthält einige Haupt - Software - Module. Einige von ihnen sind die folgenden:

Ein Connection table Conversions Modul ermöglicht den Zugang zum "Registry System" und liest Strukturen für die Registrierung in jedem der möglichen Eingabeformate. Zum Beispiel, Strukturen aus dem Abstract Material für den Zeitraum von 1960 - 1980 und die aus der aktuellen Literatur excerpierten, werden mittels des graphischen Inputprogramms MOLMOUSE eingegeben. Strukturen aus dem gedruckten Handbuch werden automatisch eingegeben durch Bearbeitung des Gesamtregisters mit einem Namenübersetzungsprogramm. Das "Registry System" wandelt diese Connection tables in ein einfaches "Arbeitsformat" um.

Jede Struktur wird dann mit einer Reihe von Software Modulen - STEREO, TAUTOMER bzw. MORGAN - bearbeitet. Der STEREO Modul enthält ein Programm, das an der TU München geschrieben wurde - Herr Gann wird dieses Programm später erläutern. Nur kurz, der STEREO Modul findet alle "chiral" Zentren und stereometrischen Doppelbindungen im Molekül und berechnet unter Benutzung der x- und y-Koordinaten des graphischen Inputs den Cahn-Ingold-Prelog Stereodeskriptor für jedes "chirale" Zentrum und jede Doppelbindung.

Der TAUTOMER Modul identifiziert dann alle möglichen mobilen Atome und Ladungen im Molekül und entscheidet, mit welchen Atomen des Strukturgraphen jedes mobile Atom oder Ladung verbunden sein kann. Der Algorithmus, der diese mobilen Atome und Ladungen findet, ist ähnlich dem, der bei CAS eingesetzt wird. Er ist allerdings noch nicht bei uns in der Software implementiert. Es gibt jedoch einen wesentlichen Unterschied zwischen unserer Lösung des Tautomerproblems und der CAS-Lösung. Ich werde noch darauf zurückkommen.

Nachdem die Struktur mit dem STEREO- und TAUTOMER-Modul bearbeitet wurde, werden explizit übriggebliebene Wasserstoffatome beseitigt und der Strukturgraph wird eindeutig durch den MORGAN-Modul numeriert. Dieser Modul führt den Morgan Algorithmus aus, der erweitert wurde, um die stereochemischen Informationen, die durch den STEREO-Modul erzeugt wurden, einzubeziehen.

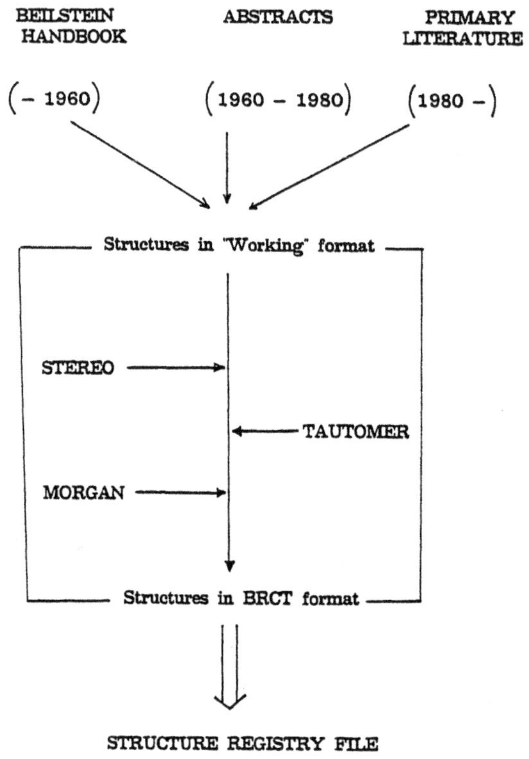

Unter Benutzung der Morgan Numerierung wird die Connection Table im "Arbeitsformat" in die "Beilstein Registry Connection Table", kurz BRCT genannt, umgewandelt.

Die BRCT wurde so entworfen, daß sie kompakt und flexibel ist. Sie besteht aus einer Anzahl von Listen variabler Länge, wie in diesem Bild zu sehen ist.

BRCT Version 1.00

HD	Header list
PI	π-bonding electron list
FR	From list
RC	Ring-closure list
AT	Atom list
LH	Localised Hydrogens list
AS	Stereo-atom list
BS	Stereo-bond list
XS	Stereo-axis list
VA	Non-default valence list
LC	Localised charge list
DC	Delocalised charge list
LR	Localised radical list
DR	Delocalised radical list
MA	Abnormal mass (known location) list
MU	Abnormal mass (unknown location) list
HI	Hydrogen isotope (known location) list
HU	Hydrogen isotope (unknown location) list
TM	Tautomer group "mobile" list
TL	Tautomer group "localised" list
SD	Supplementary descriptors list

Drei Listen sind vorgeschrieben und müssen in jeder "Registry Connection Table" vorhanden sein. Das sind die sogenannte "Header" HD Liste, die PI Liste und die FR Liste. Die übrigen Listen sind wahlweise und nur dann in der BRCT vorhanden, wenn sie notwendig sind. Die Benutzung dieser Listen wird am folgenden Beispiel veranschaulicht.

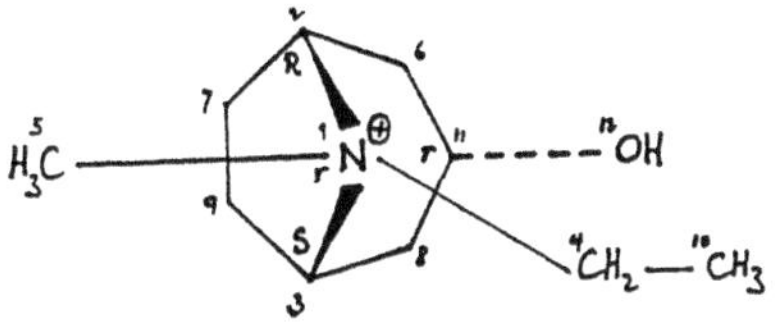

HD	0	69	n	n	n	n	12	6	0	0	0	0
PI	0 0 0 0	0 0 0 0	0 0 0 0									
FR	1	1	1	1	2	2	3	3	4	6	11	
RC	1	6	2	7	9	8	11					
AT	2	6	2	1	7	12	8					
LH	3	7	0 1	1 2	3 2	2 2	2 3	1 1				
AS	4	10	4	1	3	2	1	3	2	11	3	
VA	7	4	1	1	5							
LC	8	4	1	1	+1							

Das Molekül hat vier CIP stereochemische Deskriptoren, die durch den STEREO-Modul zugewiesen wurden, und ist durch den MORGAN- Modul numeriert.

Die HD Liste enthält die Länge der gesamten "Registry Connection Table", hier nur 69 Bytes für dieses Molekül, die Beilstein "Registry Number", die Anzahl der Atome im Strukturgraphen und die Anzahl von wahlweisen Listen, die in der Connection Table vorhanden sind. 4 Bytes sind gegenwärtig nicht genutzt.

Die PI Liste enthält für jedes Atom im Strukturgraphen die Anzahl von Elektronen, die an einer Mehrfachbindung beteiligt sind, das kann eine lokalisierte Mehrfachbindung sein oder ein delokalisiertes Mehrfachsystem. Zum Beispiel, jedes Kohlenstoffatom im Äthylenmolekül hat ein Elektron in der PI Liste, jedes Kohlenstoffatom im Benzolmolekül hat auch ein Elektron in der PI Liste. In diesem Beispiel gibt es keine Mehrfachbindungen und die PI Liste enthält 0 für jedes Atom. Diese sind in 4 Einträgen pro Byte gepackt.

Die FR Liste ist die dritte Pflichtliste und gibt für jedes Atom, ausgenommen das Atom Nummer 1, das am niedrigsten MORGAN- numerierte Atom an, zu dem es gehört. Als Folge des Morgan Algorithmus ist jede andere Verbindung zu einem niedriger numerierten Atom ein Ringschluß.

Die RC Liste ist eine wahlweise Liste mit dem Code 1. Sie enthält die Anzahl Bytes in der Liste, die Anzahl von Ringschlüssen und zwei Atome für jeden Ringschluß. Die RC Liste ist im Falle von acyclischen Molekülen nicht vorhanden.

Die AT Liste mit dem Code 2 enthält die Nicht-Kohlenstoffatome, die im Strukturgraphen vorkommen. Diese Liste ist ebenfalls eine wahlweise und ist im Falle von Kohlenwasserstoffen nicht vorhanden. In diesem Beispiel hat die Liste eine Länge von 6 Bytes und enthält 2 Nichtkohlenstoffatome. Das sind Atom Nummer 1, das ein Stickstoffatom ist (Atomzahl 7) und Atom Nummer 12, das ein Sauerstoffatom ist mit der Atomzahl 8.

Die LH Liste kennzeichnet die Anzahl von lokalisierten Wasserstoffatomen, die zu jedem Atom des Strukturgraphen gehören. Mobile Wasserstoffatome und Wasserstoffisotope sind in dieser Liste nicht enthalten, werden aber in der TM bzw. der HI Liste aufgeführt. Keine von diesen Listen ist für dieses Molekül erforderlich.

Die AS Liste kennzeichnet jedes chiral Atom im Molekül und einen Code für jedes Atom, das den entsprechenden CIP Deskriptor darstellt. Diese Liste ist 10 Bytes lang und enthält 4 chiral Atome; Atom Nummer 1 ist ein pseudo - asymmetrisches Zentrum mit dem CIP Deskriptor r (und dem Code 3); Atom Nummer 2 ist ein chiral Zentrum mit der Konfiguration R (und dem Code 1) usw.

Die "Beilstein Registry Connection Table" stellt auch Listen für die übliche Strukturmodifizierung zur Verfügung. In diesem Beispiel hat Atom Nummer 1 eine Nicht-Default-Wertigkeit von 5; das ist in der wahlweisen Liste VA eingetragen, die hier 4 Bytes lang ist. Das "Registry System" hat für jedes Atom im Periodensystem eine Defaultwertigkeit. Wenn die festgestellte Wertigkeit von dem Defaultwert abweicht, wird das in die VA Liste aufgenommen.

Zuletzt wird die Ladung des Atoms Nummer 1, das vom TAUTOMER Modul nicht als mobile Ladung gefunden wurde, in der LC Liste festgehalten.

Damit ist die "Registry Connection Table" für dieses Molekül vollständig.

Sie werden festgestellt haben, daß die BRCT keine Liste für Bindungstypen definiert und daß Bindungstypen deshalb nicht gekennzeichnet sind. In Wirklichkeit sind die Bindungstypen implizit in der PI Liste enthalten, wenn man sie zusammen mit der FR und RC Listen nimmt, die den Strukturgraphen definieren. Die verschiedenen Modulen des "Structure Registry System" sind entwickelt worden, um die PI Liste direkt zu nutzen und verlangen keine expliziten Bindungstypen. Wenn es notwendig ist, z. B. für die Strukturanzeige, können Doppel- und Dreifachbindungen wieder hergestellt werden, um die "valence - bond" Formel zu erzeugen. Wo es Mehrdeutigkeiten bei der Positionierung der Mehrfachbindungen gibt, stellen die verschiedenen möglichen "valence-bond" Formeln Resonanzstrukturen dar.

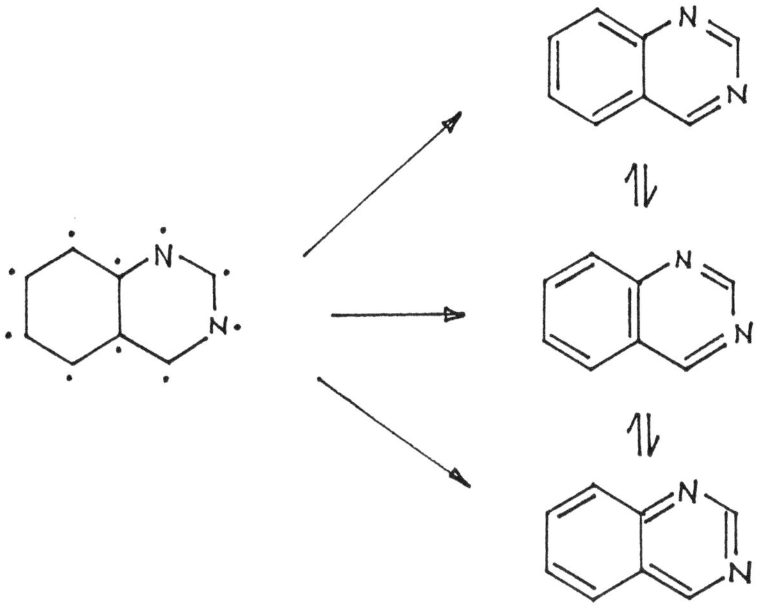

Indem die Bindungsinformationen auf diese Weise dargestellt werden, vermeidet man den Gebrauch von speziellen Bindungstypen für die Strukturregistrierung, zum Beispiel die "normalisierte" Bindung, die von CAS für diese Struktur benutzt wird. Weiterhin ist unser Tautomer Algorithmus, der die Äquivalenz von verschiedenen Tautomerformen eines Moleküls erkennt und sichert, dazu entwickelt worden, mit der PI Liste zu arbeiten. Es sei noch einmal betont, daß der Gebrauch eines speziellen "Tautomer- Normalisierte" Bindungstyps nicht notwendig ist.

Die Folgen dieser Strategie sind für den Online Benutzer beträchtlich und sollten die Formulierung einer Struktur- oder Substruktursuchanfrage vereinfachen. Zum Beispiel sollte es nicht länger notwendig sein, spezielle Bindungstypen zu verwenden wie die CAS "normalisierte" Bindung in einer Strukturanfrage.

Es ist anzunehmen, daß diese Konsequenzen auf einem zukünftigen Treffen untersucht werden, auf dem auch unsere Entwicklung eines Substruktursuchsystems vorgestellt wird.

Graphische Eingabe von chemischen Reaktionen unter Verwendung von GKS auf Mikrocomputern

B. Christoph

Fachinformationszentrum Chemie
Steinplatz 2
D-1000 Berlin 12

Der ChemInform (früher Chemischer Informationsdienst) ist ein Referatedienst, der aus etwa 250 Zeitschriften Veröffentlichungen heraussucht, die vorwiegend den Bereich der synthetischen organischen Chemie abdecken. Zur Auswahl kommen Arbeiten, die neue Reaktionen oder synthetische Verfahren beschreiben. Dabei werden die wichtigsten Ergebnisse durch Formelschemata übersichtlich dargestellt. Als Beispiel dient Abbildung 1.

Other 6-Membered Heterocycles
R 0670 | 8644-238

Stereochemical Studies of Heterocyclic Compounds. Part 17. Structure of New Systems of Thiatriazines. — It is shown that the direction of cyclization of the derivatives of the carbimidic acid (III), (V), and (VIII) depends on the nucleophilicity of the amino group involved (in part no yields given). — (TELLER, M.; FISCHER*, E.; MARTIN, D.; GRAUBAUM, H.; J. Prakt. Chem. 328 (1986) 2, 199—204; Sekt. Chem., Wilhelm-Pieck-Univ. Rostock, DDR-2500 Rostock; Ger.) — Walther

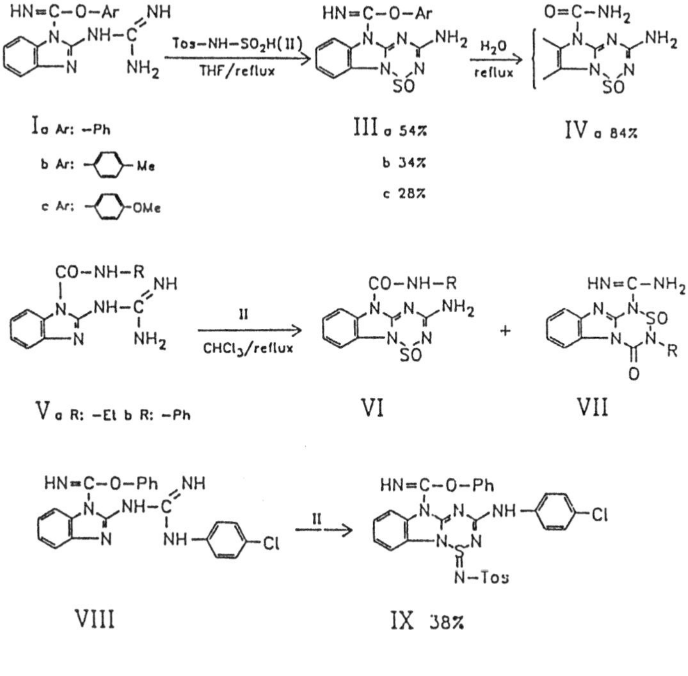

J. Gasteiger (Hrsg.)
Software-Entwicklung in der Chemie

Die Nutzung des ChemInform beschränkte sich bisher auf das Durchblättern des Heftes mit der Möglichkeit, einzelne Referate zu kopieren oder herauszuschneiden. Für eine bessere Auswertung sollen deshalb die Referatetexte und Formelzeichnungen elektronisch erfaßt und in Datenbanken abgespeichert werden.

Für die Eingabe der Zeichnungen wurde ein System gesucht, das auf einer Vielzahl von Rechnern installiert werden kann, denn die Lebensdauer von Softwareprodukten liegt erheblich über der Entwicklungszeit neuer Mikroprozessoren.

Das Graphische Kernsystem GKS ist der erste internationale Standard (ISO 7942) in der Computergraphik. Seine Verwendung für ein Erfassungsprogramm bietet deshalb den Vorteil, das dieses auf jeden Rechner portiert werden kann, auf dem der Standard implementiert ist. Nach einer kurzen Erläuterung der wichtigsten Eigenschaften von GKS sollen aber auch einige Punkte erwähnt werden, die bei der Entwicklung von Software beachtet werden sollten.

Das Graphiksystem besteht aus Funktionen zur Darstellung von Zeichnungen, ihrer Strukturierung, interaktiven Manipulation und Abspeicherung, zur graphischen Eingabe und Ausgabe auf dazugehörigen Geräten. Von der Ein- und Ausgabe können auch Teilmengen implementiert sein. Es werden folgende Stufen unterschieden:

a) für die Ausgabe
   0 : Minimale Ausgabe
   1 : Volle Ausgabe, minimale Segmentierung, Metafile-funktionen
   2 : Volle Segmentierung
b) für die Eingabe
   a : Keine Eingabe
   b : Eingabe auf Befehl (Request Input)
   c : Eingabe auch ereignisgesteuert (Sampling, Event Queue)

Die von GKS zur Verfügung gestellten Routinen umfassen neben den "einfachen" Modulen zur Erzeugung von Linien und Markierungen auch Unterprogramme zur Textdarstellung in vielen verschiedenen Textfonts, zur Erzeugung und Ausfüllung von Flächen (auch punktweise) und auch zur Definition eigener Grafiksymbole in beliebiger Form.

Lediglich die Gerätetreiber, die von den verschiedenen Ein- und Ausgaberoutinen angesprochen werden, sind hardwarespezifisch. Für den Programmierer bedeutet dies, daß im Prinzip jedes Anwendungsprogramm auf jedem anderen Rechner lauffähig ist, solange die letztlich verwendete Hardware die gewünschten Funktionen bieten kann.
Von besonderer Bedeutung für unseren konkreten Fall ist die Erzeugung eines Metafiles mit der grafischen Information, das direkt als Eingabe für ein auf einem Siemens-Großrechner laufendes Hochleistungs-Satzsystem, mit dem die Vorlagen für den Offsetdruck des ChemInform erzeugt werden, verwendet werden kann.
Die in der Darstellung chemischer Reaktionen verwendeten grafischen Elemente sind relativ überschaubar: Es sind Ringe (im chemischen Sinn) mit verschiedener Eckenzahl, mit innen und außen liegenden Bindungen, und Ketten mit Einfach- und Mehrfachbindungen; verknüpft mit Pfeilen und Ordnungselementen wie Klammern und meist mit zugehörigen Texten versehen. Für spezielle Darstellungen kommen Kreisbögen, Ellipsen und Orbitale hinzu. Häufig vorkommende Grundgerüste wie Norbornan, Steroide usw. können als eigene Symbole definiert werden.
Die Grafikinformation ist aber nur die eine Seite der Medaille. Der Eingebende weiß zum Zeitpunkt der Eingabe noch viel mehr, nämlich die dahintersteckende chemische Information, und diese Information darf für den Rechner nicht verloren gehen. Eine Doppelbindung im Ring ist eben nicht nur eine Linie von einem Punkt x1,y1 zu einem Punkt x2,y2, das ganze dicht neben einer anderen Linie, sondern ein Symbol für eine bestimmte Art der Verknüpfung zweier Atome, die ihrerseits nicht nur Buchstaben auf bestimmten Koordinaten sind, sondern Eigenschaften wie etwa Valenzen haben. Erst wenn diese Information mitgespeichert wird, ist eine "chemische" Bearbeitung der Daten möglich.
GKS und in unserem speziellen Fall das darauf aufbauende Eingabesystem FDSGral unterstützen dies, indem eine interne Datenstruktur aufgebaut wird, in der für die gezeichneten Segmente eine Klassifizierung nach Objekttyp und dessen Attributen festgehalten ist. So ist etwa ein kondensiertes Ringsystem zusammenhängend als solches codierbar; eine Bindung als Verbindung zweier Atome bleibt vorhanden, auch wenn sie grafisch unterbrochen ist, usw.
So vielversprechend sich das auch anhört; es sollen hier auch die Probleme geschildert werden, die in der Praxis aufgetaucht sind.

Die Eingabe erfolgt bei uns aus Kostengründen auf mehreren PCs unter MS-DOS. Dies bedingt die Begrenzung des Speicherplatzes auf 640 kByte (minus Betriebssystem); damit wird eine tief verschachtelte Overlay-Struktur des Programms erforderlich, was die Fehlersuche nicht gerade erleichtert. Es stellte sich auch heraus, daß die erhältlichen Compiler fehlerhaft waren bzw. noch sind; der Linker ist nahezu prohibitiv langsam; eine Erstellung von symbolischen Dumps ist nicht möglich; das Betriebssystem reagiert auf gewisse Laufzeitfehler leider mit der Totalaufgabe.
Zu diesen PC-spezifischen Problemen kommen Schwierigkeiten der GKS-Implementation, die fehlerhaft und unvollständig ist, nur eine stark eingeschränkte Portabilität aufweist, und eine immensen Systemoverhead verlangt (300 Routinen!).
Und selbst der "Standard" GKS ist nicht immer ein solcher: Die Attribute der Ausgaberoutinen sind implementierungsabhängig, die Textfonts sind uneinheitlich. Ferner sind für die Treiber der diversen Eingabegeräte, wie Maus, Cursortasten usw., umfangreiche Parameterdateien notwendig.
Ein Mangel in der Anwenderunterstützung ist daneben das Fehlen von entsprechenden Hilfsmitteln zur Programmierung. Ein konkretes Problem: Ein Buchstabe in einer Strukturformel muß "freigestellt" werden, d.h. seine Fläche und ein angrenzendes Randgebiet muß von Bindungsstrichen befreit werden. Die programmtechnische Umsetzung dieser Notwendigkeit ist recht umständlich durchzuführen.
Trotz aller berechtigten Einwände bestärken uns jedoch die bisher erreichten positiven Ergebnisse, auf dem eingeschlagenen Weg fortzufahren.

Eine Verarbeitung der R,S- und E,Z-Nomenklatur zur Spezifikation der Stereochemie

L. Gann, J.Gasteiger

Organisch-chemisches Institut
Technische Universität München
Lichtenbergstr. 4
D-8046 Garching

Zusammenfassung:

Es wird ein Programmsystem vorgestellt, mit dessen Hilfe der Benutzer stereochemische Beschreibungen zu einem Molekül eingeben kann. Dabei stehen ihm mehrere Eingabemodi (graphische oder deskriptive Eingabe) zur Verfügung. Aus diesen unterschiedlichen Eingaben werden einmal Deskriptoren nach den Regeln von Cahn, Ingold und Prelog (CIP-Regeln) evaluiert und ausgegeben. Weiters besteht die Möglichkeit diese Parameter in eine rechnernahe Darstellung zu konvertieren, welche als Schnittstelle für eine Reihe anderer Programme verwendet werden kann. Für Ausgabezwecke besteht jedoch die Option, die internen Stereoparameter wieder in CIP-Deskriptoren zu rekonvertieren.

1. EINLEITUNG:

Es wurde ein Programmsystem entwickelt, welches die Behandlung der Stereochemie an trigonal oder tetraedrisch konfigurierten Atomen, wie auch die von Doppelbindungen erlaubt. Wir waren dabei bestrebt, dem Benutzer mehrere Eingabemöglichkeiten anbieten zu können. Dem wird dadurch Rechnung getragen, daβ einmal Stereodeskriptoren, basierend auf den Regeln von Cahn, Ingold und Prelog /1/ zur Spezifikation der Stereochemie erlaubt sind. Weiters können auch "benutzerspezifische (lokale)" Stereodeskriptoren verwendet werden. Damit wird dem Benutzer ermöglicht, die Stereochemie mit Hilfe der von ihm vorgegebenen Bezifferung der Liganden einzugeben. Eine weitere Alternative bietet die graphische Moleküleingabe mit pseudo-dreidimensionalen Bindungsspezifikationen (Keil- und Strichbindung). All diese Eingabemöglichkeiten werden im zweiten Kapitel näher erläutert.
Anschlieβend (Kapitel 3) erfolgt eine Darstellung der Molekülabbildung mit Hilfe eines "Baumgraphen" /3/. Dabei versuche ich gleichzeitig die Problematik dieser Abbildung anhand eines Beispiels zu skizzieren. Unser Lösungsansatz wird im vierten Kapitel vorgestellt.
Beginnend mit der Generierung eines (reduzierten) Baumgraphen, wird versucht, die Unterschiede zu /3/ näher zu erläutern. Darauf aufbauend erfolgt

J. Gasteiger (Hrsg.)
Software-Entwicklung in der Chemie

die Ligandbewertung und deren Vergleich. Schließlich werden noch kurz die Vorzüge einer internen, rechnernahen Darstellung erläutert und anhand eines Beispiels illustriert. Im letzten Kapitel werden charakteristische Anwendungen für dieses Programmsystem vorgestellt.

2. EINGABEMÖGLICHKEITEN ZUR SPEZIFIKATION DER STEREOCHEMIE:

Wie in der Einleitung bereits erwähnt wurde, waren wir bestrebt, dem Benutzer mehrere Alternativen zur Spezifikation der Stereochemie bei der Moleküleingabe anbieten zu können. Abb.1 soll dies noch einmal verdeutlichen.

alphanumerisch (deskriptiv)	graphisch
R / S E / Z, cis / trans P / M pl / mi	Keilbindung Strichbindung Fischer-Notation

Abb.1: Eingabemöglichkeiten für stereochemische Parameter

2.1 Graphische Eingabe:

Diese Option zählt natürlich zu den elegantesten Eingabeformen, setzt aber entsprechende Hardware (Graphik-Bildschirm mit Maus etc.) voraus. Die nun folgenden Abbildungen (Abb.2-4) sollen kurz das Eingabespektrum andeuten. So zeigt Abb.2 deutlich, daß neben Kohlenstoff auch Heteroatome (drei- od. vierfach koordiniert) als Stereozentren erkannt werden. In weiterer Folge wird im Falle einer geraden Anzahl von Doppelbindungen (Abb.3) mit entsprechender Spezifikation der Liganden eines trigonalen Zentrums, auf axiale Chiralität geprüft. Schließlich kann der Benutzer die räumliche Anordnung der Atome auch mit Hilfe der Fischer-Notation festlegen.

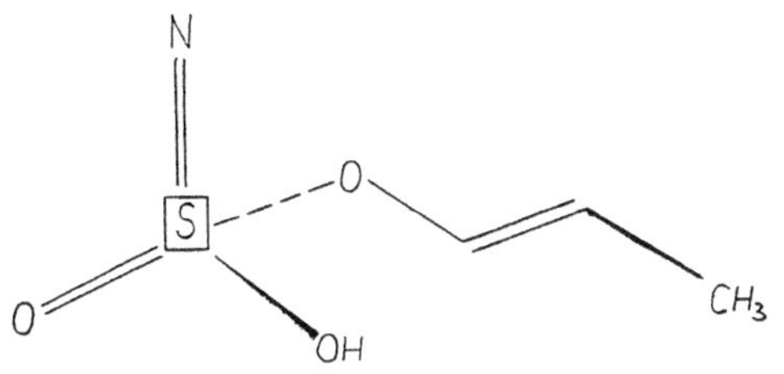

Abb. 2: Heteroatom als Stereozentrum

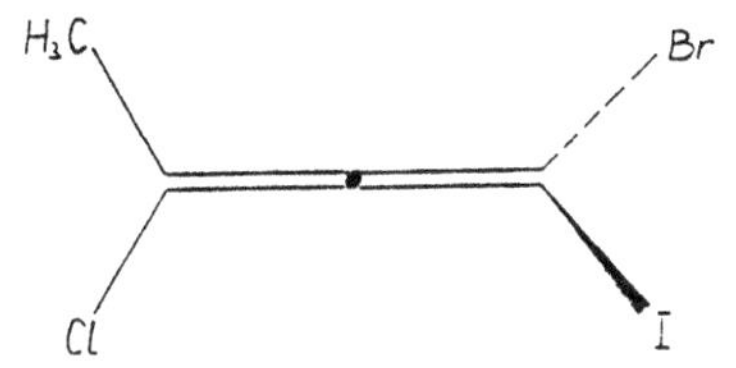

Abb. 3: Axiale Chiralität

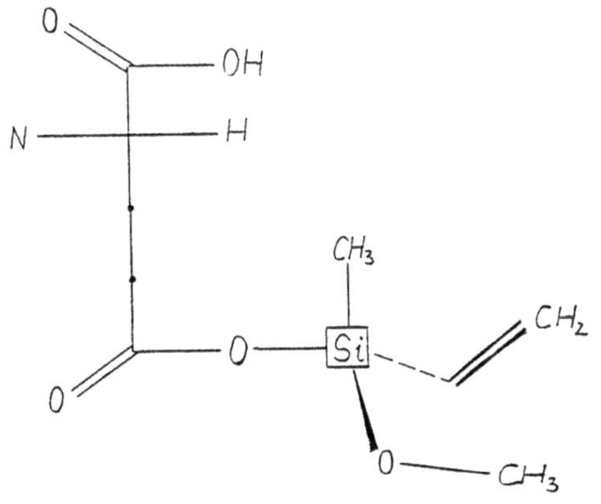

Abb. 4: Fischer-Notation

2.2 Alphanumerische Eingabe:

Diese Eingabeoption sichert wohl ein hohes Maß an Portabilität (alphanumerische Terminals sind immer verfügbar), verlangt aber vom Benutzer größere Sorgfalt (Eingabesyntax etc.) bei der Moleküleingabe. Es ist klar, daß in diesem Falle nur eine deskriptive Spezifikation der Stereochemie in Frage kommen kann. Wir bieten dazu zwei Alternativen von Deskriptoren an.

a) Eingabe der Stereochemie mit Hilfe der R/S, E/Z - Nomenklatur.

b) Eingabe der Stereochemie mit Hilfe lokaler Deskriptoren (P/M, pl/mi).

ad a) R/S, E/Z - Deskriptoren:

Diese Spezifikation /1,2,3/ darf als bekannt vorausgesetzt werden, sodaß dazu keine näheren Ausführungen gemacht werden.

ad b) Lokale Deskriptoren:

Diese Beschreibungsart stellt eine äußerst komfortable und zudem eindeutige (bzgl. der gewählten Molekülbezifferung) Spezifikation der Stereochemie dar. Denn es soll hier nicht unerwähnt bleiben, daß Deskriptoren wie R/S, E/Z nicht immer eindeutig zugewiesen werden können. Dies kann vor allem bei hochsymmetrischen Liganden vorkommen, zu deren Differenzierung keine "CIP - Regel" anwendbar ist. Ich werde dies im nächsten Kapitel anhand eines Beispiels noch näher dokumentieren.
Da die Atome eines Moleküls zur Abbildung (Speicherung) am Computer zu numerieren sind, ist es naheliegend diese Atombezifferung dem Rang eines Ligandatoms gleichzusetzen.
Wir definieren den Rang folgendermaßen:

(1) Ligand mit niedrigster Numerierung hat höchsten Rang.

(2) man betrachtet das asymmetrische Atom aus jener Richtung, die dem rangniedrigsten Liganden entgegengesetzt ist und verfolgt die Sequenzroute beginnend beim ranghöchsten Liganden.

(3)

Sequenzroute:		interne Darstellung
im Uhrzeigersinn:	Deskriptor P	(+1)
sonst:	Deskriptor M	(-1)

α) Atombezogene, lokale Deskriptoren: P/M

Wenden wir nun in Abb. 5 Definition (1),(2),(3) an, so resultiert daraus folgender Sachverhalt:
Ligand mit Atomnr. 5 hat demnach niedrigsten Rang, wonach das Molekül gemäß Definition (2) zu drehen ist. Beginnend bei Ligand mit Atomnr. 2 (höchster Rang) verläuft die Sequenzroute entgegen dem Uhrzeigersinn. In

diesem Falle ist also der lokale Deskriptor M zu vergeben.

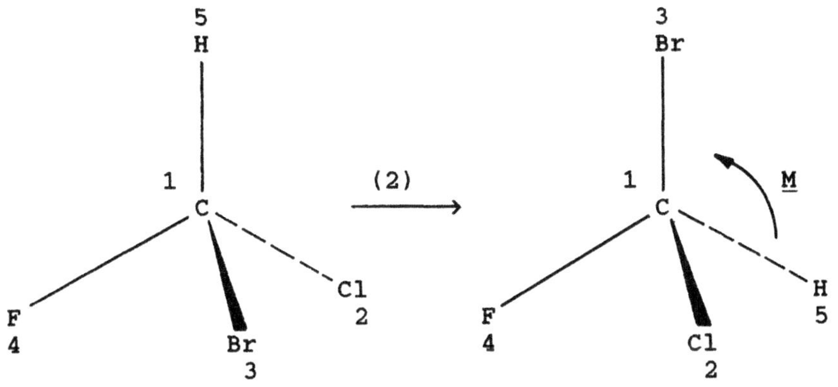

Alphanumerische Eingabe:

1 C - M 2 Cl 3 Br 4 F 5 H * 1 2 1 3 1 4 1 5 * *

Abb. 5: Atombezogene lokale Deskriptoren

β) Bindungsbezogene lokale Deskriptoren: pl/mi

In analoger Weise wird die Ordnung der Liganden der beiden trigonalen Zentren einer Doppelbindung aus der Atombezifferung abgeleitet. D.h.:

(1) Man bestimme Ligand L_1 mit höchsten Rang (= Ligand mit niedrigster Bezifferung) für trigonales Zentrum 1

(2) Man bestimme Ligand L_2 mit höchstem Rang für trigonales Zentrum 2

(3) L_1 und L_2 liegen: lokaler Deskriptor:

- auf der gleichen Seite ("cis") :	mi
- sonst ("trans"):	pl

In Abb. 6 liegen L_1 und L_2 in "cis" - Form vor, wonach der lokale Deskriptor mi zu vergeben ist.

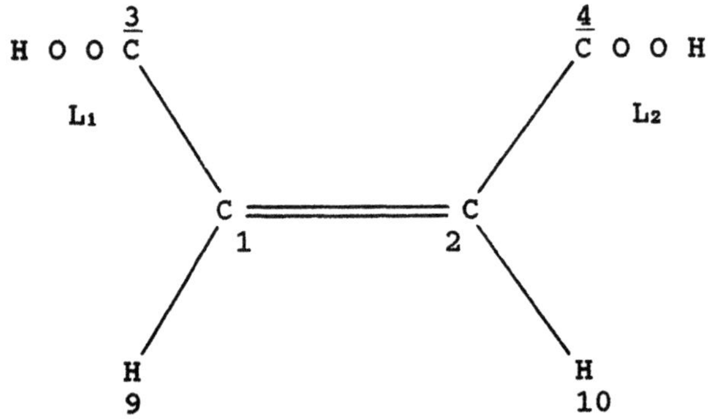

Alphanumerische Eingabe:

AH 1 C 5 0 8 0 * mi 1 D 2 1 3 2 4 1 9 ... * *

↑

Add Hydrogen by program

Abb. 6: Bindungsbezogene lokale Deskriptoren

3. DER HIERARCHISCHE DIGRAPH /3/:

Die CIP - Regeln wurden ursprünglich /1/ ohne Bezugnahme auf eine algorithmische Realisierung entwickelt. Mehrmalige Revisionen /2,3/ führten jedoch zu einer strengeren Formalisierung, wodurch eine Automatisierung erst realistisch erschien. In der jüngsten Arbeit /3/ wurde vorgeschlagen, zur Bestimmung der Ligand- Prioritäten, einen sogenannten Digraph aufzubauen. Hier nun kurz zur Definition:

Der **hierarchische Digraph** einer stereogenen Einheit ist ein bewerteter chromatischer acyclischer Graph, ein "Baumgraph", der die Verbundenheit der Atome (Topologie) und ihre Art wiedergibt und in dem die Kanten, ausgehend vom Kern der stereogenen Einheit als Wurzel des Baumgraphs, nach den Astenden ausgerichtet sind (Abb. 7).

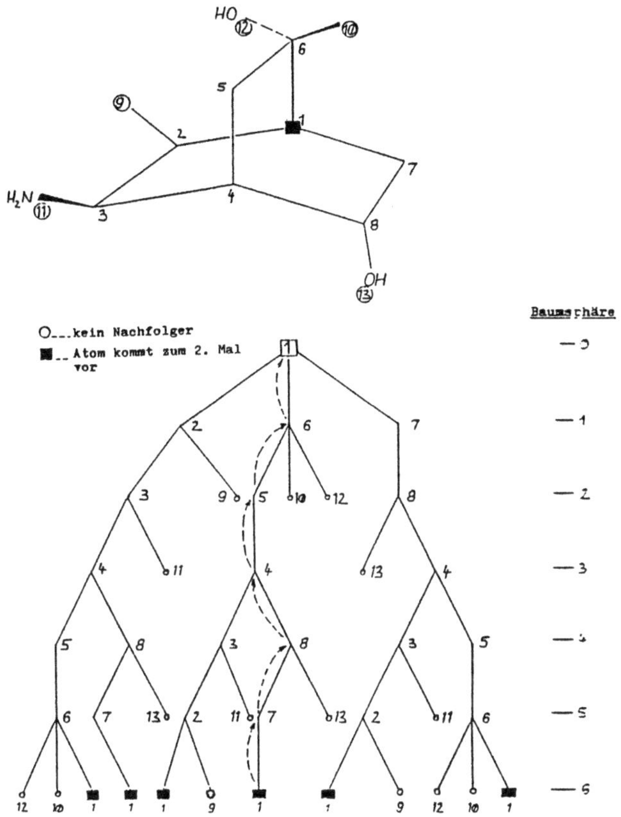

Abb. 7: der hierarchische (vollständige) Digraph

Es gibt bereits seit einiger Zeit Ansätze, einen hierarchischen Digraph automatisch zu generieren /4/, wie in Abb. 7 dargestellt. Zusätzlich versuchten wir damit die beiden Abbruchkriterien bei der Baum-Generierung graphisch zu markieren:

a) Atom i hat keinen Nachfolger mehr (gekennzeichnet durch einen Kreis).

b) Atom i kommt zum zweiten Mal im gleichen Pfad vor (gekennzeichnet durch ein dunkles Quadrat).

Gleichzeitig läßt dieses Beispiel recht gut die "Baumgröße" bei komplexen Ringsystemen erahnen, wodurch natürlich hohe Programmlaufzeiten zu erwarten sind.

3.1 Reduzierter Digraph:

Unsere Vorgangsweise bei der Baum-Erzeugung unterscheidet sich insofern, als wir nach Generierung jeweils einer "Baumsphäre" sofort einen Vergleichsschritt durchführen. D.h.:

Wir versuchen die unmittelbar erzeugten Baumknoten ligandweise zu ordnen und postulieren ein drittes Abbruchkriterium bei der Baum-Erzeugung:

c) in der aktuellen Baumsphäre konnten die Liganden geordnet werden (gekennzeichnet durch ein Dreieck in (Abb. 8).

Somit kommt es nur noch bei Ligandsymmetrie zum Aufbau des vollständigen Digraph.

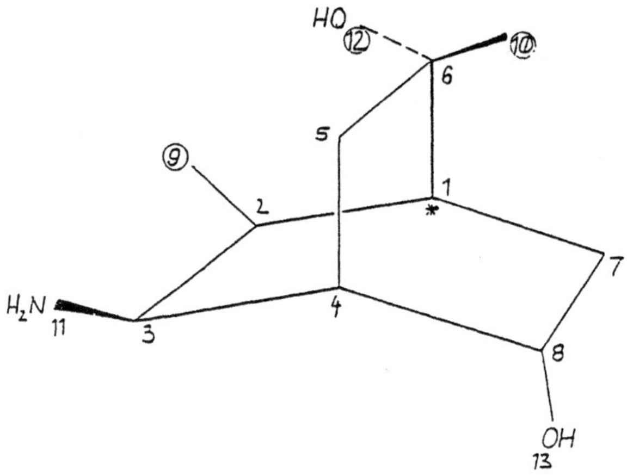

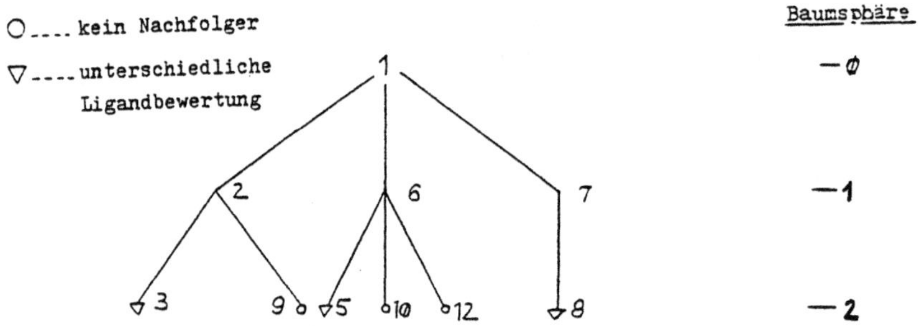

Abb. 8: Der reduzierte Digraph

3.2 Grenze des CIP-Systems:

Es soll nicht unerwähnt bleiben, daß der hierarchische Digraph, und damit auch die CIP - Regeln in ihrer letzten Fassung, nicht immer ausreichen, Ligandprioritäten in allen Fällen eindeutig festzulegen: So sind Strukturen /6/ mit unterschiedlichen Liganden denkbar, deren Unterscheidungsmerkmale (etwa die Ringgröße) in keiner CIP - Regel berücksichtigt sind.

Abb. 9 soll dies an einem hypothetischen Molekül zeigen. Hier kann in **keiner** Baumsphäre zwischen Ligand a und Ligand b unterschieden werden, obwohl beide Liganden offensichtlich unterschiedlicher topologischer Natur sind. Wir haben zwar graphentheoretische Algorithmen /5/ entwickelt, wodurch diese beiden Liganden differenzierbar werden; zur Festlegung einer Priorität zwischen a und b ist aber erst eine neuerliche Erweiterung der CIP - Regeln abzuwarten.

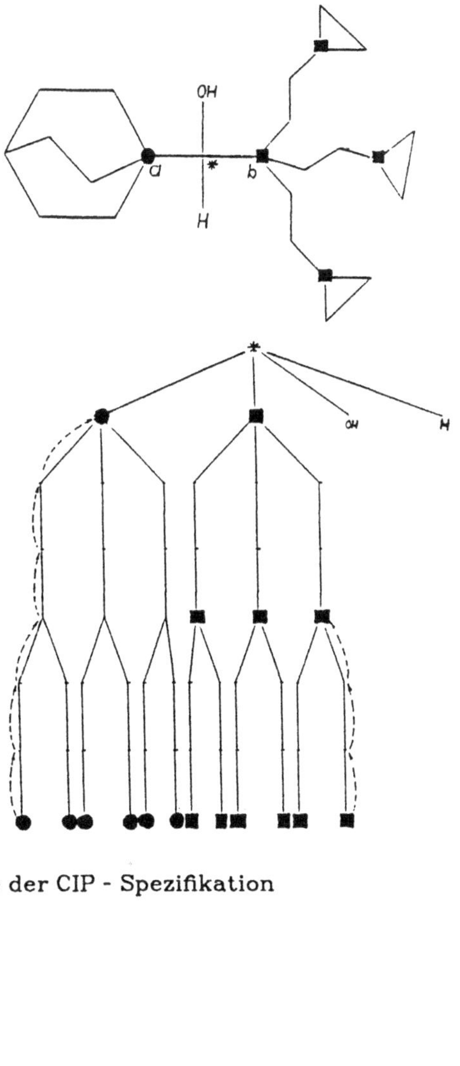

Abb. 9: Grenze der CIP - Spezifikation

4. EIN LÖSUNGSANSATZ ZUR BESTIMMUNG DER LIGAND-PRIORITÄT:

4.1) Bewertung und Vergleich der Ligand-Baumknoten:

Grundlage dieses Kapitels bilden die in 3.1 postulierten Aussagen über den **reduzierten** Digraph-Aufbau. Ausgehend von der aktuell generierten Baumsphäre werden alle Knoten dieser Sphäre gewichtet und "ligandweise" zusammengefaßt. Diese Gewichtung erfolgt im wesentlichen durch Zuweisung von INTEGER - Zahlen, die aus der Ordnungszahl abgeleitet werden. Weiteren CIP - Regeln, etwa der Massenzahl, wird durch Inkrementbildung der Gewichte Rechnung getragen. Aus diesem Bewertungsschritt resultieren letztlich vier Zahlenwerte (= Ligandsumme), wobei jeder einem Liganden zugeordnet ist. In weiterer Folge gilt es nur mehr diese Ligandsummen auf Ungleichheit zu überprüfen. Bei gleichen Ligandsummen ist eine weitere Baumsphäre zu generieren. Abb. 10 soll lediglich noch einmal den Bewertungsschritt illustrieren. Abb. 11 hingegen faßt mit Hilfe eines "Pseudo-Programmcodes" den Gesamtablauf zur Bestimmung der Ligandordnung zusammen.

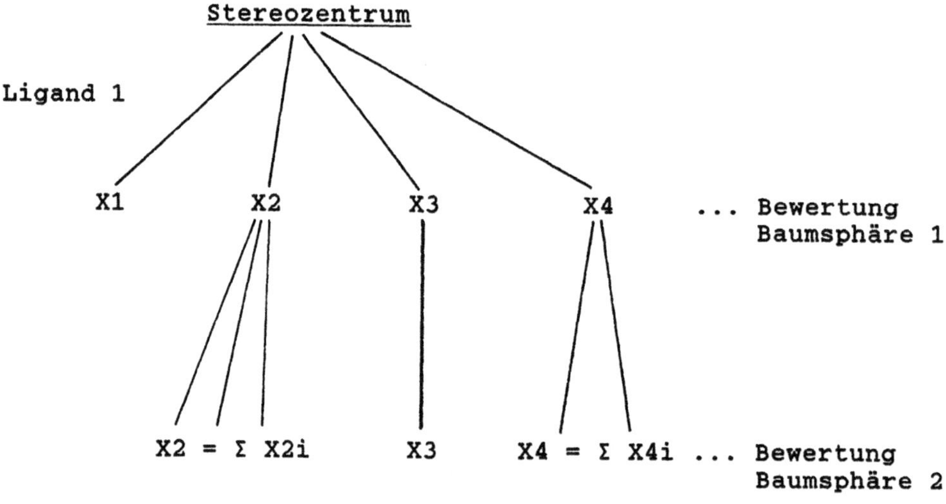

Xij ... Knotengewichte: f (CIP - Regel 1-5)

Abb. 10: Bewertung der Baumknoten

Sei Atom i als Stereozentrum markiert (graphisch oder deskriptiv)

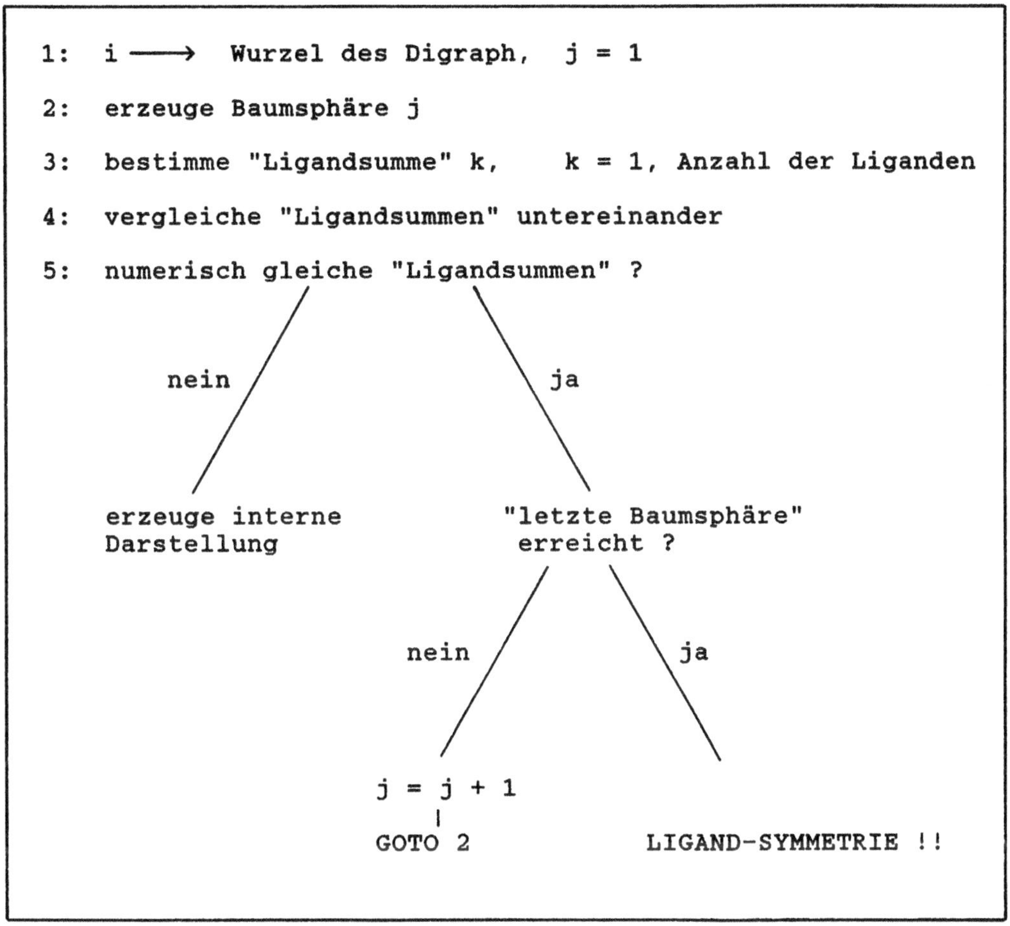

Abb. 11: Ablaufschema zur Bestimmung der Ligand-ordnung

4.2 Interne Darstellung der Stereodeskriptoren:

Bei mehreren unterschiedlichen Eingabemöglichkeiten ist es sicherlich erstrebenswert, diese gleichwertig im Computer behandeln zu können. Unsere Entscheidung lag nun darin, bestimmte Eingabespezifikationen zu konvertieren. Abb.12 dokumentiert, welche Deskriptoren einer Konvertierung unterzogen werden. Gleichzeitig seien hier noch einige Vorteile einer internen Darstellung angeführt:

- Eindeutigkeit hinsichtlich unterschiedlicher Beschreibungsformen der Stereochemie bei der Eingabe

- Rechnernähe, da Bitdarstellung denkbar ist

- Schreibweise in Form einer Permutationsgruppe direkt anwendbar, wodurch "räumliche" Operationen, wie Drehung oder Spiegelung elegant behandelt werden können.

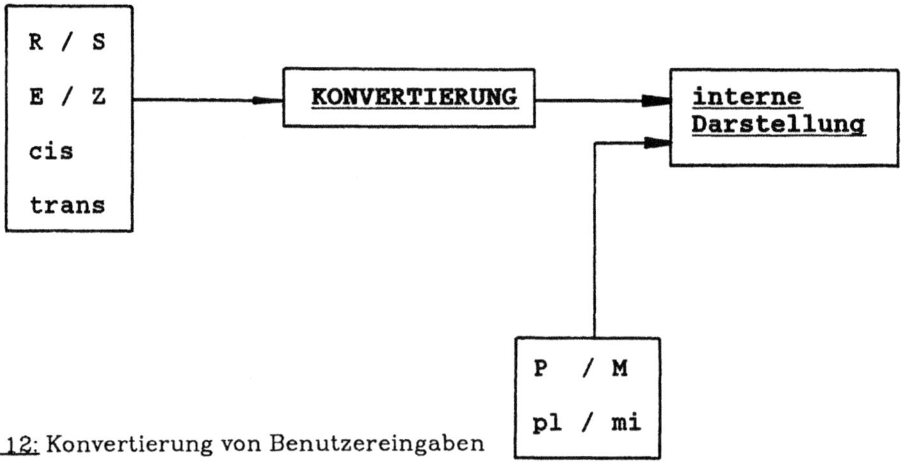

Abb. 12: Konvertierung von Benutzereingaben

4.21) Konvertierung: R/S --> interne Darstellung:

Hier soll anhand eines Beispiels die Konvertierungsvorschrift dargestellt und auf Konsistenz zu den lokalen Deskriptoren überprüft werden. Da es sich um R/S -Eingaben handelt, sind zum Konvertierungszeitpunkt folgende Parameter verfügbar bzw. evaluiert worden.

- Ligandziffern geordnet nach den CIP - Regeln

- Ligandziffern geordnet nach den Regeln des lokalen Deskriptors (= aufsteigend geordnet)

- Stereodeskriptor (R oder S)

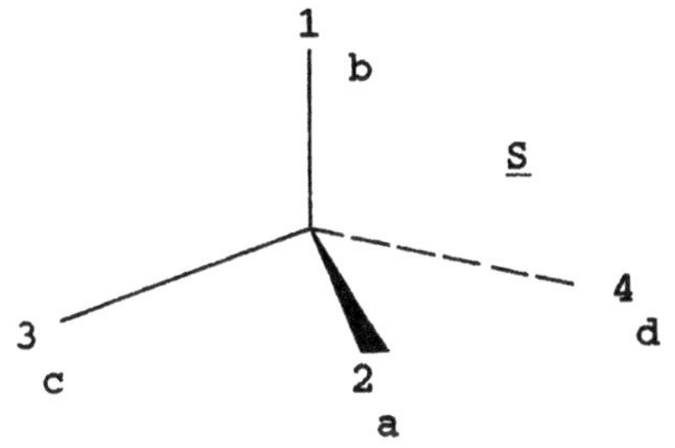

$$\begin{bmatrix} 1 & 2 & 3 & 4 \\ b & a & c & d \end{bmatrix}$$

... Ligandbezifferung aufsteigend geordn.

... Ligandbezifferung nach den CIP-Regeln

P_{AC} ... Parität atombezogen

$$P_{AC} = (-1)^{k1} * (-1)^{k2}$$

k1 ... Anzahl der Transpositionen (zB.: (a b))

$k2 = 2 \longleftarrow R$

$ = 1 \longleftarrow S$

Abb. 13: Konvertierung bei R/S-Spezifikation

Am Beispiel von Abb. 13 ist **eine** Transposition notwendig zur Erzeugung der aufsteigend geordneten Folge (a b c d), (a b) (b a c d) --> (a b c d). Wegen einer S-Konfiguration ist k2 = 1, wodurch für die Parität P_{AC}= +1 folgt. Dieser Wert entspricht aber genau dem **lokalen** Deskriptor P (= +1), was zu beweisen war und leicht nachzuprüfen ist (siehe Abschnitt 2.2 b). In analoger Weise sind auch E/Z bzw. cis/trans - Spezifikationen zu konvertieren in pl/mi.

5. ANWENDUNGEN:

5.1) Suche nach asymmetrischen Atomen:

Diese Option stellt einen ersten Analyseschritt in Richtung Stereochemie dar. Zur Eingabe ist jedes stereochemisch nicht spezifizierte Molekül denkbar (Abb. 14). Wenngleich damit noch keine Deskriptoren automatisch evaluiert werden können, so kann eine Kennzeichnung asymmetrischer Atome dem Chemiker durchaus aufschlußreiche Hinweise für mögliche chirale Zentren geben.

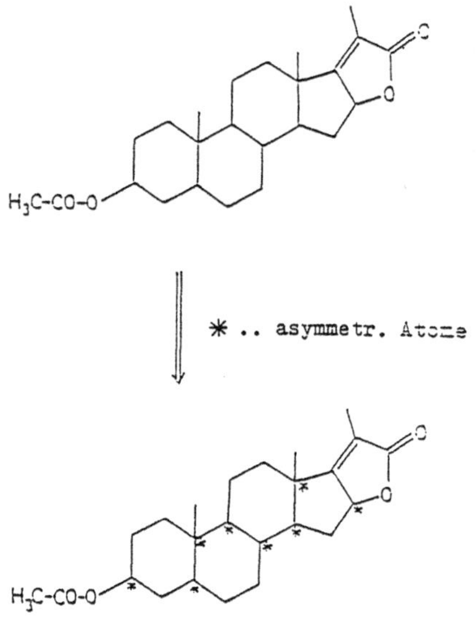

Abb. 14: Suche nach Stereozentren

5.2) Automatische Generierung von R/S aus den lokalen Deskriptoren P/M

Gerade bei Komplexen Ringsystemen kann eine manuelle Zuweisung der R/S-Deskriptoren sehr mühsam werden. Wir empfehlen daher dem Benutzer in diesem Falle Deskriptoren zur Spezifikation der Stereochemie zu verwenden (Abb. 15). Die R/S, E/Z - Deskriptoren werden programmtechnisch gesetzt und angezeigt.

Lokale Deskriptoren: M / P

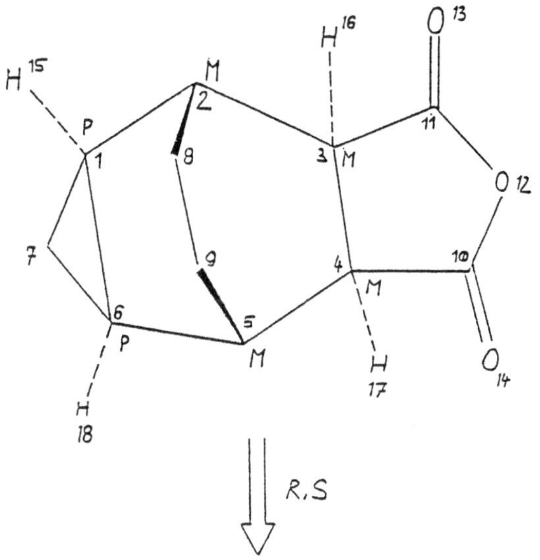

Atom	CIP – Deskriptor
1	R
2	R
3	R
4	S
5	S
6	S

Abb. 15: P/M ---> R/S

5.3) <u>Bestimmung der R/S, E/Z - Deskriptoren aus einer graphischen Eingabe</u>

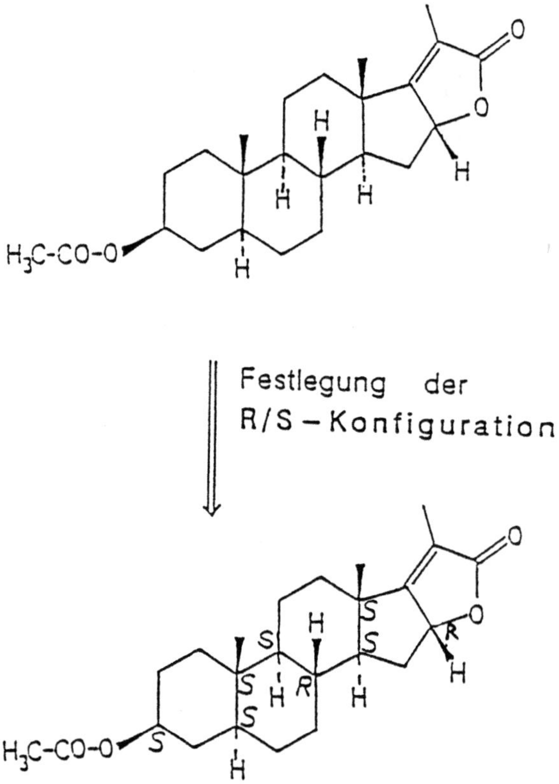

Abb. 16: Keil/Strichbindung --> R/S

DANKSAGUNG

Der Deutschen Forschungsgemeinschaft (DFG) für die finanzielle Unterstützung des Gesamtprojektes, sowie

dem Beilstein - Institut Frankfurt für die finanzielle Unterstützung bei der Entwicklung des Programmsystems bzw. für die freundliche Bereitstellung ihres Programmes zur graphischen Moleküleingabe.

6. LITERATUR:

/1/ R.S. Cahn, C. Ingold, V. Prelog, Experientia 12, 81 (1956)

/2/ R.S. Cahn, C. Ingold, V. Prelog, Angew. Chem. 78, 413 (1966)

/3/ V. Prelog, G. Helmchen, Angew. Chem. 94, 614 (1982)

/4/ E.F. Meyer, J. Chem. Educ. 55, 780 (1978); J. Comput. Chem. 1, 229 (1980)

/5/ J. Gasteiger, Vortragsunterlagen zur GDCh - Tagung, Würzburg, 17.3.1986

/6/ A.S. Dreiding, Vortrag im organisch-chemischen Kolloquium, Universität München, 11.11.1985

PIMM - Ein Kraftfeldprogramm zur Berechnung von Molekülen und Molekülkomplexen

H.J. Lindner

Institut für organische Chemie
TH Darmstadt

Kraftfeldrechnungen haben sich als unentbehrliche Hilfsmittel bei der Modellierung von Molekülen erwiesen. Während die Rechnungen an Molekülen mit lokalisierten Bindungen und geringer Polarität mit hoher Präzision durchgeführt werden können, treten bei Molekülen mit delokalisierten π-Elektronensystemen und mehreren Heteroatomen Schwierigkeiten auf, die eine Ergänzung des Kraftfeldansatzes erforderlich machen.

Ausgehend von Rechnungen an konjugierten Kohlenwasserstoffen[1] wurde in den letzten Jahren ein π-SCF-Molekülmechanikprogramm (PIMM) entwickelt, das folgende Komponenten enthält:

- π-SCF-Rechnung nach Dewar und Harget[2]
- Kraftfeldrechnung mit Murtagh-Sargent-Optimierung
- σ-Ladungsberechnung nach Marsilli und Gasteiger[3]

Mit Hilfe dieses Ansatzes ist es möglich, auch hochgespannte nichtebene konjugierte Moleküle zuverlässig zu berechnen und den Einfluß polarer Wechselwirkungen auf Molekülkonformationen abzuschätzen.

1) H.J. Lindner, Tetrahedron 30, 1127 (1974)

2) M.J.S. Dewar und A.J. Harget, Proc. Roy Soc. London Ser. A 443, 457 (1970)

3) M. Marsilli und J. Gasteiger, Tetrahedron 36, 3219 (1980)

J. Gasteiger (Hrsg.)
Software-Entwicklung in der Chemie

PIMM

π-SCF-Molekül-Mechanik-Programm

Komponenten:

- π-SCF-Rechnung nach M.J.S. Dewar und A.J. Harget (1970)
- Kraftfeldrechnung mit Murtagh-Sargent-Optimierung
- σ-Ladungsberechnung nach Marsilli und Gasteiger (1981)

Parameter für C, H, N, O, Cl, F, ⟋S⟍ ;

Justierung von Wasserstoffbrücken durch elektrostatisches Zusatzpotential

. Eingabe / Ausgabe

Cartesische Koordinaten oder interne Koordinaten;
Ausgabe eines Files für PLUTO-Programm;
Interfaceprogramm zur Verwendung von SYBYL-Mol-Files.

Kraftfeld:

Bindungslängen:
$$E_r = \frac{1}{2}K_r(r-r_0)^2; \quad K_r = f(r); \quad r_0 = f(p_{\mu\nu})$$

Bindungswinkel:
$$E_\alpha = \frac{1}{2}K_\alpha(\alpha-\alpha_0)^2 + \frac{1}{4}d_\alpha(\alpha-\alpha_0)^4$$

Torsionswinkel (Einfachbindungen):
$$E_\vartheta^\sigma = K_\vartheta^s(1+\cos 3\vartheta)$$

Bindungen im π-System:
$$E_\vartheta^\pi = U_\vartheta(p_{\mu\nu} + 0.15p_{\mu\nu})^2\sin^2\vartheta + U'_\vartheta\sin^4\vartheta$$
$$E_\vartheta^{\pi'} = K_\vartheta^\pi(1+\cos 2\vartheta)$$

Knickwinkel an sp^2-Zentrum:
$$E_\varphi = \frac{1}{2}K_\varphi\varphi^2$$

Nichtbindende Wechselwirkungen:
$$E_{Vd\omega} = a_{Vd\omega}e^{-b_{Vd\omega}r}r^{-i_{Vd\omega}r} - c_{Vd\omega}r^{-6}$$
$$E_{elektrostat} = E_{Coul}^{\sigma,\sigma} + E_{Coul}^{\pi,\sigma} + E_{Coul}^{\pi,\pi}$$

Wasserstoffbrücken (X - H ··· Y) Keine Vdω-Wechselwirkung H ··· Y
$$q_H = Q_H + q_{korr}$$
$$q_Y = Q_Y - q_{korr}$$

Abschätzung von Ladungen im σ-Elektronensystem

$$q(\alpha) = \frac{\chi_B^{(\alpha)} - \chi_A^{(\alpha)}}{\chi_A^{+}} \left[\frac{1}{2}\right]^{\alpha}$$

$$\chi_B^{(\alpha)} = a_B + b_B Q_B^{(\alpha-1)} + c_B Q^{(\alpha-1)^2}$$
$$\chi_A^{(\alpha)} = a_A + b_A Q_A^{(\alpha-1)} + c_A Q^{(\alpha-1)^2}$$
$$\chi_A^{+} = a_A + b_A + c_A$$

$$Q_A^{(\alpha)} = Q_A^{(\alpha-1)} + q_{(\alpha)}$$
$$Q_B^{(\alpha)} = Q_B^{(\alpha-1)} - q_{(\alpha)}$$

Marsili und Gasteiger, 1981

Kopplung σ-/π-Ladungsverteilung

$$Q_A^{o} = Q_A^{\pi}; \qquad Q_B^{o} = Q_B^{\pi};$$

$$F_{\mu\mu} = J_{\mu\mu} - \frac{1}{2} P_{\mu\mu}\gamma_{\mu\mu} + \sum_{\nu\neq\mu}^{\pi} (P_{\nu\nu} - Z_\nu)\gamma_{\mu\nu} - (Q_\mu^{\sigma} - Q_{eff\,\mu}^{\sigma})\gamma_{\mu\mu} - \sum_{\nu\neq\mu} Q_\nu^{\sigma}\gamma_{\mu\nu}$$

A. Warshel u. A. Lappicirella, 1981

Berechnung von ΔH_f

$$\Delta H_f = \sum E_{\mu\nu}^{\sigma} + E^{\pi} - \sum \Delta H_{f\,\mu}^{Atom} + E_s$$

$$E_{\mu\nu}^{\sigma} = \left[D_{\mu\nu} + F_{\mu\nu}\left(\frac{e^2 Q_\mu Q_\nu}{r_{\mu\nu}}\right)\right]\left\{1 - \left[1 - e^{a_{\mu\nu}(r_{\mu\nu} - r_{\mu\nu}^{o})}\right]^2\right\}$$

$$E^{\pi} = E^{\pi}(\pi\text{–SCF}) - \frac{1}{2}\sum_{\mu}(Q_\mu^{\sigma} - Q_{eff\,\mu}^{\sigma})(P_{\mu\mu} - Z_\mu)\gamma_{\mu\mu}$$

$$E_s = \sum E_\alpha + \sum E_\vartheta^{s} + \sum E_\vartheta^{\pi'} + \sum E_{Vd\omega} + \sum E_{Coul}^{\sigma\sigma} + \sum E_{Coul}^{\sigma\pi}$$

PIMM-Genauigkeit

$\sigma(\Delta H_f)$ = 8 kJ/mol (isolierte Moleküle)

$\sigma(r_{\mu\nu})$ = 0.01 bis 0.02 Å

$\sigma(\alpha_{\mu\nu\rho})$ = 2°

$\sigma(\vartheta_{\mu\nu\rho\sigma})$ = 4 - 10° (Vergl. mit Kristalldaten)

Ladungen im ab-initio-Bereich

Wasserstoffbrücken

	X...Y (Å)		X-H (Å)		ΔH_f (kJ/mol) pro Wasserstoffbrücke	
	exp.	ber.	exp.	ber.	exp.	ber.
$(CH_3COOH)_2$	2.68	2.65	1.00	0.94	31	39
$(HCOOH)_2$	2.70	2.68	0.98	0.94	29	32
$(HOCH_3)_2$	--	2.86	0.96	0.92	25	24
$(H_2N\text{-}\underset{H}{C}O)_2$	2.90	2.89	1.00	1.01	29	19
CH_3OH-N 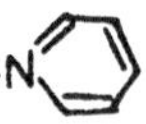	–	2.87	0.96	0.92	17	15
$(CCl_3COOH)_2$	2.76	2.72	1.00	0.94	--	40

Berechnung dynamischer Prozesse von Cyclohepta[ef]heptalen

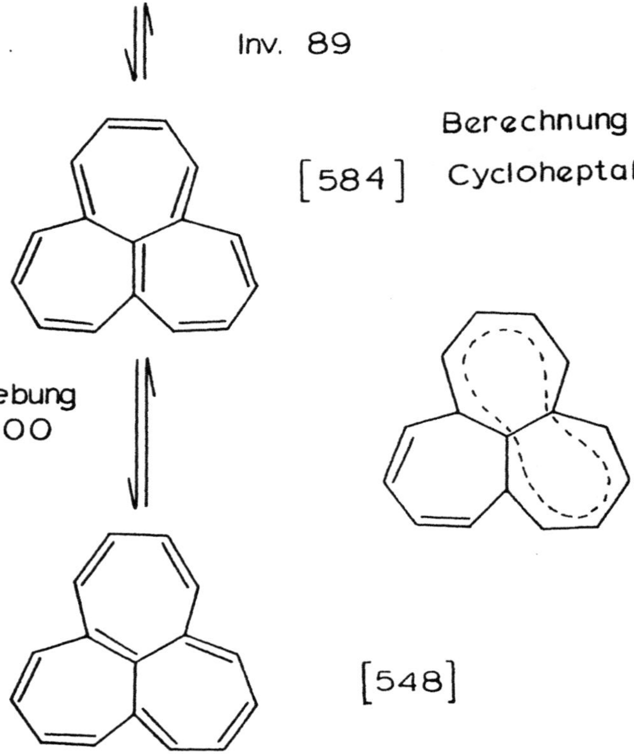

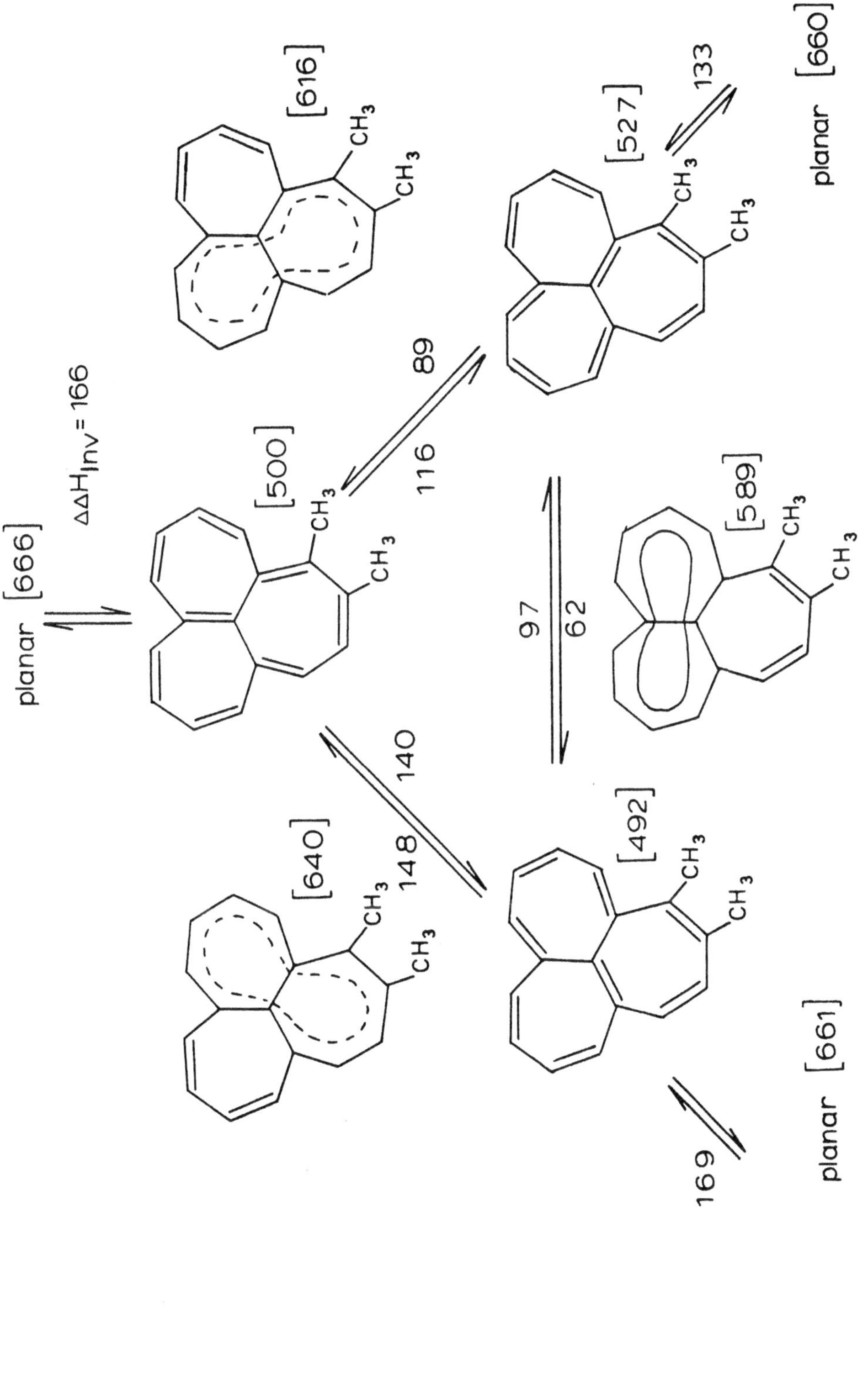
[616]
CH3
CH3
[527]
CH3
CH3
133
planar [660]
planar [666]
ΔΔHInv = 166
[500]
CH3
CH3
89
116
97
62
[589]
CH3
CH3
140
148
[640]
CH3
CH3
[492]
CH3
CH3
169
planar [661]

RESY
Struktur-Retrieval-System
Baustein eines integrierten Chemie-Systems

W.T. Donner

Zentrale Forschung
ZF Wiss. Information und Dokumentation
Bayer AG
D-5090 Leverkusen

Die Informationsbeduerfnisse des Chemikers in der industriellen chemischen Forschung richten sich nicht allein auf Substanzen und deren technisch verwertbare Eigenschaften. Sie umfassen zunehmend auch die Moeglichkeit der Voraussage von Eigenschaften noch nicht synthetisierter Verbindungen. Sie sollen moegliche unerwuenschte Eigenschaften fruehzeitig erkennen lassen (wie z.B. Toxizitaet, Unvertraeglichkeit in der Umwelt, unerwuenschte Nebenwirkungen). Auch wirtschaftliche Aspekte wie fremde Patentansprueche, Verfuegbarkeit von Edukten u.a.m. sind wichtige Informationen.

Erforderlich sind daher:

- Zugang zu Informationen ueber verfuegbare Produkte

- Zugang zu Informationen ueber einzelne Verbindungen oder Verbindungsklassen

- Informationen ueber Zusammenhaenge zwischen Anwendungseigenschaften und chemischer Struktur.

Anforderungen an ein Struktur-Retrieval

An ein Struktur-Retrieval-System werden daher eine Reihe von Anforderungen gestellt. Recherchierbar sollten sein:

- Einzelne Verbindungen ueber ihre Strukturformel

- Verbindungen mit vorgegebener Teilstruktur

- Verbindungen mit vorgegebener Summenformel

J. Gasteiger (Hrsg.)
Software-Entwicklung in der Chemie

- Verbindungen mit vorgegebenem Molekulargewicht

- Verbindungen mit bestimmten internen Nummern (z.B. Herstellungsnummer, Pruefnummer, CAS-Nummer etc.)

Da neben der chemischen Struktur auch andere Eigenschaften der Verbindungen wichtige Informationen enthalten, muss ein Struktur-Retrieval mit anderen Recherche-Programmen verknuepfbar sein. Insbesondere sind folgende Speicher zu nennen:

o Pruefergebnisse

o Spektren

o andere Daten

o Texte

Realisierung bei Bayer

Das bei Bayer entwickelte und eingesetzte RESY als ein Struktur-Retrievalsystem deckt diese Anforderungen ab. Es ist ein Programm mit grafischem Dialog, so dass eine Verschluesselung der Strukturformel (wie z.B. bei GREMAS) entfaellt. Das Programm kann sowohl ueber grafische als auch ueber alpha-numerische Terminals genutzt werden. Es ist allerdings nicht unabhaengig von der Hardware, sondern an Rechner vom Typ DEC-system-20 oder VAX gebunden.

Unbefriedigend geloest sind derzeit neben der Hardware-Unabhaengigkeit:

- Terminal-Abhaengigkeit im Grafik-Modus
- Behandlung generischer Strukturen

Das erste Problem laesst sich vielleicht durch Verwendung des GKS-Standards ueberwinden. Fuer das zweite Problem bietet zur Zeit keines der auf einer topologischen Molekueldarstellung beruhenden Systeme eine befriedigende Loesung. Eine Erweiterung von RESY in dieser Richtung wird bis Ende 1987 wesentlich Anforderungen der Praxis erfuellen.

Mit RESY werden bei Bayer eine Vielzahl von Speichern verwaltet:

- ca. 340.000 synthetisierte Laborverbindungen

- ca. 80.000 bei Bayer verfuegbare Chemikalien

- ca. 70.000 kaeufliche Chemikalien (Fine Chemicals Directory von Fraser Williams)

- div. "private" Speicher einzelner Arbeitgruppen

Neben der Strukturformel werden weitere "strukturbezogene" Daten (diverse Nummern, Molekulargewicht, Summenformel, Schmelzpunkt, Siedepunkt u.a.m.) mit RESY verwaltet:

Die Einrichtung neuer Speicher mit RESY ist sehr benutzerfreundlich und innerhalb kurzer Zeit moeglich. Dabei besteht grosse Freiheit in der Aufnahme von Informationen. Der Benutzer kann selbst definieren, welche Informationen er als Suchbegriff verwenden moechte und welche im Ergebnis einer Suche genannt werden sollen.

Das Programm kann sowohl von alpha-numerischen Terminals (VT100-Typ) als auch in grafischer Version genutzt werden. (Beispiele siehe Figuren 1 und 2).

RESY als Teil eines Chemie-Informationssystems

RESY ist eingebettet in ein System von chemie-bezogenen Programmen. Hierzu gehoert das Datenretrieval mit Standard-Datenbanksystemen (z.B. Pruefdaten der Verbindungen) und Spektrendateien (derzeit Massenspektren, C-13). Die Verknuepfung solcher Programme wurde an dem Beispiel der Strukturaufklaerung illustriert (Figur 3): Strukturendatenbank und Spektrendatenbank sind notwendige Hilfen bei der Aufklaerung der Struktur einer Verbindung aus den ueber verschiedene spektroskopische Verfahren erhaltenen Teilinformationen zur Struktur. Diese Programme werden schliesslich durch einen "Isomeren-Generator" ergaenzt.

Neben diesen Komponenten gehoeren auch andere Programme zu einem Chemie-Informationssystem:

- Text-Retrieval fuer Berichte (TRIP)

- Reaktionen-Retrieval (ORAC)

- Berechnungsprogramme (Quantenchemische und Kraftfeld-Verfahren)

- Auswertungsprogramme fuer Struktur-Eigenschaftsanalysen

- Computer-assistierte Syntheseplanung

- Molecular Modelling

u.a.m.

Die meisten dieser Programme wurden nicht bei Bayer entwickelt sondern erworben und an die Anwendungen angepasst.

Das SMD-Format

Wichtig fuer die Verknuepfung und Integration von Programmen unterschiedlicher Herkunft und unterschiedlicher Zielsetzung ist das Vorhandensein eines einheitlichen Datenformats fuer "Chemie-Informationen". Mit dem **SMD-Format** (Standard-Molekuel-Daten-Format) besteht bei Bayer ein wichtiges Hilfsmittel in dieser Richtung. Ein solches Format sollte flexibel und moeglichst konventionsfrei sein.

Flexibilitaet ist notwendig, um den unterschiedlichen Anforderungen der Chemie-Software gerecht zu werden. Konventionsfreiheit gerade hinsichtlich der Interpretation einer Strukturformel ist notwendig, da Strukturformeln durchaus unterschiedlich von verschiedenen Programmen interpretiert werden. (Haeufig enthalten Programme der Chemie bestimmte Konventionen hinsichtlich der Darstellung chemischer Strukturen.)

Das SMD-Format besitzt eine Block-Struktur, wobei jedes Programm nur bestimmte Bloecke liest oder schreibt. Diese Bloecke enthalten Informationen ueber:

o Welches Programm die Information erstellte sowie das Datum der Erzeugung.

o Connection-Table der Verbindung

o Bildkoordinaten des Grafen

o Namen und Texte

o Numerische Daten

Es gibt ferner die Moeglichkeit der freien Verwendung von "Super-Atomen" (z.B. "Phenyl", "Alanin" u.a.m.), so dass auch Makromolekuele in bequemer Form verwaltet werden koennen.

Es gibt ferner die Moeglichkeit, mehr als eine Strukturformel in einer SMD-Datei abzulegen. Auf diese Weise lassen sich Verbindungen mit nicht-zusammenhaengenden Grafen ebenso erfassen wie chemische Reaktionen.

Figuren

Figur 1 - Zwei Beispiele fuer RESY-Ausgabe von aus zwei Bestandteilen bestehenden Verbindungen in alphanumerischer Form

Figur 2 - wie Figur 1 in grafischer Ausgabe

Figur 3 - Ausgabe eines Massenspektrums mit zugehoeriger Strukturformel

Figur 4 - Arbeitsweise der Struktur-Aufklaerung

Fig. 1

```
        C--C          C==C
        =    =        /    \
Me--N--C      C--C==C       C==N+--Me
    !   \    /   !   \    /   !
    Me   C==C    Ph   C==C    Me

Cl^
```

C23 H25 N2 . Cl
329.5 35.5
Isomer:
MALACHITE GREEN BASE
MALACHITE GREEN
MALACHITE GREEN,CI 42000
MALACHITE GREEN,CI 42000 TECH
MALACHITE GREEN
MALACHITE GREEN HYDROCHLORIDE,CI 42000
MALACHITE GREEN
CHINA GREEN
DIAMOND GREEN B OR 3G

Katalog:	Katalog-Nr.:	Jahr:	Auflage:
ALDRICH	22910-5	79	updated 85
BDH	26126	81	
FISHER	0-3415	84	83C
FISHER	A-779	84	83C
FLUKA	63160	84	Catlg 14
JT BAKER	BP451	80	
K & K	K11079		No 13
K & K	K12214		No 13
K & K	K9106		No 13
KODAK	112 5939		No 51

```
        C--C          C==C
        =    =        /    \
Me--N--C      C--C==C       C==N+--Me
    !   \    /   !   \    /   !
    Me   C==C    Ph   C==C    Me

HOOC--CO--O^
```

C23 H25 N2 . C2 H O4
329.5 89.1
Isomer:
MALACHITE GREEN OXALATE, CERTIFIED (CI 42000)
MALACHITE GREEN
MALACHITE GREEN GURR
MALACHITE GREEN (OXALATE),CI 42000
MALACHITE GREEN OXALATE,CI 42000
MALACHITE GREEN OXALATE
MALACHITE GREEN CI NO 42000/CHINA GREEN CI NO 42000
MALACHITE GREEN OXALATE, CI NO. 42000
MALACHITE GREEN OXALATE,CI 42000

Katalog:	Katalog-Nr.:	Jahr:	Auflage:
ALDRICH	86121-9	79	updated 85
ALFA	20805	81	
BDH	34045	81	
FISHER	M-290	84	83C
JT BAKER	BP450	80	
KODAK	112 5905		No 51
P & B	M00810		9th Ed
P & B	M00820		9th Ed
PROLABO	34 159		updated 86
SIGMA	M6880	84	

Fig. 2

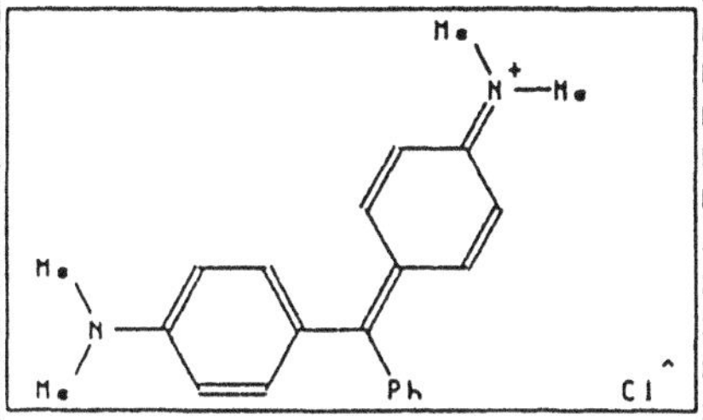

Katalog:	Katalog-Nr.:	Jahr:	Auflage:
ALDRICH	22910-5	79	updated 85
BDH	26126	81	
FISHER	0-3415	84	83C
FISHER	A-779	84	83C
FLUKA	63160	84	Catlg 14
JT BAKER	BP451	80	
K & K	K11079		No 13
K & K	K12214		No 13
K & K	K9106		No 13
KODAK	112 5939		No 51

C23 H25 N2 . Cl
329.5 35.5
Isomer:
MALACHITE GREEN BASE
MALACHITE GREEN
MALACHITE GREEN,CI 42000
MALACHITE GREEN,CI 42000 TECH
MALACHITE GREEN
MALACHITE GREEN HYDROCHLORIDE,CI 42000
MALACHITE GREEN
CHINA GREEN
DIAMOND GREEN B OR 3G

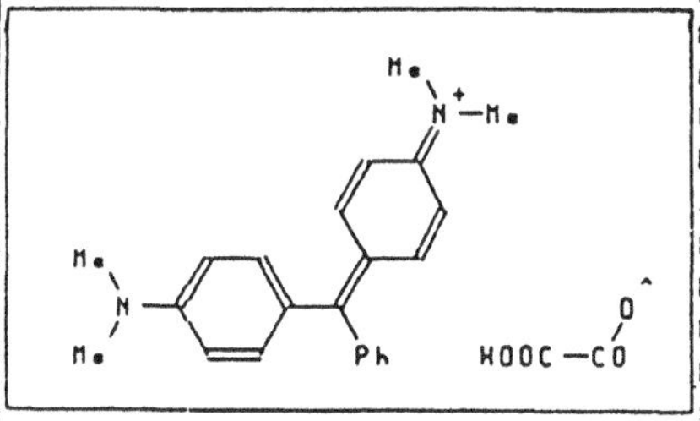

Katalog:	Katalog-Nr.:	Jahr:	Auflage:
ALDRICH	86121-9	79	updated 85
ALFA	20805	81	
BDH	34045	81	
FISHER	M-290	84	83C
JT BAKER	BP450	80	
KODAK	112 5905		No 51
P & B	M00810		9th Ed
P & B	M00820		9th Ed
PROLABO	34 159		updated 86
SIGMA	M6880	84	

C23 H25 N2 . C2 H O4
329.5 89.1
Isomer:
MALACHITE GREEN OXALATE, CERTIFIED (CI 42000)
MALACHITE GREEN
MALACHITE GREEN GURR
MALACHITE GREEN (OXALATE),CI 42000
MALACHITE GREEN OXALATE,CI 42000
MALACHITE GREEN OXALATE
MALACHITE GREEN CI NO 42000/CHINA GREEN CI NO 42000
MALACHITE GREEN OXALATE, CI NO. 42000
MALACHITE GREEN OXALATE,CI 42000

Fig. 3

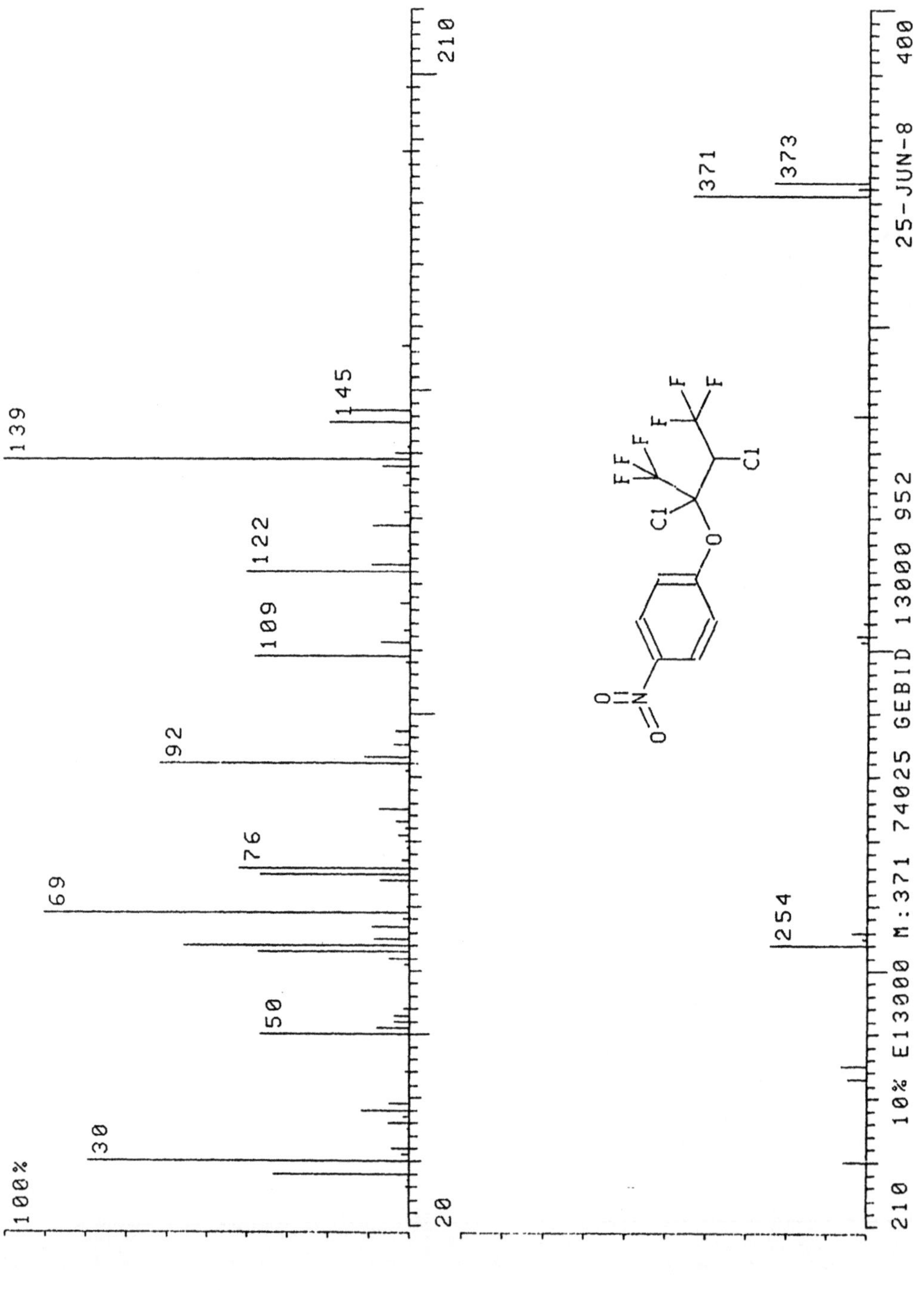
100%
30
50
69
76
92
109
122
139
145
20
210
254
371
373
400
210 10% E13000 M:371 74025 GEBID 13000 952 25-JUN-8

Figur 4 - Arbeitsweise der Struktur-Aufklaerung

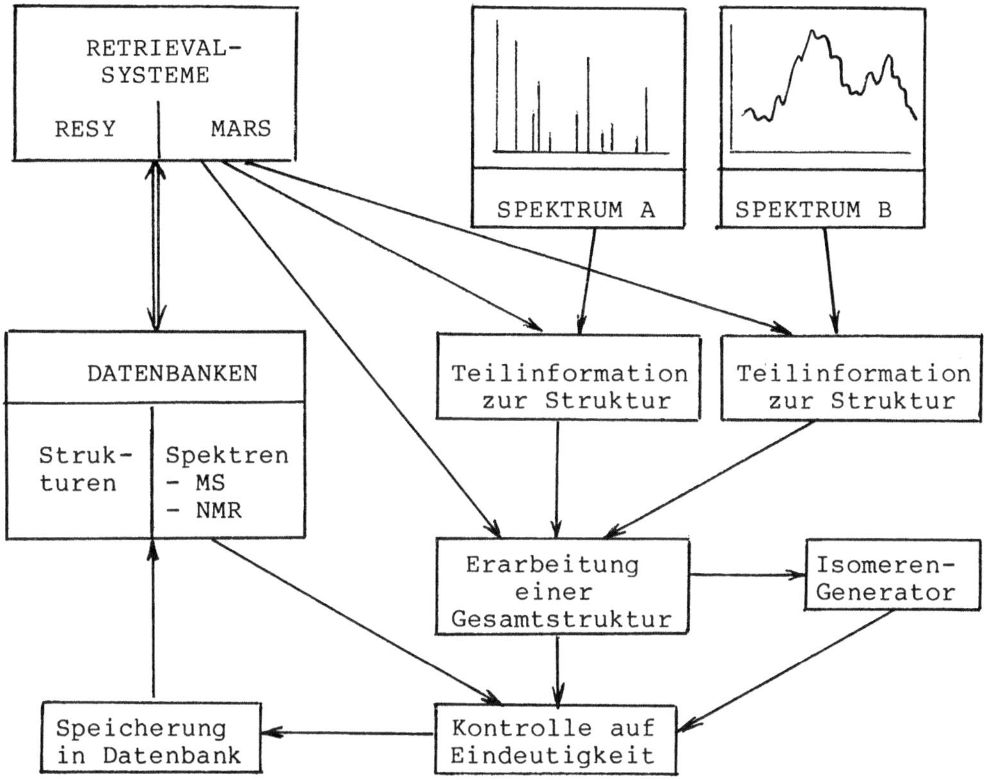

Ein automatisierter Molekülbaukasten

Ch. Hiller, J. Gasteiger

Organisch-chemisches Institut
Technische Universität München
Lichtenbergstr. 4
D-8046 Garching

1. Einleitung

Bereits seit geraumer Zeit wurden in unserer Arbeitsgruppe empirische elektronische und strukturelle Parameter entwickelt, um Eigenschaften organischer Moleküle, wie ^{13}C-NMR shifts, ESCA shifts, Bildungs- und Reaktionsenthalpien, pK_a-Werte bestimmter Stoffklassen, etc. vorherzusagen [1]. Dabei wurde immer versucht, die traditionellen heuristischen Regeln der organischen Chemie in quantitative Algorithmen zu fassen. Die Kombination dieser Parameter konnte dazu verwendet werden, die Wahrscheinlichkeit bestimmter Bindungsbrüche in einem Reaktionsgeschehen vorherzusagen. Dieses Verfahren wird mit Erfolg im Syntheseplanungs- und Reaktionsvorhersageprogramm EROS [2] eingesetzt. Der vorliegende Vortrag beschreibt die ersten Schritte, sterische Effekte auf eine ähnliche Art zu behandeln wie elektronische. Dabei sollen "sterische Effekte" im weitesten Sinn verstanden werden, z.B. werden Lösungsmitteleffekte meistens durch den räumlichen Bau von Substraten und Solvensmolekülen mitbestimmt. Unser Ansatz bleibt dem bisher eingeschlagenen Weg treu, mit möglichst einfachen und schnellen Programmen die entsprechenden Faustregeln des organischen Chemikers zu modellieren.

Um diese Richtung einschlagen zu können, erschien es uns zunächst wichtig, einen schnellen und einfachen Zugang zu dreidimensionalen Atomkoordinaten zu bekommen. Wir glauben nicht, daß die verschiedenen sterischen QSAR Maßzahlen [3], die in der Literatur vorgeschlagen wurden, breit genug anwendbar sind, um zu einer brauchbaren Reaktivitätsbeschreibung zu kommen. Dies liegt vor allem daran, daß es mit (additiven) Maßzahlen nicht gelingt, die konformative Flexibilität von Molekülen und Molekül-Fragmenten zu erfassen. Nachdem wir unseren Ansatz möglichst einfach, umfassend und unabhängig von externen Datenbanken halten wollten, zogen wir die Programmierung eines automatischen Molekülbaukastens der Verwendung von Röntgenstrukturwerten vor.

J. Gasteiger (Hrsg.)
Software-Entwicklung in der Chemie

Aus dem bisher Gesagten ergeben sich folgende Anforderungen an das Programm: Auf der einen Seite soll es in der Lage sein, aus der geringstmöglichen Eingabe, das heißt nur aus der Konnektivität des Moleküls und den Stereodeskriptoren vernünftige Atomkoordinaten zu ermitteln. Diese Eigenschaft ist wichtig, wenn zu statistischen Zwecken sehr große Datensätze behandelt werden sollen, oder wenn das Programm später den räumlichen Bau von Molekülen in einem Reaktions- oder Synthesebaum bestimmen soll. In beiden Fällen soll das Ergebnis ohne zusätzliche Interaktion mit dem Benutzer zustande kommen. Andererseits ist es für die geplante Entwicklung empirischer sterischer Parameter wichtig, das Programm möglichst gut extern steuerbar zu machen, um besser mit verschiedenen möglichen Algorithmen und Eingangsgrößen experimentieren zu können. Schließlich sollte darauf geachtet werden, die Programmausgabe so zu gestalten, daß sie möglichst leicht von anderen Modulen weiterverarbeitet werden kann. Später könnte es zum Beispiel wünschenswert erscheinen, die Atomkoordinaten mit einem Kraftfeld- oder Quantenchemieprogramm zu optimieren.

2. Von der Konnektivität zum räumlichen Bau

Abb. 1 zeigt das grobe Ablaufschema des Programmes CORINA. Es wurde großer Wert auf die völlige Kompatibilität der Datenstrukturen und der Benutzerschnittstelle zur EROS Umgebung gelegt. Dies erleichtert die Programmbenutzung, Wartung und den eventuellen späteren Einbau des Molekülbaukastens in EROS.

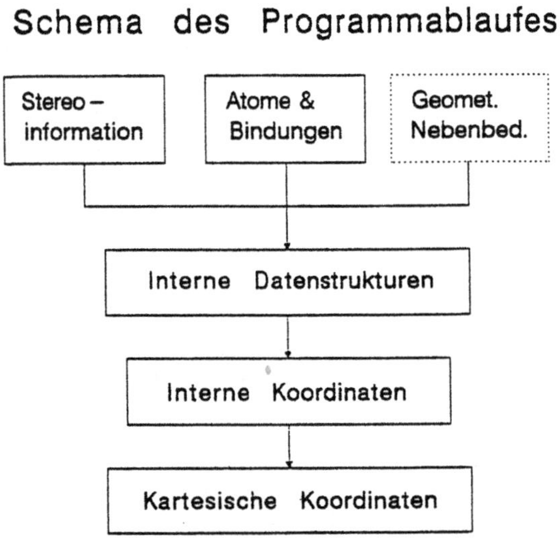

Abb. 1: Ablaufplan des Programmes CORINA

Darüber hinaus können verschiedene Programm-Module (wie z.B. die Ringerkennung) mehrfach eingesetzt werden. Die Eingabe der Konnektivitäts- und Stereochemie-Information erfolgt mit dem gleichen Unterprogramm MOLIN, das auch in EROS Verwendung findet. Neben der Molekülinformation können, wie in EROS, diverse Laufoptionen vorgegeben werden, die unter anderem die Outputmenge aus den verschiedenen Unterprogrammen steuern. Selbstverständlich hat der Benutzer auch die Möglichkeit, geometrische Randbedingungen festzulegen, indem er interne Koordinaten (Bindungslängen, Bindungswinkel, Torsionswinkel) festlegt, oder für eine Teilstruktur des Moleküls fertige dreidimensionale Atomkoordinaten in das Programm einschleust.

Auf die internen Datenstrukturen, die den EROS Strukturen entsprechen und nur um geometrische Informationen erweitert wurden, soll an dieser Stelle nicht näher eingegangen werden. Im Mittelpunkt der räumlichen Darstellung stehen die internen Koordinaten, da sie lokale elektronische und andere Einflüsse auf die Geometrie am einfachsten beschreiben können. Auf die Erstellung einer Distanzmatrix [4] wurde aus Effizienzgründen verzichtet. Da der Aufwand bei einer solchen Matrix quadratisch mit der Anzahl der Atome steigt, würde man bei großen Molekülen erheblichen Aufwand treiben müssen. Unser Ziel ist es jedoch, das Programm so zu gestalten, daß es ohne weiteres auf leistungsstarken Microcomputern ausgeführt werden kann, wobei die Rechenzeiten für mittelgroße Moleküle im Sekundenbereich liegen sollen.

Die Algorithmen zur Bestimmung der internen Koordinaten von Molekülen werden in den nächsten Abschnitten noch ausführlich vorgestellt. Die fertigen internen Koordinaten werden mit einem Standardverfahren [5], das von uns leicht modifiziert wurde, in kartesische Atomkoordinaten umgewandelt. Sämtliche Koordinatentransformationen werden in homogenen Koordinaten [6] ausgeführt, das heißt als Transformationsmatrizen finden 4 * 4 Matrizen Verwendung, sodaß eine einzige Multiplikation gleichzeitig eine Rotation und eine Translation bewirkt. Die Ergebniskoordinaten werden zusammen mit der Bindungsliste, den Ordnungszahlen der Atome und einigen anderen wichtigen Informationen im Klartext auf eine ASCII - Datei geschrieben, die von anderen Programmen, z.B. von unserem Graphikprogramm, gelesen und weiterverarbeitet werden kann.

3. Die Behandlung der formalen Stereochemie

Die Verarbeitung der Stereodeskriptoren im Programm CORINA zeigt Abb. 2. Spezifiziert der Benutzer die Stereochemie nach den Cahn - Ingold - Prelog Regeln [7], muß diese Information erst in die lokalen Stereodeskriptoren umgewandelt werden. L. Gann berichtete über sein Programm CIP, das diese Transformation durchführt. Im Programm CORINA kann auch die Stereochemie an fünf- und sechsfach koordinierten Zentralatomen eingegeben und verarbeitet werden. Sobald der Satz der lokalen Stereodeskriptoren vorliegt, wird er für Ringsysteme vervollständigt. Dies soll in den folgenden Absätzen näher erläutert werden.

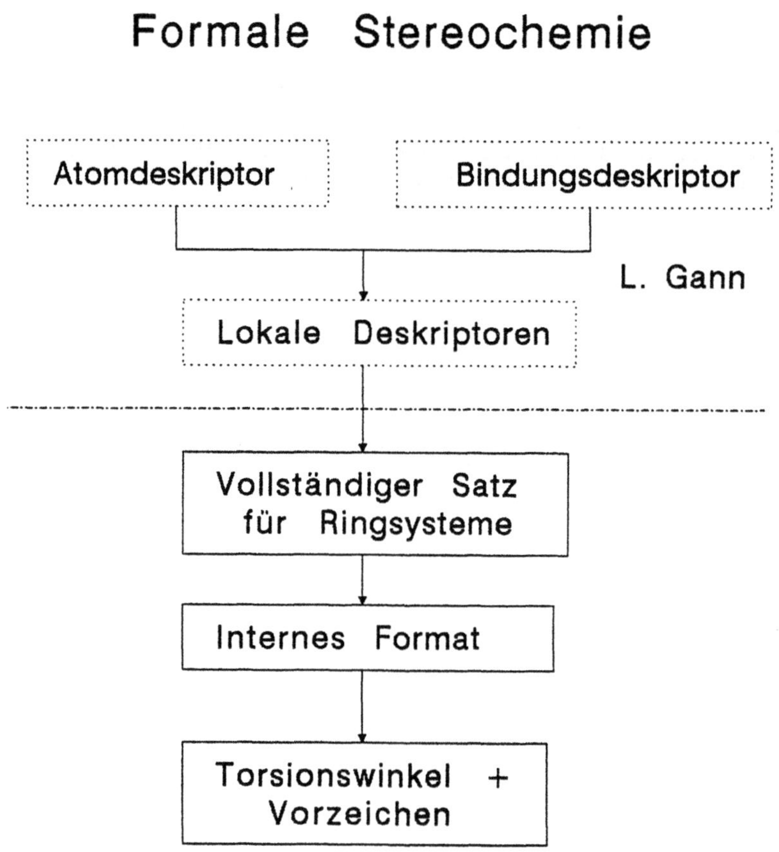

Abb. 2: Verarbeitung der Stereodeskriptoren

Abb. 3 zeigt ein dreifach substituiertes Cuban und sein Enantiomeres. Obwohl alle acht Kohlenstoffatome chirale Zentren darstellen, sind dies die beiden einzigen räumlichen Isomeren dieser Verbindung. Dieser scheinbare Widerspruch löst sich auf, wenn man versucht, ein **einzelnes** Gerüstatom zu invertieren. Im resultierenden Molekül würde der Ligand dieses Atomes anstatt nach außen nach innen, das heißt ins Würfelinnere zeigen. Selbstverständlich ist eine derartige Anordnung aus energetischen Gründen ganz und gar unmöglich, die Stereochemie aller acht C-Atome wird durch die Angabe eines einzigen Stereodeskriptors festgelegt. Rein formal sind allerdings sämtliche Kombinationen der acht Stereodeskriptoren des Moleküls denkbar. Nachdem der Benutzer im genannten Beispiel die Stereochemie höchstens eines Atoms angeben wird, muß das Programm die restlichen Deskriptoren selbständig und konsistent setzen.

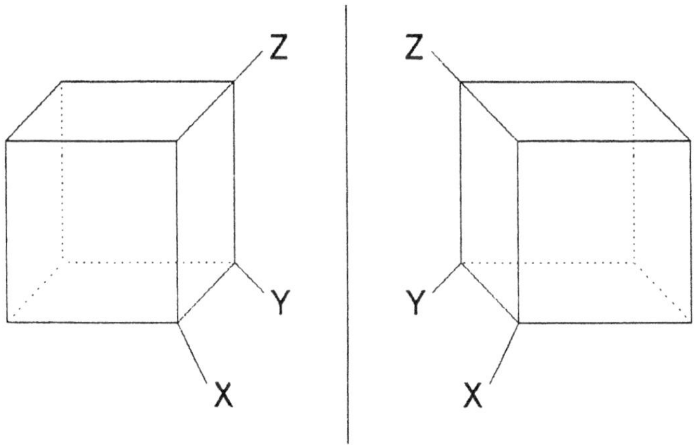

Abb. 3: Dreifach substituiertes Cuban besitzt nicht $2^8 = 256$ räumliche Isomere, sondern nur die zwei abgebildeten.

Dazu ermittelt es alle Paare von Brückenkopfatomen, die jeweils zwei Ringe des kleinsten Satzes kleinster Ringe (SSSR) [8] verknüpfen. Die Stereodeskriptoren an diesen Ringen werden nun so gewählt, daß die beiden Ringe cis-verknüpft werden. Schrittweise wird dadurch die Stereochemie aller nicht benutzerspezifizierten Brückenkopfatome festgelegt. Selbstverständlich kann der Benutzer auch trans-Verknüpfungen erzwingen. Analog werden Doppelbindungen in Ringen behandelt: Kommt zum Beispiel eine Doppelbindung in einem Sechsring vor, geht man stillschweigend davon aus, daß die Ringatome cis an der Doppelbindung stehen. Aus diesem Grund werden derartige Deskriptoren mit "cis" voreingestellt.

Anschließend an diese Vervollständigung werden die Stereochemiedeskriptoren in ein internes Datenformat übergeführt, das die weitere Verarbeitung der Stereochemie erleichtert und zudem zwanglos auch Koordinationszahlen größer als vier behandeln kann. Jedes Atom mit mehreren Bindungen wird dazu in den Mittelpunkt einer Kugel gerückt. In diese Kugel ist ein möglichst regelmäßiges Polyeder mit 34 Ecken eingeschrieben. Die Liganden des Zentralatoms werden auf den jeweils nächstliegenden Eckpunkt abgebildet. Jedem von ihnen wird so eine ganze Zahl zwischen 1 und 34 zugeordnet, die seine Lage relativ zu den anderen Liganden beschreibt. Da es letztlich nur auf diese relativen Positionen ankommt, was im folgenden noch kurz aufgezeigt werden soll, stört es nicht, daß sich die Zuordnung der Ecken zu den Atomen mit einer Drehung des Moleküls ändert.

Abb. 4 soll illustrieren, wie sich die Stereochemie an Atomen auf das Vorzeichen von Torsionswinkeln auswirkt. Die obere Hälfte des Bildes zeigt eine Kette von vier Atomen, daneben die übliche Newman Projektion. Der Torsionswinkel zwischen Atom 1 und Atom 4 kann unmittelbar abgelesen werden. Am Atom 3 wird sodann ein weiterer Ligand eingeführt. Je nach Stereodeskriptor weist das Atom 5 unter die Papierebene oder aus ihr heraus. In der Newman-Projektion unterscheiden sich die beiden Anordnungen durch das Vorzeichen des Torsionswinkelunterschiedes zum Atom 4. Dabei wird als Konvention vorausgesetzt, daß Torsionswinkel im Uhrzeigersinn positives, sonst negatives Vorzeichen erhalten. Kurz gesagt, formale Stereodeskriptoren müssen letztlich auf Torsionswinkelvorzeichen abgebildet werden.

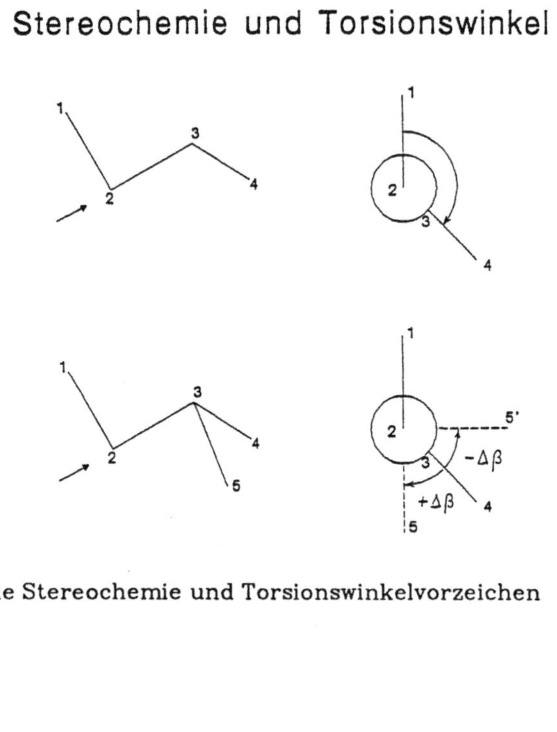

Abb. 4: Formale Stereochemie und Torsionswinkelvorzeichen

4. Die Erzeugung interner Koordinaten

Im vorangehenden Abschnitt wurde die Auswirkung der formalen Stereochemie auf die internen Koordinaten (in diesem Fall auf die Torsionswinkel) erläutert. Hier soll beschrieben werden, welche zusätzlichen strukturellen, elektronischen und geometrischen Informationen ermittelt werden müssen, um zu brauchbaren internen Koordinaten zu kommen. Abb. 5 soll einen Überblick geben.

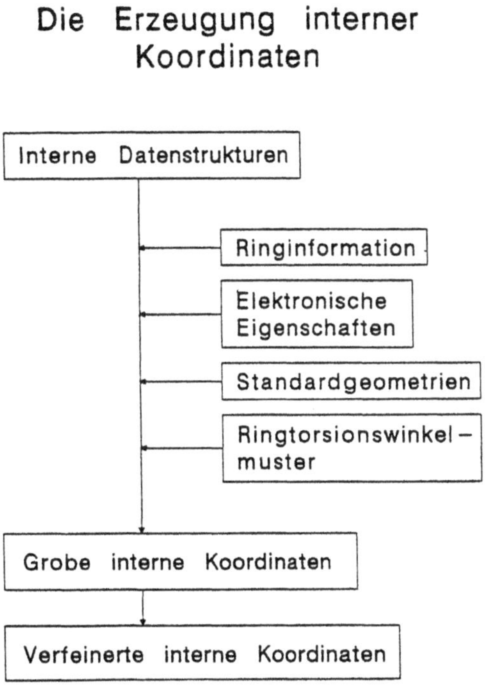

Abb. 5: Die Erzeugung interner Koordinaten

Als erstes werden aus der Bindungsliste die Ringe erzeugt. Es hat sich bewährt, in kondensierten Ringsystemen auch gewisse Ringe zu suchen, die nicht im "kleinsten Satz kleinster Ringe" (SSSR) [8] vertreten sind. So findet das Unterprogramm für Cuban nicht nur fünf Vierringe, die den SSSR bilden, sondern auch die sechste Würfelfläche, wodurch sich die Symmetrie des Moleküls auch im Ringsatz widerspiegelt. Der Algorithmus bestimmt gerade soviele Ringe, daß sämtliche Dreierketten aus Ringatomen in mindestens einem Ring vorkommen (in Norbornan wird z.B. auch der Sechsring gefunden). Die Ringe tragen eine Kennzeichnung, sodaß zwischen dem SSSR und seiner Erweiterung unterschieden werden kann.

Zweifellos muß dem Aufbau eines räumlichen Molekülmodelles eine Untersuchung der elektronischen Eigenschaften vorausgehen. Besonderer Wert muß hierbei auf konjugierte Systeme gelegt werden; sie werden durch klassische Valenzstrichformeln nur sehr unzureichend beschrieben. Um realistische Bindungslängen für derartige Verbindungen einzusetzen, müssen zunächst die partiellen π-Bindungsordnungen abgeschätzt werden. Die Bindungswinkel hängen von den entsprechenden Orbitalhybridisierungen ab, die wiederum mit der Ladungsverteilung im Molekül verknüpft sind. Als Beispiel seien para-substituierte Aniline genannt, in denen die Bindungswinkel am Stickstoff deutlich mit dem para-Substituenten variieren. Im Augenblick berücksichtigt unser Programm elektronische Effekte nur in sehr rudimentärer Weise; ein Modul, der konjugierte Systeme mit Hilfe eines einfachen Resonanztheorieansatzes behandeln soll, befindet sich gerade in Arbeit. Dieses Unterprogramm soll schon bald in der Lage sein, aus den Valenzstrichformeln brauchbare π-Bindungsordnungen abzuschätzen. Es stellt eine Erweiterung des Verfahrens von H. Saller [9] zur Berechnung partieller Atomladungen in konjugierten Systemen dar.

Die Bindungslängen legt das Programm im Augenblick mit Hilfe einer Tabelle fest. Hier sind die wichtigsten Bindungstypen enthalten, wobei als Schlüssel außer den Ordnungszahlen der beiden Bindungspartner und der (ganzzahligen) Bindungsordnung für die häufigsten Typen auch noch die Atomhybridisierungen (sp, sp^2, sp^3) Verwendung finden. Für die Bindungswinkel werden zunächst ideale Werte eingesetzt (180°, 120°, Tetraederwinkel). Die Torsionswinkel in offenkettigen Molekülen oder Molekülteilen werden so gewählt, daß die größten Gruppen an einer Bindung anti-ständig sind. Selbstverständlich kann der Benutzer die Torsionswinkel, wie auch die anderen internen Koordinaten, sehr einfach in der Eingabe festlegen. Die Torsionswinkel in Ringsystemen bilden ein weiteres Problem, da sie so gewählt werden müssen, daß sich die Ringe wirklich schließen. Ihnen ist der nächste Abschnitt gewidmet.

5. Torsionswinkel in Ringen

Die Wahl der Torsionswinkel in Ringsystemen weist mehrere Schwierigkeiten auf: Zunächst muß die Kombination der Diederwinkel bei jedem einzelnen Ring zu einem Ringschluß führen. Ferner müssen in kondensierten Systemen die Torsionswinkel verknüpfter Ringe, die sich eine oder mehrere Bindungen teilen, aneinander angepaßt sein. Schließlich weisen verschiedene mögliche Konformationen für eine bestimmte Ringgröße stark unterschiedliche Energien auf.

Das Programm enthält eine Torsionswinkelliste, in der die groben Torsionswinkelmuster für Ringe bis zur Größe sieben eingetragen sind. Für die Sesselform des Cyclohexans steht zum Beispiel {60, -60, 60, -60, 60, -60} in der Liste. Die verschiedenen Konformationen zu einer bestimmten Ringgröße sind dabei nach aufsteigender Energie geordnet, sodaß das Programm bei der Suche in der Liste zunächst die energieärmeren Geometrien findet. Abb. 6 erläutert anhand von trans-Dekalin das Problem, das bei der Behandlung kondensierter Ringsysteme entsteht. Im oberen Teil des Bildes ist deutlich zu sehen, daß der Torsionswinkel 3-1-2-4 des linken Sechsringes den Torsionswinkel 5-1-2-6 des rechten festlegt. Hätte das Programm für den ersten Sechsring zunächst zufällig die andere mögliche Sesselkonformation gewählt, wie es im unteren Teil des Bildes zu sehen ist, könnte es den zweiten Ring nicht schließen, da der Torsionswinkel 5-1-2-6 nunmehr 180^0 beträgt.

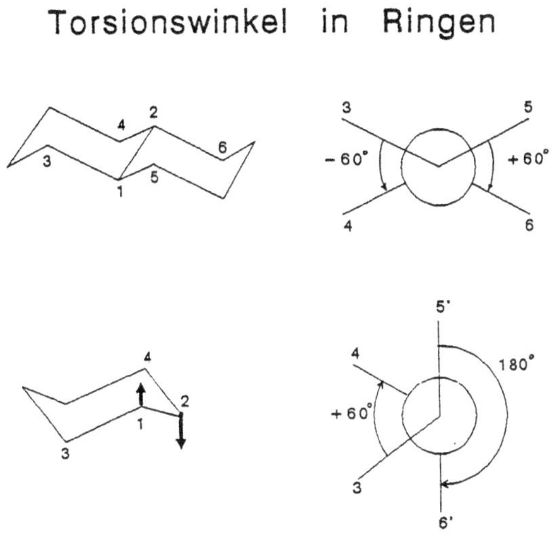

Abb. 6: Kombination von Einzelringkonformationen in kondensierten Ringsystemen

Zur Lösung dieser Schwierigkeiten wurde ein Backtracking Algorithmus [10] programmiert; kann das Programm für einen Ring keine Konformation finden, die zu den bereits festgelegten Ringen paßt, geht es wieder Schritt für Schritt zurück, um die Konformationen der anderen Ringe zu ändern. Die kleinsten, am meisten restringierten Ringe werden jeweils zuerst behandelt. Es ist klar, daß die oben erwähnte Torsionswinkelliste nicht auf Ringe beliebiger Größe erweitert werden kann, da mit wachsender Atomanzahl die Zahl der Konformationen sehr stark ansteigt. Größere Ringe müssen daher vom Programm durch gezieltes, iteratives Ändern der Torsionswinkel geschlossen werden. Das hierfür zuständige Unterprogramm befindet sich in Arbeit und wird demnächst fertiggestellt. Selbstverständlich werden die im oben beschriebenen Schritt gewählten Torsionswinkel in aller Regel die Ringe nicht exakt schließen. Die Verfeinerung der internen Koordinaten wird im nächsten Abschnitt beschrieben.

6. Überbestimmte interne Koordinaten

Die Geometrie der Sechserkette in Abb. 7 wird durch fünf Bindungslängen, vier Bindungswinkel und drei Torsionswinkel vollständig bestimmt. Die Anzahl der internen Koordinaten (12) entspricht somit genau der Anzahl der Freiheitsgrade (3 * 6 - 6). Verbindet man Atom 1 mit Atom 6 durch eine weitere Bindung, kommen eine Bindungslänge, zwei Bindungswinkel und drei Torsionswinkel zu den internen Koordinaten dazu, während die Anzahl der Freiheitsgrade gleich bleibt. Da das Programm alle 3N internen Koordinaten in Ringen festlegt, ist ihre Geometrie überbestimmt. In aller Regel werden die internen Koordinaten nicht vollständig konsistent sein, mit anderen Worten, der Ring wird sich nicht genau schließen. Die einfachste Lösung wäre, gemäß dem obigen Beispiel, eine Kette zu konstruieren und die überschüssigen (Ringschluß-) Koordinaten zu ignorieren. Die Vorgehensweise scheidet aber deshalb aus, da auf diese Art die Symmetrie der Startwerte für die internen Koordinaten verloren ginge. Es wurde ein wesentlich aufwendigerer Algorithmus entwickelt, der die internen Koordinaten eines Ringsystems iterativ einander anpaßt. Die Grundidee besteht darin, jeden einzelnen Ring zweimal zu durchlaufen. Schließt der Ring exakt, liegen die Bilder der Atome bei jedem erneuten Durchlaufen des Ringes auf ihren Urbildern. Im allgemeinen Fall entsteht jedoch eine windschiefe Spirale, bei der die einander entsprechenden Bilder der Atome iterativ zur Deckung gebracht werden müssen. Bindungslängen bleiben in der gewählten Verfeinerung starr, Torsionswinkel sind beweglicher als Bindungswinkel.

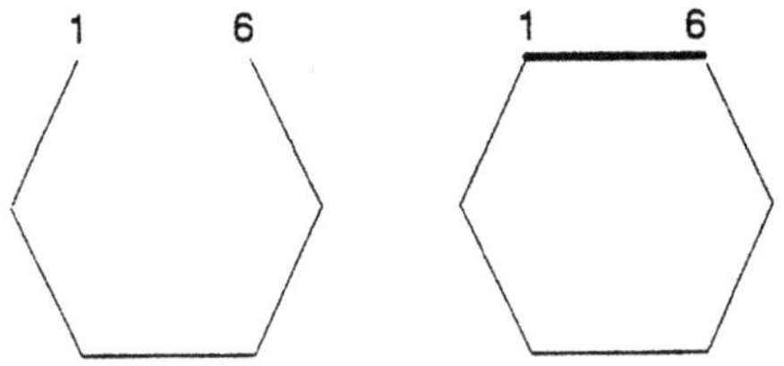

Abb. 7: Überbestimmte interne Koordinaten

Ähnliche Probleme der Überbestimmung von geometrischen Teilstrukturen treten bei vierfach- und höher koordinierten Zentren auf. So besitzt ein Tetraeder vier Bindungslängen und sechs Bindungswinkel, also zehn interne Koordinaten, aber nur 3 * 5 - 6 = 9 Freiheitsgrade. Ein Bindungswinkel ist überbestimmt. Es trifft das gleiche Argument zu wie bei den Ringtorsionswinkeln: Der sechste Bindungswinkel könnte recht einfach aus den restlichen fünf berechnet werden, durch die willkürliche Auswahl der freien Koordinate ginge aber die Startsymmetrie verloren. Auch hier wurde eine iterative Verfeinerung programmiert, die alle sechs Bindungswinkel schrittweise einander anpaßt. Das Verfahren funktioniert in analoger Weise für höher koordinierte Zentren.

7. Anwendungen

In den vorangegangenen Abschnitten wurden einige Aspekte unseres automatisierten Molekülbaukastens CORINA behandelt und die wichtigsten verwendeten Algorithmen vorgestellt. Es ist jedoch klar, daß dieses Programm erst den Anfang der Behandlung sterischer Effekte darstellt, nämlich den Weg von der Konnektivität zu dreidimensionalen "Baukastenkoordinaten". Nun sollen noch kurz einige Anwendungen für derartige Koordinaten diskutiert werden.

Von besonderer Bedeutung ist zunächst die grafische Darstellung des räumlichen Baues. Ohne Computergrafik wäre eine Kontrolle und ein Verständnis der dreidimensionalen Atomkoordinaten weitgehend unmöglich. Um die Zeichnungen auf einem möglichst breiten Spektrum an Grafik - Hardware erstellen zu können, haben wir uns bisher auf Vektorgrafik beschränkt. Die Abbildungen 8 bis 10 zeigen einige Beispiele in "Sticks"-, "Balls & Sticks"- und "Spacefilling"- Darstellung. Wir implementierten ein interaktives, benutzerfreundliches Programm auf einem MS-DOS Farbgrafik Microcomputer, das es erlaubt, Moleküle auf vielfältige Art darzustellen und räumlich zu manipulieren.

Der Benutzer hat die Möglichkeit, einzelne Moleküle oder ganze Molekülensemble zu rotieren, zu verschieben und zu skalieren und interne Koordinaten zu verändern. Atome und Bindungen können bequem gefärbt werden, Molekülteile können ausgeblendet werden und eine Schnittebene kann durch das Molekül bewegt werden. Die Option, Moleküle zu superponieren, eröffnet weitere, interessante Möglichkeiten. Der Benutzer wählt aus zwei Molekülen jeweils einen Satz von Atomen aus, die anschließend vom Programm durch iteratives Verschieben und Drehen eines der beiden Moleküle so gut es geht zur Deckung gebracht werden. Die Anzahl der Atompaare in der Liste ist beliebig. Somit können reaktive Zentren und funktionelle Gruppen verschiedener Moleküle übereinandergelegt werden, um ihren räumlichen Bau zu vergleichen.

Diese Option wird bereits seit einiger Zeit mit Erfolg zur Untersuchung des süßen Geschmackes einiger Verbindungsklassen eingesetzt [11]. In Zukunft soll auch ein quantitativer räumlicher Vergleich von Molekülen und Atomgruppen möglich sein; hierzu wurde das Verfahren von M. L. Connolly [12] zur Berechnung der Oberfläche und des Volumens von Molekülen implementiert. Eine weitere mögliche Anwendung des Molekülbaukastens ist, ihn als "Vorbrenner" für ein Kraftfeld- oder Quantenchemieprogramm zu verwenden.

Abb. 8: Der "Birdcage"-Kohlenwasserstoff als "Sticks"-Zeichnung

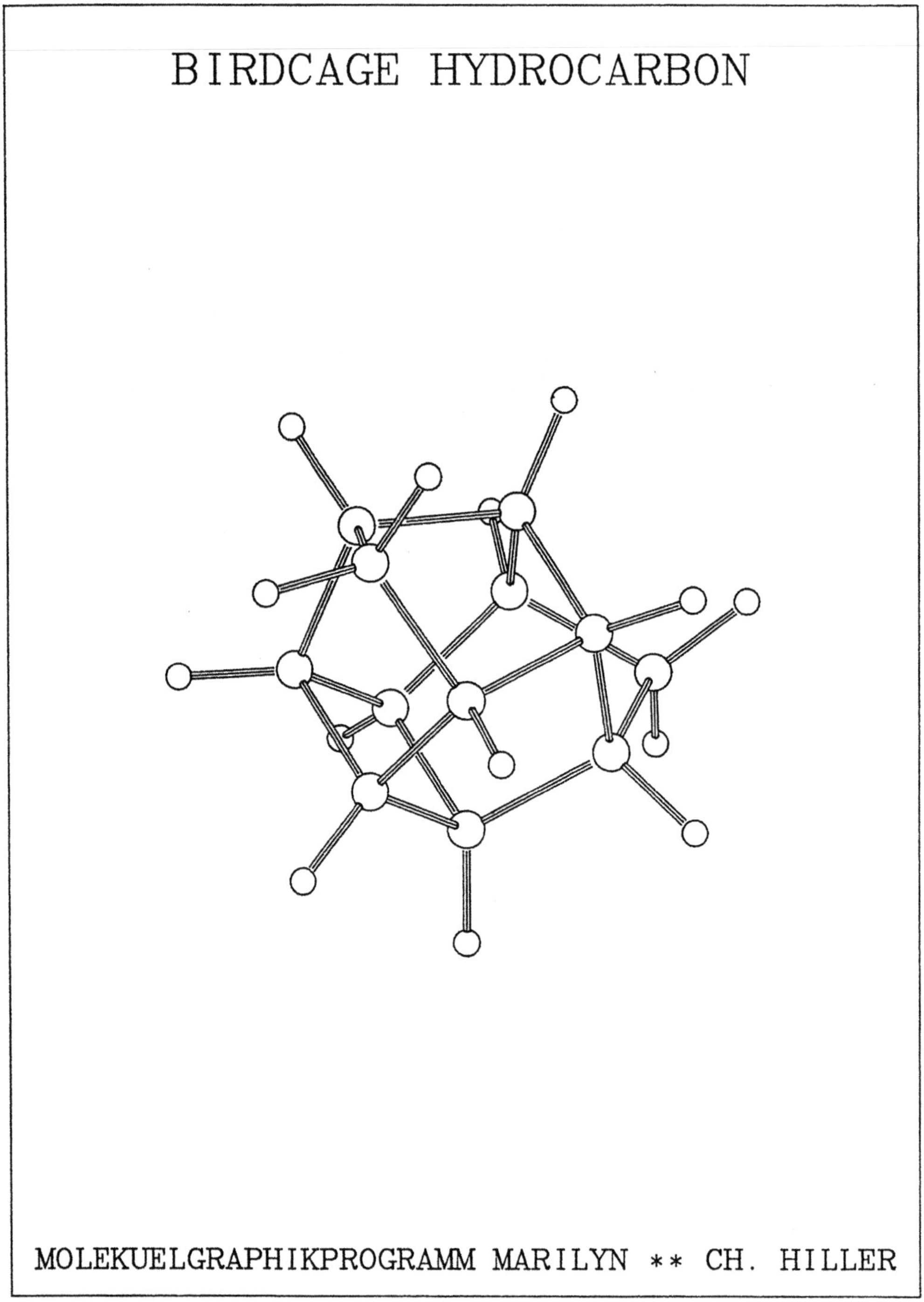

Abb. 9: Pagodan in "Balls & Sticks" Darstellung

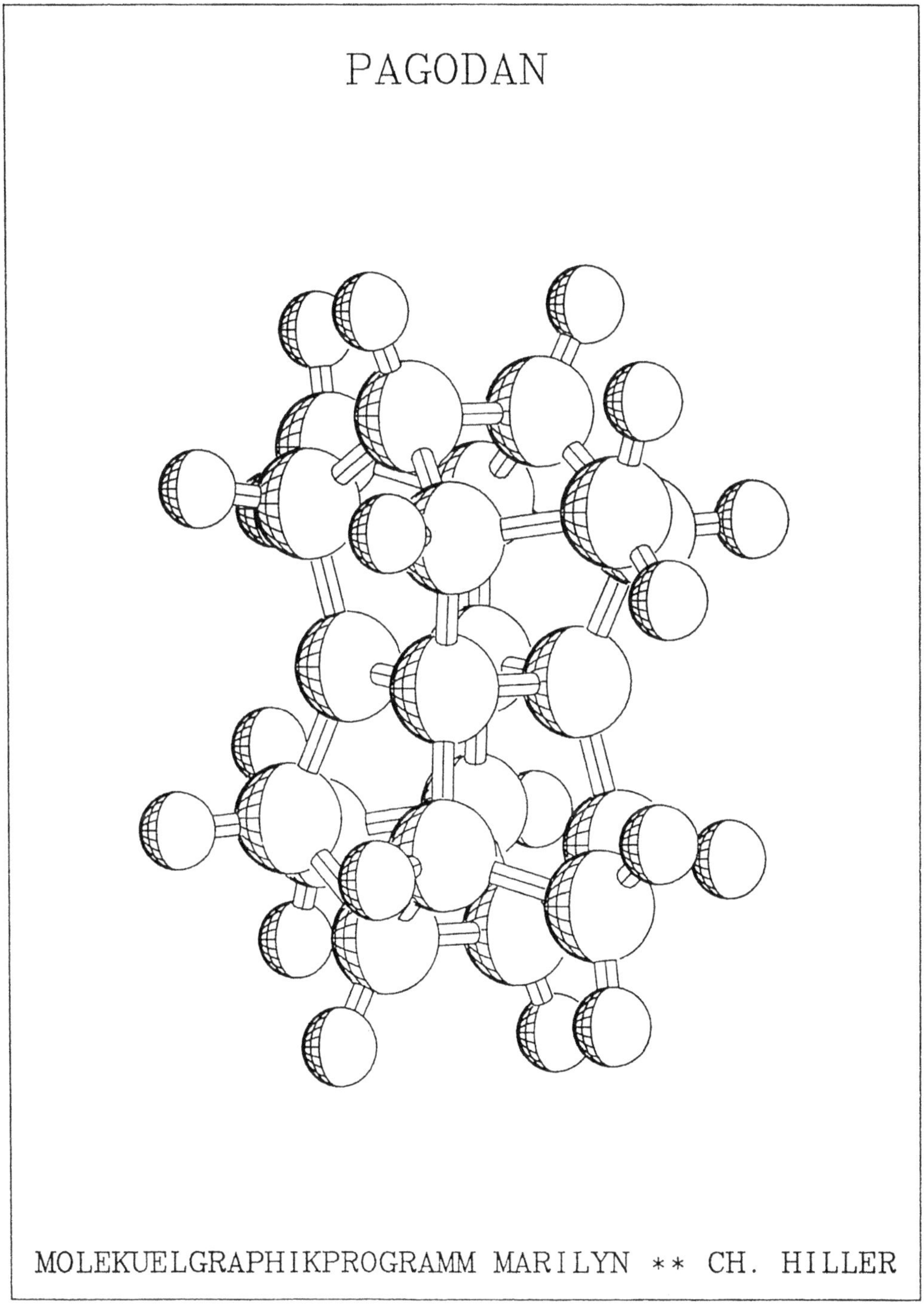

Abb. 10: Campher als Kalottenmodell

Molekulardynamische Simulation von Flüssigkeiten

A. Geiger

Institut für physikalische Chemie
RWTH Aachen

Es soll anhand einiger Beispiele ein kurzer Überblick über die Aktivitäten der Arbeitsgruppe gegeben werden. Folgende Systeme und Themenbereiche werden von uns mittels molekulardynamischer Simulationsrechnungen untersucht:

- Wasser: Makroskopische Eigenschaften, mikroskopische Struktur und Dynamik der metastabilen (unterkühlten bzw. unter Zugspannung stehenden) Flüssigkeit. Grenze der mechanischen Stabilität: zugrundeliegende strukturelle Ursachen und Auswirkungen auf die Dynamik. Quantitative Beschreibung des Wasserstoffbrücken-Netzwerks.

- Wäßrige Lösungen: Untersuchung von Hydratationseffekten wie Hydrophobe Hydratation, Strukturbrecheffekt usw. . Lokalisierung und Struktur des hydratisierten Elektrons. Zusammenhang mit der Struktur des reinen Wassers.

- Sonstige molekulare Flüssigkeiten: Chlorwasserstoff, Methylenchlorid, Kronenether.

- Kernmagnetische Relaxation: Beschreibung der wichtigsten Relaxationsmechanismen, welche zur experimentellen

J. Gasteiger (Hrsg.)
Software-Entwicklung in der Chemie

Untersuchung der Struktur und Dynamik von Flüssigkeiten herangezogen werden: intermolekulare elektrische Kernquadrupol-Feldgradienten-Wechselwirkung, intermolekulare magnetische Dipol-Dipol-Wechselwirkung. Vergleich mit gebräuchlichen Modellvorstellungen.

- Neutronenstreuung: Ab-initio-Simulation von Streuexperimenten zur Bestimmung der Struktur von Flüssigkeiten. Berechnung der experimentellen Streukurven einschließlich aller "Störeffekte" wie Mehrfachstreuung, inelastische Streuung usw. . Test gebräuchlicher Korrekturverfahren.

Lokale Wechselwirkungspotentiale zur Simulation von Wasser und wässrigen Lösungen

Philippe Bopp

Institut für Physikalische Chemie
Technische Hochschule Darmstadt
D-6100 Darmstadt

Einführung

Klassisch können die hier angesprochenen Monte Carlo- (MC) und Molekulardynamische- (MD) Simulationsmethoden aus zwei Gründen genannt werden: Zum einen sind sie die ältesten Simulationsmethoden in der chemischen Forschung. Sie gehen zurück auf die Arbeiten von Metropolis und Mitarbeitern [1] sowie von Alder und Wainwright [2] in den fünfziger Jahren. Ihre Weiterentwicklung erfolgte parallel zur Entwicklung moderner Großrechner und waren teilweise auch Ansporn und Motivation zu deren Weiterentwicklung, insbesondere zur Steigerung der Rechengeschwindigkeit.

Klassisch aber auch, weil diese Methoden von der Beschreibung der mikroskopischen Natur chemischer Vorgänge durch Begriffe der klassischen Newtonschen Mechanik ausgehen. Es ist wohlbekannt, daß die zur exakten und akkuraten Beschreibung der mikroskopischen Natur der Materie geeigneten Theorien die Quantentheorie und die Relativitätstheorie sind. Die heutige Physik geht aber vom Glauben aus, daß diese Theorien logisch aus noch grundlegenderen Theorien (Feldtheorien) aufgebaut werden können, und man hofft, auch diese Feldtheorien irgendwann einmal aus einer vereinheitlichten Theorie heraus logisch ableiten zu können. Trotzdem bezweifelt niemand ernsthaft, daß die aus diesen grundlegenden Theorien sich entwickelnde Quantentheorie, so wie wir sie kennen und als Studenten lernen, zur Beschreibung einer sehr großen Klasse von chemischen Problemen die adäquate Theorie ist. Die Erfolge der Anwendung der Quantentheorie in der Chemie brauchen hier nicht aufgezählt zu werden.

Man muß sich jedoch stets vor Augen halten, daß es eine sehr große Zahl von Fragestellungen gibt, die mit quantenchemischen Methoden, zumindest mit den heute zur Verfügung stehenden Verfahren nie, auch nicht mit wesentlich erhöhten Rechnergeschwindigkeiten, gelöst werden können.

J. Gasteiger (Hrsg.)
Software-Entwicklung in der Chemie

An dieser Stelle muß in der Theorie ein Schritt der Vereinfachung erfolgen, um die Komplexität des Problems zu reduzieren. Solche vereinfachenden Schritte in der theoretischen Konzeption sind natürlich dem Chemiker wohlbekannt, so wohlbekannt, daß sie in der Regel nicht reflektiert werden. Sie laufen immer darauf hinaus, daß eine Anzahl von Objekten einer grundlegenden Theorie zu einfachen Objekten der 'darübergeordneten' Theorie zusammengefaßt werden. Bei dem uns hier interessierenden Schritt ist es die Zusammenfassung von Elektronen und Kernen (selbst wiederum zusammengefaßte Begriffe einer Feldtheorie) zu Atomen und Molekülen. Wie sinnvoll eine solche Zusammenfassung ist, hängt selbstverständlich vom Problem ab, das es zu beschreiben gilt; viele physikalische und chemische Probleme und Fragestellungen lassen sich auf diesem theoretischen Niveau behandeln. Eine noch größere Klasse von Problemen ist aber für eine quantentheoretische Behandlung dieser Objekte noch zu komplex und ein weiterer vereinfachender Schritt wird notwendig. Es zeigt sich, daß für viele chemische Systeme in einen weiten Bereich von Umfeldbedingungen sich eine gute, das heißt zunächst eine widerspruchsfreie, Beschreibung erreichen läßt, wenn man annimmt, daß die oben erwähnten Objekte, die Atome und Moleküle, sich wie die uns wohlbekannten und intuitiv vertrauten makroskopischen Objekte der klassischen Newtonschen Mechanik, Punktmasse und starrer Körper, verhalten.

Dies ist das theoretische Niveau, auf dem die Simulationsmethoden angesiedelt sind. Sie sind somit geeignet zur Beschreibung von Vielteilchensystemen, deren Bestandteile bei den vorliegenden Bedingungen durch Begriffe der klassischen Mechanik zutreffend beschrieben sind. Wir wollen hier die Punktmassen und starren Körper, die in der Simulation die Atome und Moleküle des chemischen Systems darstellen, unter dem Terminus "Teilchen" zusammenfassen. Ebenso werden alle mit einem Teilchen zusammenhängenden Eigenschaften, wie zum Beispiel dessen Masse, Ladungsverteilung, Wechselwirkungspotentiale etc., unter dem Terminus "Modell" zusammengefaßt.

Es sollen hier einige der Modell-Vorstellungen diskutiert werden, die zur Simulation von Wasser und wässrigen Lösungen in den letzten Jahren entwickelt wurden. Die Forschung auf diesem Gebiet ist immer noch sehr aktiv und es kann daher nur ein notwendigerweise unvollständiges Bild gegeben werden. Wir werden uns hier auch auf die Modell-Wechselwirkungspotentiale selbst beschränken und die Aspekte, wie mittels der Simulation aus diesen das thermodynamische

Ensemble hergestellt wird, vernachlässigen. Ergebnisse werden ebenfalls nur insoweit vorgestellt, wie es zur Erläuterung der Eigenschaften der besprochenen Modelle notwendig ist.

Zum Verständnis der Diskussion bei der Abwägung der Einsatzmöglichkeiten einzelner Modelle soll hier jedoch ins Gedächnis gerufen werden, daß bei der MD-Simulation das thermodynamische Ensemble dadurch konstruiert wird, daß die aus den Newtonschen Bewegungsgleichungen von Punktmassen und starren Körper (als Modelle der Atome und Moleküle) unter dem Einfluß ihrer gegenseitigen Kräfte und Momente resultierenden Trajektorien für eine gewisse Zeitspanne berechnet werden. Wenn keine äußeren Kräfte auf das System einwirken, bleibt die Gesamtenergie eines solchen (Hamiltonschen) Systems erhalten. Das erzeugte Ensemble entspricht also dem mikrokanonischen Ensemble der statistischen Mechanik, bei dem Teilchenzahl, Volumen und Gesamtenergie konstant sind. Weiterhin wird noch angenommen, daß die errechneten Trajektorien der einzelnen Teilchen representativ sind für die Bewegungen der Atome und Moleküle im chemischen System. Somit lassen sich aus einem molekulardynamisch erstellten Ensemble neben den statischen Daten auch sogenannte "dynamische" Daten erhalten, also solche, die von der zeitlichen Entwicklung, das heißt der Bewegung der Teilchen, abhängen.

Modelle für flüssiges Wasser

Wegen ihres großen Interesses in Physik, Biologie, Geologie, Chemie und vielen anderen Wissenschaften sind Wasser und wässrige Lösungen von Anfang an sehr intensiv mittels Computersimulationen untersucht worden. Besonders günstig war dabei, daß zur gleichen Zeit, zu der große Simulationen technisch machbar wurden, quantenmechanische ab-initio-Rechnungen für Aggregate (Supermoleküle) wie zwei Wassermoleküle oder ein Ion-Wasser möglich wurden [3]. Diese Rechnungen erwiesen sich bei der Entwicklung von Modellpotentialen für Simulationen als sehr nützlich. Von experimenteller Seite her ergänzten Ergebnisse von Roentgen-Elektronen-, und Neutronen-Streuexperimenten [4] die Simulationen, so daß in einem regen Wechselspiel zwischen diesen Disziplinen und den Simulationen ein wesentlich verbessertes Verständnis dieser Systeme zu verzeichnen war.

Die außergewöhnlichen Eigenschaften von flüssigem Wasser resultieren von der einzigartigen dreidimensionalen Wasserstoffbrückenstruktur dieser Flüssigkeit. Jedes Wassermolekül nimmt im Mittel bei Zimmertemperatur an etwas weniger als vier Wasserstoffbrücken teil. Die durch dieses Wasserstoffbrückennetzwerk entstehende Struktur ist im Vergleich zu anderen, nicht wasserstoffbrückengebundenen Flüssigkeiten, sehr offen. So hat ein Wassermolekül in flüssigem Wasser bei Zimmertemperatur und einem bar Druck nur etwas mehr als vier nächste Nachbarn, im Vergleich zu 8-12 bei anderen Substanzen. Man wird also ein Modell zunächst danach beurteilen, in wie weit und mit welchem Aufwand sich unter anderen diese Eigenschaften des Wassers reproduzieren lassen.

Es soll an dieser Stelle herausgestellt werden, daß an ein für Simulationen verwendbares Potential insbesondere die Forderung der Einfachheit zu stellen ist. Während eines Simulationslaufes werden Potentiale und deren Ableitungen bei jedem Integrationsschritt $N \cdot (N-1)/2$ mal berechnet, wobei N die Gesamtzahl der Kraftzentren ist. Zu komplizierte mathematische Ansätze oder zu große Anzahlen von Kraftzentren pro Molekül können da leicht zu prohibitiven Rechenzeiten führen.

In dieser kurzen Übersicht wollen wir uns im wesentlichen auf die Betrachtung solcher Modellpotentiale beschränken, die als Summe von Zentren-Zentren (site-site) Paarpotentialen geschrieben werden können. Das heißt, daß das Potential zwischen zwei Molekülen I und J, V^{IJ}, geschrieben werden kann als

$$V^{IJ} = \sum_{ij} V_{ij}^{\alpha} \quad . \tag{1}$$

Dabei ist i ein Kraftzentrum (zum Beispiel eine partielle Ladung, ein Lennard-Jones- (LJ) Zentrum etc.) auf dem Molekül I und j ein solches auf dem Molekül J . V_{ij}^{α} sind Zentralkraftpotentiale, das heißt Potentiale, die nur vom Betrag des Abstandes zwischen i und j abhängen.

Weiterhin lassen sich die Modelle in solche einteilen, bei denen das Molekül als starre Einheit betrachtet wird, und solche, bei denen das Molekül aus drei Bestandteilen (Atomen) besteht und eine gegenseitige Bewegung zwischen den Atomen zugelassen wird. Die ersteren kann man als "starre" Modelle bezeichnen, während die anderen gerne als "flexibel" bezeichnet werden.

Da die Wasserstoffbrücke im Vergleich zu anderen intermolekularen Wechselwirkungen relativ stark und zudem auch stark gerichtet ist, ist zu erwarten, daß der Einfluß dieser Bindung zum Beispiel auf die Geometrie eines Moleküls in der Flüssigkeit von Bedeutung ist. Aus der Infrarot- und Raman-Spektroskopie weiß man auch, daß unter dem Einfluß der Wasserstoffbrücken die O-H Schwingungsfrequenzen des Wassers sich gegenüber der Gasphase stark verschieben. Während die starren Modelle diese Einflüsse vernachlässigen, erlauben die flexiblen Modelle deren Studium sowie das Studium der möglichen Koppelungseffekte zwischen intra- und intermolekularen Bewegungen.

Im Gegensatz zu den starren Modellen bestehen die flexiblen Modelle also in der Regel aus intermolekularen und intramolekularen Potentialen. Bei der Diskussion der letztgenannten ist zu berücksichtigen, daß die Simulationen klassische Rechnungen sind. Es wird gezeigt werden, daß für die intramolekularen Potentiale bei flexiblen Modellen zweckmäßigerweise vom Paarpotentialansatz abgegangen werden muß, um die volle Leistungsfähigkeit dieser Modelle ausnutzen zu können.

Eine keinesfalls vollständige Liste von Modellpotentialen für flüssiges Wasser ist in Tabelle 1 zusammengetragen. Mit Ausnahme des der Vollständigkeit halber und wegen seines großen prinzipiellen Interesses mit aufgenommenen S&D Modells, werden die intermolekularen Wechselwirkungen durch eine räumliche Verteilung von elektrischen Punktladungen auf dem Molekül und durch zusätzliche attraktive und repulsive Paarwechselwirkungen, die auf verschiedene Kraftzentren (sites) lokalisiert sind, dargestellt. Bei den flexiblen Modellen werden darüberhinaus in der Regel für den intramolekularen Anteil Dreikörperkräfte benutzt. Solche Dreikörperpotentiale sind für intermolekulare Wechselwirkungen ebenfalls bestimmt worden, ein erstes Modellpotential mit einem solchen Ansatz ist in jüngster Zeit eingeführt und erprobt worden [10]. Intermolekulare Dreikörperpotentiale führen jedoch zu einem wesentlich erhöhten Rechenaufwand.

Es hat sich gezeigt, daß eine räumliche Verteilung von Ladungen auf dem Molekül zu einem wesentlich realistischeren Verhalten des Modells führt als die Annahme eines Punktdipols oder Punktquadrupols im Zentrum des Moleküls [5].Andererseits, je mehr Kraftzentren auf dem Molekül angenommen werden, umso

Tabelle 1. Wassermodelle für MD- und MC-Simulationen

Abkürzung		Typ	Referenz
BNS	Ben-Naim and Stillinger	starr	[6]
ST2	Stillinger 2	starr	[7]
MCY	Matsuoka, Clementi and Yoshimine	starr	[8]
MCYL	Lie and Clementi	flexibel	[9]
MCY 3 body	MCY + intermolekularem 3-Körperpotential	starr	[10]
CF1	Central Force	flexibel	[11]
CF2	"	flexibel	[12]
CF3	"	flexibel	[13]
SPC	Simple Point Charge	starr	[14]
TIPS	Transferable Intermolecular Potential Surface	starr	[15]
TIP4P	TIPS 4 Points	starr	[16]
BJH	Bopp, Jancsó and Heinzinger	flexibel	[17]
RWK	Reimers, Watts and Klein	starr	[18]
RWK2M	RWK, 2nd Version, Morse	flexibel	[19]
T&R	Toukan and Rahman	flexibel	[20]
DSFG	Demontis, Suffriti, Foix and Gamba	flexibel	[21]
D&P	Dang and Pettitt	flexibel	[22]
S&D	Stillinger and David	polarisierbar	[23]

aufwendiger wird eine Simulation mit diesem Modell. Üblich sind bei Verwendung von Paarpotentialen drei bis fünf Zentren.

Wie aus der Tabelle ersichtlich ist, wurden anfänglich vorwiegend starre Modelle entwickelt, während in letzer Zeit mehr an flexiblen Modellen gearbeitet wird. Um den Einfluß der Flexibilität der Moleküle zu untersuchen wurden auch starre Modelle 'flexibilisiert', das heißt zum existierenden intermolekularen Potential wurde ein intramolekularer Anteil hinzugenommen (T&R, D&P).

Beide Modellklassen, die starren und die flexiblen, haben ihre Vor- und Nachteile. So sind pro Wassermolekül für ein flexibles Modell 9 Bewegungsgleichungen zu lösen, während für ein starren Modell nur 6 solcher Gleichungen (Translationen und Rotationen) anfallen. Andererseits können beim flexiblen Modell die Gleichungen in

Cartesischen Koordinaten gelöst werden und die Schwierigkeiten beim Behandeln der Starrkörperrotationen (Euler Winkel oder Quaternionenformalismus) treten nicht auf. Bei Simulationen mit starren Modellen kann andererseits, gleich gute Integrationsalgorithmen vorausgesetzt, der Zeitschritt δt etwa um einen Faktor 4 größer gewählt werden als bei flexiblen Modellen, da die schnellsten in einem solchen System auftretenden Bewegungen die Librationen mit Frequenzen von einigen 100 cm^{-1} sind, im Gegensatz zu den intramolekularen Schwingungen des flexiblen Modells mit über 3000 cm^{-1}.

Auch bei der Auswertung der Simulationen ergeben sich Unterschiede zwischen beiden Modellklassen. So sind zum Beispiel "Rotationen" oder "Librationen" bei starren Modellen wohldefiniert. Bei flexiblen Modellen muß dahingegen auf Grund der in der Flüssigkeit auftretenden Verformung der einzelnen Moleküle ein Näherungsverfahren angewendet werden, um diese Größen zu bestimmen.

Die flexiblen Modelle erlauben also ein detaillierteres Studium und geben Zugang zu spektroskopischen Größen, die mit starren Modellen nicht zugänglich sind. Für das Studium von Phänomenen, deren Zeitskala lange Simulationsläufe erfordert, sind sie dahingegen weniger geeignet. Welches Modell für welche Anwendung das geeignetste ist, ist oft eine schwer zu entscheidende Frage. Deswegen, und auch um die Modelle weiterzuentwickeln, sind Simulationen der gleichen Systeme unter den gleichen Bedingungen mit verschiedenen Modellen notwendig.

Es sollen als Beispiele für die verschiedenen Modelleklassen einzelne Modelle etwas detaillierter vorgestellt werden. Als Beispiele für starre Modelle sollen das ST2-, das MCY- und das TIP4P- Modell besprochen werden, als Beispiele für flexible Modelle das CF3- und das BJH-Modell. Zuvor sollen aber noch zwei Aspekte angesprochen werden, die bei der Berechnung der Potentiale und deren Ableitungen, der Kräfte, in MD-Simulationen von Wichtigkeit sind.

"shifted force" Potentiale

In den Simulationen müssen in der Regel aus technischen Gründen, insbesondere aber um Rechenzeit zu sparen, die Summationen der Wechselwirkungen über die Kraftzentren der Nachbarmoleküle (vgl.Gl. 1) abgebrochen werden. Der Abbruch sollte bei einem solchen Teilchen-Teilchen oder Zentrum-Zentrum Abstand erfolgen, bei dem die betreffende Wechselwirkung vernachlässigbar klein wird. Dieser Abstand wird gerne der "Abschneideradius" dieser Wechselwirkung genannt. Dieses Vorgehen führt in der Simulation zunächst zu einem kleinen Fehler in der Berechnung des Gesamtpotentials, der aber, falls gewünscht, korrigiert werden kann [24]. Für die Dynamik einschneidender ist die Tatsache, daß an der Stelle des Abschneideradiuses ein Sprung im Potential vom kleinen, aber endlichen Wert an dieser Stelle, auf Null vorkommt. Diesem Sprung im Potential müßte eine Deltafunktion in der Kraft entsprechen, was aber nicht realistisch ist. Verfährt man mit der Kraft wie mit dem Potential, so ist an der Stelle des Abschneideradiuses die Kraft nicht mehr die Ableitung des Potentials, das System mithin nicht mehr Hamiltonsch. Dies hat zur Folge, daß in einer solche Simulation die Gesamtenergie nicht mehr konstant sein kann.

Einem Vorschlag von Street und Mitarbeitern [25] zufolge wird oft die sogenannte "shifted force potential method" angewendet. Sei $V(R_{ij})$ das Wechselwirkungspotential zwischen den Zentren i und j und R^{cut} der dazugehörige Abschneideradius. Man fordert, daß für das zu bestimmende "shifted force potential" $\tilde{V}(R_{ij})$ gelten soll, daß am Abschneideradius das Potential sowie die daraus resultierende Kraft gleich Null sein sollen:

$$\tilde{V}(R^{cut}) = 0 \tag{2}$$

und

$$\left.\frac{d\tilde{V}(R_{ij})}{dR_{ij}}\right|_{R^{cut}} = 0 \quad . \tag{3}$$

Um diese Forderungen zu erfüllen kann man zum Beispiel setzten:

$$\tilde{V}(R_{ij}) = V(R_{ij}) - V(R^{cut}) - \left.\frac{dV(R_{ij})}{dR_{ij}}\right|_{R^{cut}} \times (R_{ij} - R^{cut}) \quad . \tag{4}$$

Wenn der Abschneideradius R^{cut} groß genug gewählt wird, so ist die Abweichung zwischen $V(R_{ij})$ und $\tilde{V}(R_{ij})$ auch im Bereich des Potentialenergieminimums von der gleichen Größenordnung wie die üblicherweise bei der Bestimmung des Potentials auftretenden Unsicherheiten und kann somit hingenommen werden. Es können auch andere Ansätze gefunden werden, die den obigen Forderungen gerecht werden. Der Vorteil der Methode liegt eindeutig darin, daß, genügend gute Integration vorausgesetzt, die Energiestabilität entscheidend zunimmt und lange Simulationen ohne äußere Eingriffe möglich werden.

Behandlung langreichweitiger Wechselwirkungen

Beim Vorhandensein langreichweitiger Wechselwirkungen, insbesondere von Coulomb-Wechselwirkungen, ist die Anwendung eines Abschneideradiuses nicht mehr möglich oder zulässig. Es müssen spezielle Verfahren angewendet werden, um diese Wechselwirkungen korrekt aufzusummieren. Zwei Verfahren sind in diesem Zusammenhang bei der Simulation von Systemen mit geladenen Teilchen angewendet worden, die "Ewald Summation" [26] und die "Reaktionsfeldmethode" [27]. Es kann hier nicht auf die mathematischen Aspekte dieser Verfahren eingegengen werden, kurze Einführungen finden sich in [24].

Ein Vorteil des Ewald Verfahrens ist, daß es mathematisch gut begründet ist und Methoden existieren, um aus solchermaßen erstellten MD-Ensembles makroskopische Größen exakt zu berechnen [28]. Die Ewald Summation ist, wird sie nicht vereinfacht, ein extrem rechenzeitaufwendiges Verfahren. Die resultierende Kraft ist keine Zentralkraft, was eine Tabellierung entsprechend aufwendig gestaltet. Es ist bei ausreichend vorhandenem Speicherplatz dennoch möglich, das aus der Summation resultierende effektive Potential und dessen Ableitungen in einer Symmetrieeinheit des kubischen Kastens (1/48 des Kastens) zu tabellieren und die für beliebige Teilchen i und j resultierenden Energien und Kräfte aus Symmetrieoperationen und Reihenentwicklungen relativ schnell zu bestimmen. Es sind aber bei diesem Verfahren immer alle an der Simulation beteiligten j-Teilchen zu berücksichtigen.

Die Reaktionsfeldmethode ist rechentechnisch erheblich einfacher zu beherrschen. Ihr prinzipieller Nachteil ist, daß ein zusätzlicher Eingabeparameter für die Simulation erforderlich wird, die Philosophie, daß nur die mikroskopischen Wechselwirkungen bekannt sein sollen,mithin aufgegeben wird.

Das ST2-Modell

Das ST2-Modell [7] ist ein sogenanntes "effektives Potential". Es ist eine Weiterentwicklung des BNS-Modells [6]. Die Vervollkomnung des Modells erfolgte in zahlreichen Simulationen, indem die Potentialparameter systematisch verändert wurden und die aus der Simulation errechneten Eigenschaften mit experimentellen Werten verglichen wurden. Effektiv heißt dieses Potential deswegen, weil es als Kombination von Paarpotentialen dargestellt wird, aber in gewissem Maße auch die in der Flüssigkeit auftretenden Dreikörperkräfte mit beinhaltet. So ist zum Beispiel das Dipolmoment eines ST2-Modellmoleküls mit 2.34 D größer als das Dipolmoment des Wassermoleküls in der Gasphase (1.86 D). Daher mag ein solches Modelle zum Beispiel nicht optimal sein zur Beschreibung eines isolierten Dimers. Es hat sich jedoch insbesondere beim ST2-Modell gezeigt, daß es in wesentlich mehr Fällen erfolgreich angewendet werden konnte, als man in Anbetracht seiner sehr einfachen Struktur ursprünglich hätte vermuten können.

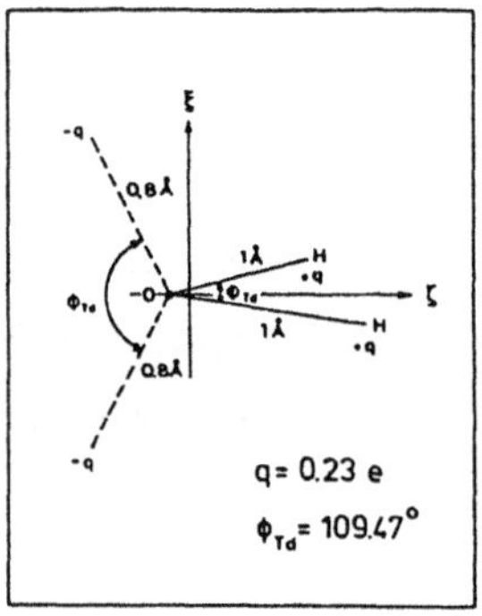

Abbildung 1. Das ST2-Modellmolekül

Das ST2-Modell ist ein Fünf-Zentren-Modell. Die Ladungsverteilung des Wassermoleküls wird durch vier Punktladungen nachgebildet, die auf einem Tetraeder mit unterschiedlich langen Schenkeln angeordnet sind. Zwei Ladungen mit 0.23e (e ist die positive Elementarladung) befinden sich im Abstand von 1 Å vom Zentrum und stellen die Wasserstoffe dar, zwei weitere Ladungen von -0.23e befinden sich auf den beiden anderen Tetraederschenkeln im Abstand von 0.8 Å vom Zentrum und stellen die Elektronenverteilung dar. Eine Abschneidefunktion S verhindert bei Annäherung zweier Moleküle eine Divergenz der Coulomb-Terme. Im Zentrum des Tetraeders ist eine Lennard-Jones- (LJ) Kugel mit den Parametern $\sigma = 3.1$ Å und $\epsilon = 52.606 \times 10^{-23}$ J. Abbildung 1 stellt dieses Modell dar. Damit stellt sich das Wechselwirkungspotential V_{WW} zwischen zwei Wassermolekülen in diesem Modell folgendermaßen dar:

$$V_{WW} = V_{LJ}(R_{ij}) + S(R_{ij}) \times \sum_{k,l} V_{Coulomb}(R_{kl}) \tag{5}$$

wobei R_{ij} der Abstand zwischen den Zentren der beiden Moleküle ist und die R_{kl} die Abstände zwischen den Punktladungen auf dem ersten Molekül und denen auf dem zweiten ist. Der reine Zentralkraftansatz (Gleichung 1) ist hier dahingehend erweitert worden, daß ein Produkt solcher Potentiale mit einer weiteren, nur vom Betrag des Abstandes abhängigen Funktion, verwendet wird. Die Abschneidefunktion $S(R_{ij})$ ist folgendermaßen dargestellt:

$$S(R_{ij}) = (R_{ij} - R^L)^2 \, (3R^U - R^L - 2R_{ij})/(R^U - R^L)^3 \quad , \quad \textit{für } R^L < R_{ij} < R^U \tag{6}$$

wobei $R^L = 2.016 \text{Å}$ ist und $R^U = 3.1287 \text{Å}$ die unteren und oberen Grenzpunkte der Abschneidefunktion sind. Weiterhin wird gesetzt: $S(R_{ij}) = 0$ für $R_{ij} < R^L$ und $S(R_{ij}) = 1$ für $R_{ij} > R^U$.

Dieses Potential bietet durch seine mathematische Formulierung den Vorteil, daß es leicht mit anderen ähnlich formulierten Potentialen kombiniert werden kann. So lassen sich aus den LJ-Anteilen des Wassermodells und denen eines anderen Wechselwirkungspartners mit Hilfe von Kombinationsregeln (zB. [29]) LJ-Parameter für die Wechselwirkung zwischem dem Wasser und der anderen Spezies gewinnen.

Das MCY-Modell

Die Philosophie bei der Entwicklung des MCY-Potentials [8] stand im Gegensatz zu der bei der Entwicklung des ST2-Potentials. Es wurden möglichst genaue ab-initio-Rechnungen für eine große Anzahl von gegenseitigen Orientierungen eines Wasser-Dimers durchgeführt. Diese Energien wurden dann mit Hilfe eines angepaßten einfachen "site-site"-Ansatzes mit vier Zentren wiedergegeben.

Drei der Zentren sind mit den Atomlagen im Wassermolekül identisch, ein viertes Kraftzentrum, M genannt, liegt auf der C_{2v} Symmetrieachse des Moleküls in 0.2677 Å Abstand vom Sauerstoff in Richtung der Wasserstoffe, siehe Abbildung 2. Die Geometrie des Moleküls wird, wie bei den ab-initio-Rechnungen, als in der Gasphasengeometrie (O-H-Abstand = 0.9572 Å, H-O-H-Winkel = 104.52°)

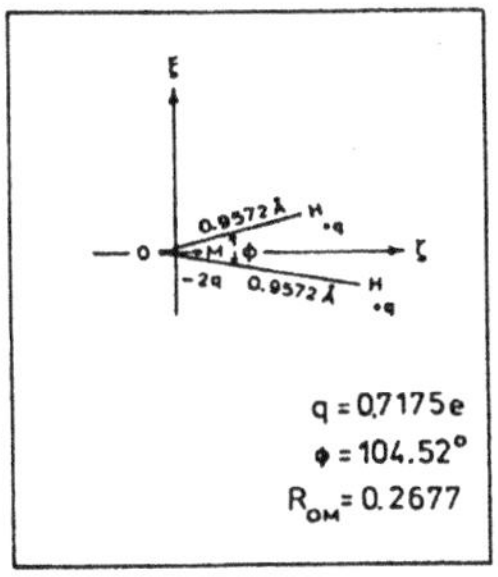

Abbildung 2. Das MCY-Modellmolekül

eingefroren, angenommen. Das intermolekulare Wechselwirkungspotential V_{WW} zwischen zwei Wassermolekülen ist folgendermaßen formuliert:

$$\begin{aligned} V_{WW} = & q^2 \sum_{i=1}^{4} \frac{1}{R_i^{HH}} + \frac{4q^2}{R^{MM}} - 2q^2 \sum_{j=1}^{4} \frac{1}{R_j^{MH}} \\ & + a_1 exp(-b_1 R^{OO}) \\ & + a_2 \sum_{i=1}^{4} exp(-b_2 R_i^{HH}) \\ & + a_3 \sum_{l=1}^{4} exp(-b_3 R_l^{OH}) \\ & - a_4 \sum_{l=1}^{4} exp(-b_4 R_l^{OH}) \quad , \end{aligned} \tag{7}$$

wobei die Summe über i über alle intermolekularen H-H-Abstände, die Summme über j über die intermolekularen M-H-Abstanände und die Summen über l über die intermolekularen O-H-Abstände läuft.

Für die Potentialparameter werden folgende Werte angegeben (in J und Å):

$$a_1 = 7.56009 \times 10^{-15} \quad , \quad a_2 = 4.629211 \times 10^{-18} \quad ,$$

$$a_3 = 1.011122 \times 10^{-17} \quad , \quad a_4 = 1.9007355 \times 10^{-18} \quad ,$$

$$b_1 = 5.152712 \quad , \quad b_2 = 2.760844 \quad , \quad b_3 = 2.961895 \quad , \quad b_4 = 2.233264$$

sowie $q^2 = 1.187555 \times 10^{-18}\ J\AA$, was einer Ladung von 0.7175e auf den Wasserstoffen und -1.435e auf dem Punkt M entspricht. Das Dipolmoment des Moleküls ist mit 2.19 D größer als das experimentelle Gasphasendipolmoment, aber kleiner als beim ST2-Modell.

Dieses Modell ist in zahlreichen Simulationen angewendet worden, und wird auch ständig weiterentwickelt. So ist eine Version entwickelt worden, bei der das Molekül nicht mehr als starr angenommen wird [9]. Dabei muß auch eine Annahme über die Kinematik des Punktes M bei Verformung des Moleküls gemacht werden. Auf Grund der Ableitung des Modells von quantenmechanischen Rechnungen konnten, wie bereits erwähnt, auch Drei- [10] (und Vierkörper-) Korrekturen an diesem Modell berechnet werden.

Das TIP4P-Modell

Dieses Modell ist ebenfalls Ergebnis einer langen Entwicklung; Vorgängermodelle waren unter anderen das SPC-, das TIPS- und das TIPS2-Modell [14,15]. Bei diesen Modellen hatte man versucht, möglichst einfache Ansätze mit nur drei Kraftzentren zu benutzen, ist jedoch bei der hier vorgestellten letzten Version wieder zu einem Vier-Zentren-Modell zurückgekommen.

Das Modell nimmt das Wassermolekül als starr an, die O-H-Abstände werden mit 0.9572 Å gleich dem O-H-Abstand in der Gasphase gewählt. Ebenso entspricht der H-O-H-Winkel von 104.52° dem Wert in der Gasphase. Ladungen von 0.52e befinden sich am Ort der Wasserstoffe, die Gegenladung von -1.04e befindet sich wie beim MCY-Modell auf der Winkelhalbierenden des H-O-H-Winkels, aber im Abstand von 0.15 Å vom Sauerstoff. Das Dipolmoment beträgt somit 2.24 D. Weiterhin wird nur eine LJ-Wechselwirkung zwischen den Sauerstoffen angenommen, die Parameter sind $\epsilon = 1.08\ 10^{-21}$ J und $\sigma = 3.154$ Å.

Das Modell besticht durch seine einfache mathematische Formulierung. Es wurde aus diesem Grund vorwiegend zur Simulation ausgedehnter Systeme, wie der Solvatation großer Ionen [30] oder bei biologischen Studien [31] eingesetzt.

Die flexiblen reinen Zentralkraftmodelle

Eine neue Klasse phänomenologischer Modelle stellen die flexiblen Zentralkraftmodelle [11-13] dar. Das Wassermolekül wird nicht als starre Einheit gesehen, sondern es wird angenommen, daß die Flüssigkeit als ein Gemisch von zwei verschiedenen Spezies (Sauerstoff und Wasserstoff) behandelt werden kann. Die Wechselwirkungen zwischen diesen Spezies sind reine Zentralkraftpotentiale; es wird versucht, mit den gleichen Potentialen sowohl die inter- als auch die intramolekularen Wechselwirkungen zu beschreiben. Ob es gelingen würde, einen solchen Satz von Potentialen zu entwickeln, so daß die wesentlichen strukturellen und dynamischen Eigenschaften des flüssigen Wassers reproduziert würden, war a priori nicht klar. Letztendlich konnten jedoch diese Potentiale derart weiterentwickelt werden (CF3), daß sie insbesondere die strukturellen Eigenschaften sehr zuverlässig wiedergeben.

Hintergrund der Bemühungen, solche Zentralkraftpotentiale zu konstruieren war zunächst einmal die bereits erwähnte konzeptionelle Einfachheit von Simulationen mit flexiblen Modellen. Andererseits bestand aber auch Interesse, solche Modelle zu entwickeln, die nicht nur mit Simulationsmethoden behandelbar wären. So wird beim Zentralkraftmodell das Problem "Wasser" auf das theoretisch besser bekannte Problem "geschmolzenes Salze" zurückgeführt, da das Wasser als Mischung von positiv geladenen H-Ionen und negativ geladenen O-Ionen angesehen wird.

Bei der Entwicklung des Modells, das heißt der drei benötigten Wechselwirkungspotentiale V^{OO}, V^{OH} und V^{HH}, wurde gefordert, daß

1. für ein isoliertes Molekül die Gasphasengeometrie $R_{O-H} = 0.9584 \mathring{A}$, H-O-H-Winkel $= 104.45°$ wiedergegeben werden sollte;
2. das Dipolmoment des Wassermoleküls von 1.86 D in der Gasphasen reproduziert werden sollte;
3. das Molekül gegen die eine Dissoziation nach

$$2H_2O \rightarrow H_3O^+ + OH^- \tag{8}$$

ausreichend stabil sein sollte; und

4. die beiden harmonischen Kraftkonstanten

$$\left.\frac{d^2V^{OH}(R_{OH})}{dR_{OH}^2}\right|_{R_{OH}^M} \quad und \quad \left.\frac{d^2V^{HH}(R_{HH})}{dR_{HH}^2}\right|_{R_{HH}^M} \tag{9}$$

an den Stellen R_{OH}^M und R_{HH}^M, wo diese beiden Potential ihr erstes Minimum zeigen, so bestimmt werden sollten, daß die O-H-Schwingungsfrequenzen und die Biegefrequenz möglichst gut wiedergegeben würden. Eine exakte Anpaßung an die Schwingungsfrequenzen war nicht möglich, da im Rahmen eines Zentralkraftmodells nur die zwei oben beschriebenen unabhängigen Kraftkonstanten zur Verfügung stehen.

Da das Modell flexibel ist, konnten ohne zusätzliche Annahmen Kraftzentren nur auf den Atomen angeordnet werden. Es entstanden drei verschiedene, aufeinander aufbauende Modelle. Die Weiterentwicklung erfolgte, wie schon beim ST2-Modell, durch MD-Simulationen. Für die letzte Version (CF3) ergab sich folgende Formulierung (Energie in Joule, Abstände in Ångstroem):

$$
\begin{aligned}
V^{OO}(R) &= \frac{1.0038 \cdot 10^{-18}}{R} + \frac{1.859 \cdot 10^{-16}}{R^{8.8591}} \\
&- 1.736 \cdot 10^{-21} \cdot \left(exp(-(4(R-3.4)^2) + exp(-1.5(R-4.5)^2)\right) \\
V^{OH}(R) &= \frac{-0.5019 \cdot 10^{-18}}{R} + \frac{4.329 \cdot 10^{-20}}{R^{9.19912}} \\
&- \frac{6.947 \cdot 10^{-20}}{1 + exp(40(R-1.05))} \\
&- \frac{2.779 \cdot 10^{-20}}{1 + exp(5.49305(R-2.2))} \\
V^{HH}(R) &= \frac{0.2510 \times 10^{-18}}{R} + \frac{1.2510 \times 10^{-19}}{1 + exp(40(R-2.05))} \\
&- 1.1810 \times 10^{-19} \times exp((-7.62177(R-1.45251)^2)
\end{aligned}
\qquad (10-13)
$$

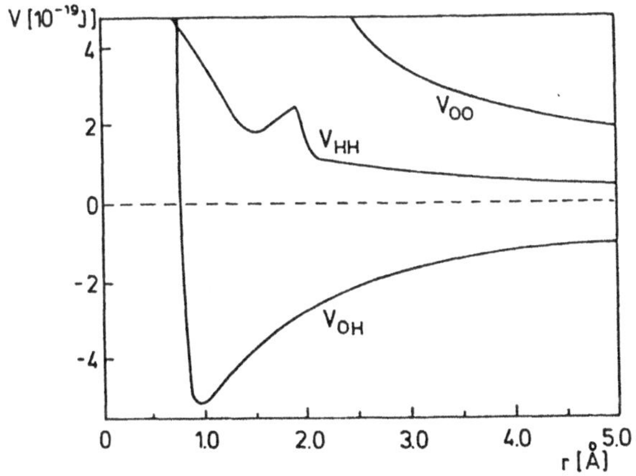

Abbildung 3. Schematischer Verlauf der drei Paarpotentiale der flexiblen Zentralkraftmodelle CF1-CF3.

Die Coulomb-Terme entsprechen Ladungen von 0.33e auf den Wasserstoffen und -0.66e auf dem Sauerstoff. Die Potentialverläufe sind in Abbildung 3 dargestellt.

Das veränderte Zentralkraftmodell (BJH-Modell)

Dieses Modell stellt gewissermaßen eine Synthese zwischen den Zentralkraftmodellen und den Modellen, die das Wassermolekül als feste Einheit betrachten, dar.

Während die intermolekulare Struktur der Flüssigkeit und auch zum Beispiel Eigenschaften von verschiedenen Eis-Modifikationen [32], durch das CF3-Modell gut wiedergegeben werden, zeigt insbesondere diese Version des Modells starke Mängel bei der Wiedergabe der intramolekularen Bewegungen [33]. So erhöhen sich bei diesem Modell die intramolekularen O-H-Schwingungsfrequenzen beim Übergang von der Gasphase in die Flüssigkeit (Blaushift), während experimentell auf Grund der Wasserstoffbrücken eine starke Verminderung dieser Frequenzen (Rotshift) festgestellt wird. Bei der Vorgängerversion CF2 wurde, obwohl die beiden Kraftkonstanten (siehe Gleichung (9)) in beiden Versionen des Modells gleich sind, in Simulationen eine Rotverschiebung dieser Moden gefunden.

Eine detaillierte Analyse dieser Modelle mit einem von Buckingham [34] entwickelten Störungsansatz zeigte, daß die Anharmonizitäten in V^{OH} und V^{HH} für dieses Verhalten verantwortlich sind [35]. Weiterhin bestand der Wunsch, das dem Zentralkraftansatz mit nur zwei unabhängigen harmonischen Kraftkonstanten inhärente Verhalten mit $\omega_1 > \omega_3$, (ω_1: symmetrische Streckschwingung, ω_3: assymmetrische Streckschwingung) dahingehend abzuändern, daß, wie experimentell gefunden, auch hier $\omega_3 > \omega_1$ sein sollte. Um dies zu erreichen sind in harmonischer Näherung, wie aus der Molekülspektroskopie bekannt, entweder Koppelungsterme zwischen den Zentralkraftpotentialen (Streck-Streck- Koppelungen) oder explizite Dreikörperkräfte notwendig.

Beim BJH-Ansatz [17] wurde das gesamte Wechselwirkungspotential V_{WW} zwischen zwei Wassermolekülen in intramolekulare Anteile V_i^{intra} und einen intermolekularen Anteil V^{inter} aufgespalten.

$$V_{WW} = V_1^{intra} + V_2^{intra} + V^{inter} \tag{13}$$

V^{inter} besteht aus den CF3 Potentialen $V^{OO}(R)$ und $V^{OH}(R)$ für $R > 1.75$Å, das heißt für intermolekulare O-H-Abstände, sowie, um die Stabilität des Modellsmoleküls gegenüber den CF-Modellen zu erhöhen (Gleichung (8)) einem leicht veränderten V^{HH}:

$$\begin{aligned} V^{HH}(R) &= \frac{0.2510 \times 10^{-18}}{R} \\ &+ \frac{6.9778 \times 10^{-19}}{1 + exp(29.9(R - 1.968))} \end{aligned} \tag{14}$$

Wie das O-H Potential ist auch das H-H Potential ist nur für intermolekulare H-H Abstände gültig, in diesem Falle für $R > 1.8 Å$.

Für den intramolekularen Anteil wurde folgender Ansatz gewählt:

$$V^{intra} = \sum_{ij} L_{ij}\rho_i\rho_j \quad + \quad \sum_{ijk} L_{ijk}\rho_i\rho_j\rho_k \quad + \quad \sum_{ijkl} L_{ijkl}\rho_i\rho_j\rho_k\rho_l \tag{15}$$

mit

$$\rho_1 = (R_1 - R_1^e)/R_1 \quad , \quad \rho_2 = (R_2 - R_2^e)/R_2 \tag{16}$$

und

$$\rho_3 = \Delta\alpha = (\alpha - \alpha^e) \tag{17}$$

wobei R_1 und R_2 die beiden O-H Abständen sind und α der H-O-H Winkel und der obere Index e die Gleichgewichtswerte der betreffenden Größen bedeutet. $(R_1 - R_1^e)$, $(R_2 - R_2^e)$ und $\Delta\alpha$ sind die einfachsten inneren Koordinaten nach den klassischen Definitionen von Wilson, Decius und Cross [36]. Die Potentialkonstanten L sind in Tabelle 2 verzeichnet, die in der Tabelle nicht vorkommenden Terme wurden gleich Null gesetzt.

Diese Formulierung, insbesondere die Expansion in $(R - R^e)/R$ anstatt der üblichen Entwicklung in $R - R^e$ wurde von Carney, Curtiss und Langhoff (CCL) [37] vorgeschlagen. Auf Grund eines spektroskopisch bestimmten Potentials von Hoy, Mills und Strey [38] bestimmten CCL die Konstanten L. Das CCL Potential hat gegenüber dem HMS Potential, aus dem es entwickelt wurde, den Vorteil, daß es für größere Werte der Argumente nicht gegen unendlich, sondern gegen einen endlichen Wert strebt, was in Simulationen, wo die Moleküle gegenüber ihrer Gasphasengeometrie stark verzerrt sein können, von Bedeutung ist. Vom CCL Gasphasenpotential ausgehend wurden nur die Anharmonizitäten so angepaßt, daß in MD-Simulationen für Streck- und Biegeschwingungen korrekte Frequenzverschiebungen gefunden werden. Auch dabei konnte Buckinghams Ansatz [34] als Leitfaden benutzt werden. Wichtig ist, daß die harmonischen Konstanten L_{ij} bei diesem Potential für die flüssige Phase den gleichen Wert haben wie in dem zugrundeliegenden CCL-Potential für die Gasphase.

An dieser Stelle sollte nochmals explizit darauf hingewiesen werden, daß dieses und alle ähnlichen Potentiale "effektive" oder "phänomenologische" Potentiale sind.

Tabelle 2. Potentialkonstanten für den intramolekularen Anteil V^{intra} des BJH-Potentials, in 10^{-19}J.

Term	Konstante L
$\rho_1^2 + \rho_2^2$	38.72910
$\rho_1\rho_2$	-0.925394
$((\rho_1 + \rho_2)\Delta\alpha$	2.09634
$(\Delta\alpha)^2$	3.48489
$\rho_1^3 + \rho_2^3$	-75.10000
$\rho_1\rho_2(\rho_1 + \rho_2)$	-0.925394
$(\rho_1^2 + \rho_2^2)\Delta\alpha$	3.94713
$\rho_1^4 + \rho_2^4$	89.40000
$\rho_1\rho_2(\rho_1^2 + \rho_2^2)$	-0.925394
$(\rho_1^3 + \rho_2^3)\Delta\alpha$	5.79792

Dies gilt insbesondere für den intramolekularen Anteil. Effektiv sind diese Potentiale in dem Sinne, daß sie erlauben, Schwingungsfrequenzen von einigen tausend cm^{-1} durch klassische Mechanik wiederzugeben. Der Sinn dieser Näherung ist, daß erwartet wird, daß ein klassicher Oszillator auf eine Störung, das heißt auf die Wechselwirkung mit der Umgebung in der Flüssigkeit, ähnlich reagiert wie ein Quantenoszillator. Andererseits sind auch sehr aufwendige ab-initio-Potentiale für die intramolekularen Wechselwirkungen verwendet worden, so das D-MBPT Potential [39] im Zusammenhang mit dem MCY-Modell [8,9].

Ein weiterer Vorteil des BJH-Modells gegenüber den CF- Modellen ist, daß die Dissoziationsbarriere, siehe Gleichung (8) wesentlich höher ist. Bei den CF-Modellen war es oft während der Äquilibrierungsphase vor Simulationen zu irreversiblen Dissoziationen der Wassermoleküle gekommen. Auch waren mit diesem Modell zum Beispiel Simulationen bei erhöhten Temperaturen nicht möglich.

Einige Ergebnisse aus Reinwassersimulationen

Die radialen Paarverteilungsfunktionen $g_{OO}(R)$ und $g_{OH}(R)$ aus MD-Simulationen von reinem Wasser bei etwa 300 K und experimenteller Dichte mit dem ST2- und dem CF3-Modell sind in Abbildung 4 einander gegenübergestellt. Die

Übereinstimmung kann als gut bezeichnet werden, wobei die CF3-Paarverteilungen als die realistischeren angesehen werden müssen, wenn man die aus den radialen Paarverteilungsfunktionen berechneten Roentgenstreufunktionen als Maßstab heranzieht. Trotz dieser recht ähnlicher radialer Verteilungsfunktionen zeigen aber ST2- und CF-Wasser dennoch deutliche strukturelle Unterschiede, wie eine detailliertere Analyse zeigt: Sei (ξ, η, ς) ein molekülfestes Koordinatensystem auf dem Wassermolekül, siehe Abbildungen 1 und 2. Der Koordinatenursprung liege im Massenschwerpunkt des Moleküls und die Wasserstoffe seien in der (η, ς)-Ebene. Abbildung 5 stellt die aus den Projektionen der Lagen der Sauerstoffe der vier ersten Nachbarn eines Wassermoleküls gewonnenen Dichteverteilungen in den (ξ, η)- und (ξ, ς)-Ebenen des zentralen Moleküls dar.

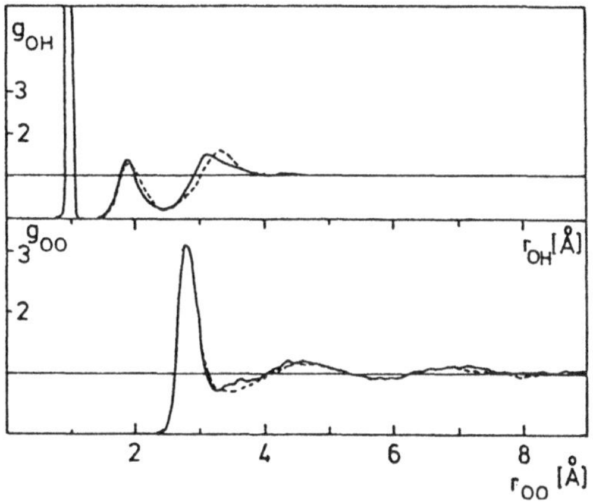

Abbildung 4. Radiale Paarverteilungsfunktionen $g_{OO}(R)$ und $g_{OH}(R)$ für Wasser. Durchgezogene Linien: ST2, gebrochene Linien: CF3.

Sowohl die (ξ, η)- als auch die (ξ, ς)-Projektionen zeigen die überwiegend tetrahedrale Anordnung der nächsten Nachbarn in beiden Modellen, wenn auch in verschiedener Ausprägung. Die beiden Peaks bei etwa $\xi = 0$ im (ξ, η)-Plot gehören zu solchen Nachbarn, die Akzeptoren für vom zentralen Molekül ausgehende Wasserstoffbrücken sind. Entspechend entstehen die beiden Peaks bei $\eta = 0$ durch die beiden Nachbarn, für deren Wasserstoffe das zentrale Molekül Akzeptor ist. Diese beiden Peaks erscheinen nochmals im (ξ, ς)-Diagramm bei positiven ς-Werten nach ξ aufgelöst.

Während beim ST2-Wasser die vier Peaks im (ξ, η)-Diagramm etwa gleich stark ausgebildet sind, sind beim CF3-Wasser die (vom zentralen Molekül aus gesehen)

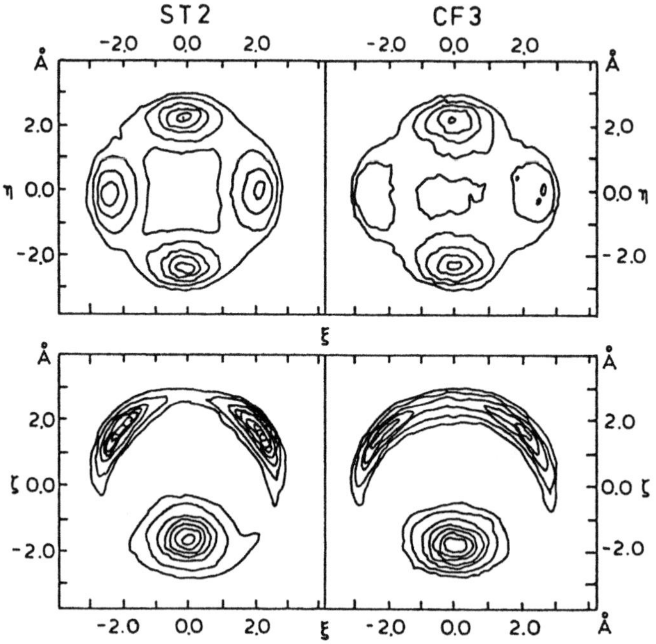

Abbildung 5. Projektionen der Positionen der vier nächsen Nachbarn eines Wassermoleküls in zwei Ebenen. Die (ξ,η) Ebene ist die Ebene senkrecht zum Dipolmoment des zentralen Wassermoleküls, die (ξ,ς) Ebene ist die Symmetrieebene des Moleküls senkrecht zur Molekülebene.

Akzeptoren von H-Brücken wesentlich stärker lokalisiert als die beiden anderen Nachbarn (Donatoren). Aus dieser Abbildung sowie aus der (ξ,ς)-Projektion ist ersichtlich, daß die Breite der Verteilung um die ideale tetraedrische Anordnung für die letzteren wesentlich breiter ist als im ST2-Fall. Hier äußert sich die verschiedenartige Ladungsverteilung der beiden Modelle mit vier Punktladungen beim ST2- und drei Punktladungen beim CF-Wasser zur Nachbildung der Wasserstoffbrücken.

Die Auftragung in der (ξ,ς) Ebene zeigt nochmals die schwächere Ausprägung der lateralen Ordnung in CF3 Wasser. Da nur eine Ladung auf dem Sauerstoff anstatt der zwei Ladungen des ST2-Wassermoleküls vorliegen, sind trotz größerer Ladungen auf den Wasserstoffen beim CF3 Wassermolekül die Donatoren von H-Brücken weniger stark lokalisiert als beim ST2-Wasser. Trotzdem ist auch hier die tetrahedrale Anordnung deutlich erkennbar. Eine weiterer möglicher Grund für die schwächere Ausprägung der tetrahedralen Ordnung ist die Oszillation der Wasserstoffe beim CF-Wasser, die die Stärke der Brücke im Vergleich zu einem starren Moelkül beinflussen kann.

Modelle zur Simulation wässriger Ionenlösungen

Zur Simulation einer wässrigen Ionenlösung sind mindestens sechs Wechselwirkungspotentiale notwendig: Wasser-Wasser, Kation-Wasser, Anion-Wasser, Kation-Kation, Kation-Anion und Anion-Anion. Es soll hier nur auf die Ion-Wasser Potentiale eingegangen werden. Der erste Ansatz zur Simulation solcher Systeme war die Verwendung des ST2-Wassermodell und seine Kombination mit geladenen LJ-Sphären als Modell für die Ionen [40]. Es wurden Kongs Kombinationationsregeln [29] angewendet. Danach ergeben sich, sind die LJ-Parameter für die Wechselwirkungen zwischen zwei Teilchenpaaren AA und BB bekannt, die Parameter für die AB Wechselwirkungen wie folgt:

$$\epsilon_{AB}\sigma_{AB}^6 = \left(\epsilon_{AA}\sigma_{AA}^6\epsilon_{BB}\sigma_{BB}^6\right)^{1/2} \tag{18}$$

$$\epsilon_{AB}\sigma_{AB}^{12} = \frac{\epsilon_{AA}\sigma_{AA}^{12}}{2^{13}}\left(1+\left(\frac{\epsilon_{BB}\sigma_{BB}^{12}}{\epsilon_{AA}\sigma_{AA}^{12}}\right)^{13}\right) \tag{19}$$

Die LJ-Parameter zwischen gleichartigen Ionen und, daraus errechnet, die zwischen Ionen und Wasser sind in Tabelle 3 wiedergegeben. Alle Ionen in dieser Tabelle, außer den NH_4^+- und ClO_4^--Ionen, wurden als sphärisch symmetrisch angenommen, das heißt die gesamte Ionenladung wurde als Punktladung im Zentrum der LJ-Kugel konzentriert. NH_4^+- und ClO_4^--Ion hatte tetraedrische Ladungsverteilungen. Beim NH_4^+-Ion wurden vier Punktladungen von 0.25e im Abstand von 1.05 Å vom Zentrum angenommen [41] und beim ClO_4^--Ion wurde eine positive Ladung von 0.436e am Ort des Chlors und 4 negative Ladungen von -0.359e an den Sauerstofforten im Abstand von 1.44 Å vom Zentrum verwendet [42]. In allen Fällen werden die Coulomb-Terme der Ion-Wasser-Wechselwirkungen mit der Abschneidefunktion S(R) des ST2-Modells, Gleichung (6), multipliziert.

Zur Benutzung mit Wassermodellen, in denen sowohl der Sauerstoff als auch der Wasserstoff durch LJ-Kugeln dargestellt werden, sind ebenfalls Sätze von LJ-Parametern vorgeschlagen worden [43]. Die für die Wechselwirkungen eines Ions mit Sauerstoff und Wasserstoff eines Wassermoleküls gefundenen Werte sind in Tabelle 4 zusammengefaßt. Zusammen mit einem einfachen starren Wassermodell ($R_{OH}=$ 0.96 Å und $\alpha_{HOH} = 106°$) mit Punktladungen von 0.37e auf den Wasserstoffen und -0.74e auf dem Sauerstoff, sowie der Annahme einer Punktladung im Zentrum des Ions, wird für Ion-Wasser-Paare in C_{2v} Anordnung sehr gute Übereinstimmung mit ab-initio-Werten gefunden. Jedoch werden die Barrieren für die Rotation

Tabelle 3. LJ-Potentialparameter für die Paarwechselwirkungen einiger Ionen untereinander (II) und für deren Wechselwirkung mit ST2-Wasser [40] Die LJ-Parameter für ST2-Wasser sind: ϵ_{WW} =52.606 × 10^{-23} J und σ_{WW} = 3.10 Å.

Ion	ϵ_{II} [10^{-23} J]	σ_{II} [Å]	ϵ_{IW} [10^{-23} J]	σ_{IW} [Å]	
Li^+	24.8	2.37	37.2	2.77	
Na^+	59.4	2.73	54.85	2.92	
K^+	186.0	3.36	94.32	3.25	
Rb^+	265.9	3.57	106.4	3.39	
Cs^+	354.00	3.92	110.00	3.61	
NH_4^+	52.61	3.10	52.61	3.10	
F^-	8.20	4.00	20.50	3.52	
Cl^-	27.87	4.86	30.83	4.02	
Br^-	44.8	5.04	35.7	4.16	
I^-	67.8	5.40	37.9	4.41	
ClO_4^-	27.9	4.86	30.83	4.02	für Cl
	52.61	3.10	52.61	3.10	für O

des Ions um das Wassermolekül, insbesondere im Falle des F^-, nicht hinreichend wiedergegeben.

Diese Beispiele zeigen, daß die Auswahl eines Modellpotentials den Bedingungen der Simulation angepaßt sein muß. So wäre bei einer einfachen Energieminimalisierung das zweite der oben vorgestellten Modelle dem ersten vorzuziehen, da es die Minimalenergien gut wiedergibt. Für Simulationen bei Temperaturen, die vergleichbar sind mit den Wechselwirkungsenergien, ist das erste Modell vorzuziehen, da es die allgemeinen Verläufe und Barrieren besser wiedergibt, wenn auch auf Kosten der Genauigkeit am absoluten Minimum.

Eine in letzter Zeit immer häufiger benutzte Möglichkeit der Bestimmung von Ion-Wasser-Potentialen sind quantenmechanische ab-initio-Rechnungen. Es kann hier nicht auf die Details und die quantitativen und qualitativen Unterschiede zwischen den verschiedenen Methoden oder den Vor- und Nachteilen einzelner Basissätze eingegangen werden. Üblicherweise besteht das "Supermolekül", dessen optimale Geometrie und Energie in Abhängigkeit der Verformungen bestimmt

Tabelle 4. LJ-Potentialparameter für die Paarwechselwirkungen einiger Ionen mit Sauerstoff und Wasserstoff eines Wassermoleküls [43]. Als LJ-Parameter für die Wechselwirkung zweier Sauerstoffe untereinander werden ϵ_{OO} =159.7 × 10^{-23} J und σ_{OO} = 2.67 Å angenommen, für zwei Wasserstoffe ϵ_{HH} =6.35 × 10^{-23} J und σ_{HH} = 2.58 Å.

Ion	ϵ_{IO} [10^{-23} J]	σ_{IO} [Å]	ϵ_{IH} [10^{-23} J]	σ_{IH} [Å]
Li^+	9.6	2.71	1.9	2.67
Na^+	36.0	2.80	7.2	2.76
K^+	81.6	3.07	16.3	3.02
F^-	82.0	3.02	16.4	2.97
Cl^-	123.2	3.38	24.6	3.34

werden soll, aus nur einem Wassermolekül und einem Ion. Auch werden oft nicht alle Freiheitsgrade der Geometrie relaxiert, das Wassermolekül wird vielmehr als in dessen Gasphasengeometrie eingefroren angenommen. Diese Vereinfachungen könnten beispielsweise zu einer Fehleinschätzung der Polarisationen führen. In letzter Zeit sind jedoch auch Rechnungen durchgeführt worden, in denen diese Einschränkungen aufgehoben wurden [44].

An die quantenmechanisch bestimmten Energien $V(R_i)$, wobei R_i die Geometrien des Ion-Wasser-Supermoleküls darstellen soll, muß, um sie in Simulationen verwenden zu können, ein analytischer Ausdruck angepaßt werden. Eine Möglichkeit ist, zunächst von den ab-initio-Energien $V(R_i)$ die Coulomb-Terme zu subtrahieren, die sich aus der Ionenladung und den Punktladungen des verwendeten Wassermodells ergeben [44]. An die resultierende Differenz werden anschließend möglichst einfache Paarpotentiale angepaßt. In manchen Fällen [45] genügt es, nur einfache Funktionen vom Typ

$$V^{\alpha\beta}(R_{\alpha\beta}) = B_{\alpha\beta} \times exp(-a_{\alpha\beta} R_{\alpha\beta}) \tag{20}$$

wobei α ein Kraftzentrum auf dem Ion und β eines auf dem Wassermolekül sein soll, für die nicht-Coulomb-Anteile vorzusehen. In der Regel sind jedoch etwas aufwendigere Ansätze notwendig, um eine befriedigende Übereinstimmung zwischen ab-initio- und angepaßten Energien für alle gegenseitige Orientierungen des Wassermoleküls und des Ions zu erreichen. Mit gutem Erfolg verwendet wurden unter anderen auch folgender Ansatz:

$$V^{\alpha\beta}(R_{\alpha\beta}) = \frac{A_{\alpha\beta}}{R^2_{\alpha\beta}} + B_{\alpha\beta} \times exp(-C_{\alpha\beta}R_{\alpha\beta}) \quad , \tag{21}$$

wobei α ein Kation oder Anion und β ein Kraftzentrum auf dem Wassermolekül bezeichnet, siehe zum Beispiel [44]. Die durch das Anpassen solcher Funktionen zusammen mit den CF/BJH- Wassermodellen gefundenen Parametersätze sind in Tabelle 5 wiedergegeben.

Tabelle 5. Potentialparameter für die nicht-Coulomb- Paarwechselwirkungen einiger Ionen mit Sauerstoff und Wasserstoff eines CF/BJH-Wassermoleküls. Die Coulomb-Anteile ergeben sich aus den Ionenladungen und den partiellen Ladungen des Wassermodells.

		Li^+	Na^+	Be^{++}	Mg^{++}	Ca^{++}	Cl^-
A_{IO}	$[10^{-19}J\AA^2]$	-8.109	-2.550	-23.030	-14.79	-26.11	-1.849
B_{IO}	$[10^{-19}J]$	1499	8125	1719	4475	4312	6304
C_{IO}	$[\AA^{-1}]$	3.93	4.526	3.78	4.080	3.49	3.21
A_{IH}	$[10^{-19}J\AA^2]$	3.934	0.520	1.037	1.362	10.4	0
B_{IH}	$[10^{-19}J]$	191	6921	0.495	1.226	1996	$3.138 \cdot 10^{24}$
C_{IH}	$[\AA^{-1}]$	5.87	7.070	0.0859	0.349	6.79	34

Es sind auch Ion-Wasser-Wechselwirkungspotentiale benutzt worden [46], bei denen die für die Ion-Wasser-Wechselwirkung angenommenen Ladungsverteilung des Wassermoleküls von der für die Wasser-Wasser-Wechselwirkung angenommenen abweicht, um die Polarisation des Wassers durch das Ion zu beschreiben. Andererseits ist von Rossky [47] darauf hingewiesen worden, daß eine solche Annahme mit exakten analytischen Ergebnissen für die Dielektrizitätskonstante des Lösungsmittels inkonsistent ist.

Um die oft schwierige Anpaßung von analytischen Potentialen an ab-initio-Energien zu vereinfachen und mit weniger ab-initio-Punkten auszukommen, hat Bounds [48] vorgeschlagen, außer den Potentialen auch deren Ableitungen in die Anpaßprozedur mit hineinzunehmen. Diese lassen sich ebenfalls aus der

Tabelle 6. Potentialparameter für die Paarwechselwirkungen einiger Kationen mit Sauerstoff und Wasserstoff eines TIP4P-Wassermoleküls [48].

		Li^+	Na^+	K^+	Ca^{++}	Ni^{++}
A_{CO}	$[10^{-16}$ J$]$	0.8704	1.9000	3.743	2.581	1.972
b_{CO}	$[Å^{-1}]$	3.3948	3.5455	3.3390	2.9902	2.9481
C_{CO}	$[10^{-18}$ J $Å^4]$	2.855	3.022	3.043	10.97	16.04
D_{CO}	$[10^{-18}$ J $Å^6]$	-2.654	-5.836	-4.432	-15.18	-15.43
A_{CH}	$[10^{-16}$ J$]$	0.126	0.143	0.400	0.571	0.346
b_{CH}	$[Å^{-1}]$	3.9802	3.3940	3.4128	3.7234	3.9731

Tabelle 7. Potentialparameter für die Paarwechselwirkungen des Cl^--Ions mit Sauerstoff und Wasserstoff eines TIP4P-Wassermoleküls [48].

$A_{Cl^- - O}$	$[10^{-16}$ J$]$	0.558
$b_{Cl^- - O}$	$[Å^{-1}]$	2.151
$C_{Cl^- - O}$	$[10^{-18}$ J $Å^4]$	2.508
$D_{Cl^- - O}$	$[10^{-21}$ J$]$	8.337
α	$[Å^{-1}]$	2.80
R^e	$[Å]$	2.22

quantenmechanischen Rechnung gewinnen. Im Zusammenhang mit dem TIP4P-Wassermodell wurden so für eine Anzahl Ionen Potentialparameter bestimmt, wobei für die Kation-Sauerstoff- (CO) und Kation-Wasserstoff- (CH) Anteile folgende Ansätze Verwendung fanden:

$$\begin{aligned} V_{CO}(R_{CO}) &= A_{CO} exp(-b_{CO} R_{CO}) - \frac{C_{CO}}{R_{CO}^4} - \frac{D_{CO}}{R_{CO}^6} \\ V_{CH}(R_{CH}) &= A_{CH} exp(-b_{CH} R_{CH}) \end{aligned} \tag{22}$$

Für das Cl^--Ion wurde folgender Ansatz angewendet:

$$\begin{aligned} V_{Cl^- - O}(R_{Cl^- - O}) &= A_{Cl^- - O} exp(-b_{Cl^- - O} R_{Cl^- - O}) - \frac{C_{Cl^- - O}}{R_{Cl^- - O}^4} \\ V_{Cl^- - H}(R_{Cl^- - H}) &= D_{Cl^- - H} \left(exp(-\alpha(R_{Cl^- - H} - R^e))\right) \\ & \quad \left(exp(-\alpha(R_{Cl^- - H} - R^e)) - 2\right) \end{aligned} \tag{23}$$

Die Parameter sind in den Tabellen 6 und 7 zusammengefaßt.

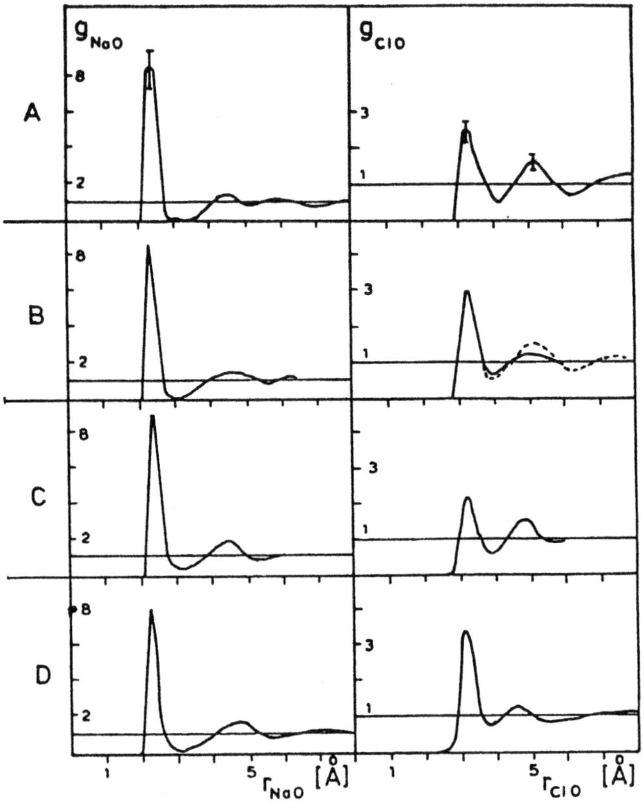

Abbildung 6. Vergleich der Ion-Sauerstoff-Paarverteilungsfunktionen $g_{Na^+-O}(R)$ und $g_{CL^--O}(R)$ aus verschiedenen Simulationen.

Vergleich einiger Ergebnisse aus Simulationen der Ionenhydratation

Der erste Peak in der radialen Paarverteilungsfunktion (RDF) $g_{ij}(R)$ ist representativ für die Struktur der ersten Hydratschale um ein Ion. Grob gesprochen kann gesagt werden, daß je schärfer und enger dieser Peak ist, umso ausgeprägter und stärker die Hydratation sein wird. Mit verschiedenen Wasser-Wasser- und Ion-Wasser Potentialen und auch bei verschiedenen Ionenkonzentrationen gefundene g-Funktionen zeigt Abbildung 6 für das Na^+- und das Cl^--Ion. Die mit A bezeichneten Ergebnisse stammen aus MC-Simulationen eines isolierten Ions mit 215 MCY-Wassermolekülen und einem ab-initio-Ion-Wasser-Potential bei 298 K [49]. B bezieht sich auf MD-Simulationen bei 282 K bis 287 K von Systemen mit jeweils einem Ion und 64 oder 125 MCY-Wasser und ebenfalls ab-initio-Ion-Wasser-Potentialen [46]. 64 TIP4P-Wasser und jeweils ein Ion wurden in den MD-Simulation C verwandt, Ion-Wasser Potentiale waren die besprochenen

Potentiale von Bounds [48] mit dem TIP4P Wassermodell. D letztendlich bezieht sich wieder auf Simulationen bei endlichen Konzentrationen mit 200 CF3- oder BJH-Wassermolekülen und 8 Ionenpaaren und an ab-initio-Energien angepaßten Potentialen. Die Temperaturen bei diesen Simulationen schwankten zwischen 290 K und 300 K [50].

Der Vergleich der Ergebnisse zeigt, daß für die Hydratstruktur um das Na^+-Ion gute Übereinstimmung zwischen den einzelnen Simulationen gefunden wird, trotz der Unterschiede in Konzentration und Temperatur. Differenzen zeigen sich jedoch in der Ausprägung der zweiten Hydratschale. Es ist gezeigt worden, daß die radiale Struktur der Hydratschale dieses Ions auch durch einen auf 10 Kbar erhöhten Druck, simuliert durch eine entsprechend erhöhte Dichte, relativ unempfindlich ist [50].

Stärkere Abweichungen zwischen verschiedenen Simulationen finden sich bei den Ergebnissen für Cl^-. Während die Lagen der ersten Peaks in g_{Cl-O} relativ gut übereinstimmen, zeigen sich bei der Höhe dieses Peaks Abweichungen bis zu 30%. Die Hydratstruktur dieses Ions scheint, den Ergebnissen von Simulationen bei endlicher Konzentration nach zu urteilen [44], vom Gegenion abzuhängen. Auch die Druckabhängigkeit ist in diesem Falle stärker ausgeprägt als für Na^+.

Zusammenfassung

Verschiedene Modelle, die zur Molekulardynamischen- oder Monte-Carlo-Simulation von flüssigem Wasser, wässriger Lösungen und anderer chemischer oder biologischer Systeme, in denen Wasser eine Rolle spielt, verwendet werden, wurden einander gegenübergestellt. Das ST2-, MCY-, TIP4P-, CF- und BJH-Modell für das Wassermolekül sowie einige Modellansätze für Ion-Wasser-Wechselwirkungen wurden detailliert diskutiert.

An Beispielen wurde der Grad der Übereinstimmung zwischen mit verschiedenen Modellen berechneten strukturellen Eigenschaften von reinem Wasser und NaCl-Lösungen kurz besprochen. Trotz der Unterschiede, die bei genauer Analyse der mit verschiedenen Modellen berechneten Strukturen zu Tage treten, werden für Wasser und wässrige Lösungen einfacher Ionen bei mittlerer bis höherer Konzentration die experimentell aus Roentgen- und Neutronen-Streuung gewonnenen Verteilungsfunktionen im Rahmen der experimentellen Genauigkeit wiedergegeben. Auch zahlreiche dynamische Eigenschaften solcher Systeme werden durch die Simulationen gut beschrieben. Somit können solche Rechnungen nunmehr auch mit einigem Vertrauen zum Studium experimentell nur schwer zugänglicher Größen prädiktiv eingesetzt werden. Dies schließt nicht eine konstante Weiterentwicklung der Modelle aus mit dem Ziel größerer gegenseitiger Konsistenz und Genauigkeit, sowie der mathematischen Vereinfachung.

Herrn Dr. K.Heinzinger danke ich für die großzügige Zurverfügungstellung von Rechenzeit sowie ihm, Herrn Dr. E.Spohr und Herrn Dr. G.Pálinkás für zahlreiche anregende Diskussionen. Herrn Dr. G.Pálinkás bin ich ebenfalls für die Überlassung der Daten zu Abbildung 5 zu Dank verpflichtet.

Literatur

[1] N.Metropolis, A.W.Rosenbluth, M.N.Rosenbluth, A.H.Teller und E.Teller, J.Chem.Phys. 21,1087 (1953)

[2] B.J.Alder und T.E.Wainwright, J.Chem.Phys. 31,459 (1959)

[3] E.Clementi und H.Popkie, J.Chem.Phys. 57,1077 (1972); H. Popkie, H.Kistenmacher und E.Clementi, J.Chem.Phys. 58,1698 (1973); ibid. 58,5627 (1973); ibid. 59,5842 (1973); ibid. 61,699 (1974)

[4] R.M.Lawrence und R.F.Kruh, J.Chem.Phys. 47,4758 (1967); D.I.Page und J.G.Powles, Mol.Phys. 21, 401 (1971); A.H.Narten, J.Chem.Phys. 56,5681 (1972); G.Licheri, G.Piccaluga und G.Pinna, J.Chem.Phys. 63,4412 (1975); E.Kálmán, G.Pálinkás und P.Kovács, Mol.Phys. 34,505 (1977); ibid. 34,525 (1977); F.Hajdu, S.Lengyel und G.Pálinkás, J.Phys. D12,901 (1979); G.Pálinkás, T.Radnai und F.Hajdu, Z.Naturforsch. 35a,107 (1980); S.Cummings, J.E.Enderby und R.A.Howe, J.Phys.C 13,1 (1980); A.K.Soper und R.N.Silver, Phys.Rev.Letters 49,471 (1982); N.A.Hewish, G.W.Neilson und J.E.Enderby, Nature 297,138 (1982); P.A.Egelstaff, Adv.Chem.Phys. 53,1 (1983); J.C.Dore, J.Physique, Coll. C7, 45,49 (1984); S.H.Chen und J.Teixeira, Adv.Chem.Phys. 64,1 (1986)

[5] S.Goldmann und P.Backx, J.Chem.Phys. 84,2761 (1985)

[6] A.Ben-Naim und F.H.Stillinger, in Structure and Transport Properties of Aqueous Solutions, herausgegeben von A.Horne 1971

[7] A.Rahman und F.H.Stillinger, J.Chem.Phys. 60,1545 (1974)

[8] O.Matsuoka, E.Clementi und M.Yoshimine, J.Chem.Phys. 64,1351 (1976)

[9] G.C.Lie und E.Clementi,Phys.Rev.A. 33,2679 (1986)

[10] E.Clementi und G.Corongiu, Int.J.Quantum Chem.: Quantum Bio. Sym. 10,31 (1983); J.Detrich, G.Corongiu und E.Clementi, Chem.Phys.Letters 112,426 (1984); M.W.Wojcik und E.Clementi, J.Chem.Phys. 84,5970 (1986); ibid. 85,3544 (1986)

[11] H.L.Lemberg und F.H.Stillinger, J.Chem.Phys. 62,1677 (1975)

[12] A.Rahman, F.H.Stillinger und H.L.Lemberg, J.Chem.Phys. 63,5223 (1975)

[13] F.H.Stillinger und A.Rahman, J.Chem.Phys. 68,666 (1978)

[14] H.J.C.Berendsen, J.P.M.Postma, W.F.van Gunsteren und J.Hermans, in: Intermolecular Forces, herausgegeben von B.Pullmann, Reidel 1981

[15] W.L.Jorgensen , J.Chem.Phys. 77,4156 (1982); J.Chanderasekhar und W.L.Jorgensen, J.Chem.Phys. 77,5080 (1982)

[16] W.L.Jorgensen, J.Chanderasekhar, J.D.Madura, R.W.Impey und M.L.Klein, J.Chem.Phys. 79,926 (1983)

[17] P.Bopp, G.Jancsó und K.Heinzinger, Chem.Phys.Letters 98,129 (1983)

[18] J.R.Reimers, R.O.Watts und M.L.Klein, Chem.Phys. 64,95 (1981)

[19] J.R.Reimers und R.O.Watts, Chem.Phys. 85,83 (1984); ibid. 91,201 (1984)

[20] K.Toukan und A.Rahman, Phys.Rev.B 31,2643 (1985)

[21] P.Demontis, G.B.Suffritti, E.S.Fois und A.Gamba, Chem.Phys.Letters 127,456 (1986)

[22] L.X.Dang und B.M.Pettitt, in Vorbereitung

[23] F.H.Stillinger und C.W.David, J.Chem.Phys. 69,1473 (1978)

[24] Computerexperimente an Flüssigkeitsmodellen, von F.Vesely , Physik Verlag, Weinheim 1978

[25] W.B.Street,D.J.Tildesley und G.Saville, in: Computer Modeling of Matter, ACS Symposion Series No.86, herausgegeben von P.Lykos (1978)

[26] P.P.Ewald, Ann.Phys. 64,253 (1921)

[27] J.A.Barker und R.O Watts, Chem.Phys.Letters 3,144 (1969)

[28] M.Neumann, Mol.Phys. 57,97 (1986); J.M.Caillol, D.Levesque und J.J.Weis, J.Chem.Phys, Dezember 86, im Druck

[29] C.L.Kong, J.Chem.Phys. 59,2464 (1973)

[30] G.Alagona, C.Ghio und P.A.Kollman, JASC, 107,2229 (1985)

[31] K.S.Kim, H.L.Nguyen, P.K.Swaminathan und E.Clementi, J.Chem.Phys. 89,2870 (1985); J.Brickmann und A.Skerra, in Vorbereitung

[32] M.D.Morse und S.A.Rice, J.Chem.Phys. 76,650 (1976)

[33] P.Bopp, W.Dietz und K.Heinzinger, Z.Naturforsch. 34a,1424 (1979)

[34] A.D. Buckingham, Proc.Roy.Soc. London A255, 32 (1960); Trans.Farad.Soc 56,753 (1960)

[35] G.Jancsó und P.Bopp, Z.Naturforsch. 38a,206 (1983)

[36] E.B.Wilson, J.C.Decius and P.C.Cross, Molecular Vibrations, McGraw-Hill, New York 1955

[37] G.D.Carney, L.A.Curtiss und S.A.Langhoff, J.Mol.Spectry. 61,371 (1976)

[38] A.R.Hoy, I.M.Mills und G.Strey, Mol.Phys. 24,1265 (1972)

[39] R.J.Bartlett, I.Shavitt und G.D.Purvis, J.Chem.Phys. 71,281 (1979)

[40] K.Heinzinger, W.O.Riede, L.Schäfer und Gy.I.Szász, in: Computer Modeling of Matter, ACS Symposion Series No.86, herausgegeben von P.Lykos (1978); K.Heinzinger, Physica 131B,196 (1985); Pure and Appl. Chemistry, 57,1031 (1985)

[41] Gy.I.Szász und K.Heinzinger, Z.Naturforsch. 34a,840 (1979)

[42] G.Heinje, Dissertation, Marburg 1986; G.Heinje, W.A.P.Luck und K.Heinzinger, in Vorbereitung

[43] W.Fischer und J.Brickmann, Ber.Bunsenges.Phys.Chem. 86,650 (1982)

[44] P.Bopp,W.Dietz und K.Heinzinger, Z.Naturforsch. 34a,1424 (1979); W.Dietz, W.O.Riede und K.Heinzinger, Z.Naturforsch. 37a,1038 (1982); M.M.Probst, T.Radnai, K.Heinzinger, P.Bopp und B.M.Rode,.J.Phys.Chem. 89,753 (1985); P.Bopp, I.Okada, H.Ohtaki und K.Heinzinger, Z.Naturforsch. 40a,116 (1985); T.Yamaguchi, H.Ohtaki, E.Spohr, G.Pálinkás, K.Heinzinger und M.M.Probst, Z.Naturforsch. 41a,1175 (1986)

[45] H.J. Böhm und I.R.McDonnald, J.Chem.Soc. Faraday Trans.2 80,887 (1984)

[46] R.W.Impey, P.Madden, I.R.McDonnald, J.Phys.Chem. 87,5071 (1983); P.A.Madden und R.W.Impey, Ann. New York. Acad. Sci. im Druck

[47] P.Rossky, Mol.Phys. 48,615 (1983)

[48] D.G.Bounds und P.J.Bounds, Mol.Phys. 50,25 (1983); D.G.Bounds, Mol.Phys. 54,1335 (1985)

[49] M.Mezei und D.L.Beveridge, J.Chem.Phys. 74,6902 (1981); D.L.Beveridge, M.Mezei, P.K.Mehrota, F.T.Marchese, G.R.Shankar, T.Vasu und S.Swaminathan, in: Molecular-Based Studies of Liquids, herausgegeben von J.M.Haile und G.A.Mansoori, The American Chemical Society, Washington 1983

[50] G.Jancsó, K.Heinzinger und P.Bopp, Z.Naturforsch. 40a,1235 (1985)

Gmelin-Online-Datensystem

Ablauf der dezentralen Datenerfassung für das Gmelin-Online-System:

Von der Diskette zur Datenbank

M. Klöffler

Gmelin-Institut
Abteilung Online
Varrentrappstr. 40-42
D-6000 Frankfurt 90

Zusammenfassung:

Das Gmelin-Online-Datensystem ist eine Faktendatenbank für die anorganische und metallorganische Chemie. In die Datenbank werden chemische Strukturen, physikalisch-chemische Daten, Reaktions- und Bildungsdaten, Identifikationsmerkmale von Verbindungen und die Literaturreferenzen aufgenommen. Datenquellen sind die aktuelle chemische Literatur und Gmelins Handbuch der anorganischen Chemie. Die Daten werden dezentral an einem PC mit Programmen für die Sachverhalte und die Strukturen erfaßt. Die Bearbeitung der erfaßten Daten erfolgt in 3 weiteren Schritten am Host Rechner: 1. Datenaufnahme (Laden und Prüfen der Daten), 2. Laden der geprüften Daten in die Pufferdatenbank, 3. Übernahme in die Verbindungsdatensätze der Produktionsdatenbank. Die komplexen Abläufe bei der Datenaufnahme machen eine Protokollierung und Überwachung mit Hilfe eines Prozeßkontrollsystems notwendig, das zur Zeit entwickelt wird. Die Produktionsdatenbank kann eingesetzt werden für den Gmelin-Inhouse-Service, die Weitergabe der Daten an öffentliche Hosts (z.B. an "Scientific and Technical Information Network" (STN), DIALOG) oder für die Erstellung einer PC-Datenbank (CD-ROM).

J. Gasteiger (Hrsg.)
Software-Entwicklung in der Chemie

1. Die Zielsetzung: Schaffung eines Online-Datensystems für die Anorganische Chemie

Um dem steigendem Informationsbedarf gerecht zu werden, bereitet das Gmelin-Institut derzeit in einem vom Bundesministerium für Forschung und Technonlogie geförderten Projekt eine Faktendatenbank vor, die Daten über metallorganische Verbindungen sowie kovalente und klassisch anorganische Verbindungen enthalten wird.

Die gespeicherten Daten umfassen das gesamte Spektrum der anorganischen Chemie:

- Chemische Strukturen
- Stoffidentifikations-Merkmale
- Bildung und Reaktion von Verbindungen
- Chemisches Verhalten
- Physikalisch-chemische Daten
- Verhalten in Mehrkomponenten-Systemen
- Literaturreferenzen

Die ausgewählten Sachverhalte werden aus folgenden Datenquellen beschafft:

- Aktuelle Zeitschriften
- Gmelin Handbuch für anorganische Chemie
- Kosolapoff-Maier

Die Merkmale einer stofforientierten Faktendatenbank sind - im Gegensatz zu den schon weit verbreiteten Datenbanken für bibliographische Referenzen, Abstracts und Volltexte:

- direkte Suchbarkeit von Sachverhalten in Datenfeldern, z.B.:
  - Edukte und Produkte in chemischen Reaktionen
  - numerische Angaben zu physikalischen Größen
  - Stichwortlisten zu bestimmten Sachverhalten
  - Vorhandensein bestimmter Sachverhalte
- direkte Kopplung von Daten und chemischen Strukturen
- direkte Kopplung von Sachverhalten und bibliographischen Referenzen

Aus diesem "multidimensionalen" Register ergeben sich völlig neue Zugriffsmöglichkeiten bei der Recherche.

2. Die Datenstruktur: Welche Daten sollen für eine Online-System in der anorganischen Chemie erfaßt werden?

In der Datenstruktur wird festgelegt, welche Sachverhalte überhaupt exzerptionswürdig sind. Ein einzelner Sachverhalt wird in mehrere Datenfelder abgebildet, die die kleinsten Informations-Einheiten einer Faktendatenbank sind. Die Sachverhalte sind stofforientiert aufgebaut, d.h. sie werden einer bestimmten chemischen Verbindung, der sog. "Titelverbindung", zugeordnet. Mehrere Sachverhalte die einer Titelverbindung zugehören, werden dann zu einem Verbindungsdatensatz zusammengefügt. Man erhält also folgende Hierarchie:

- Verbindungsdatensatz
- Sachverhalt
- Datenfeld

Die Arbeiten an der Datenstruktur sind im Zuge des laufenden Projekts abgeschlossen (siehe Tabellen (1) und (2)).

Tab. (1): Statistik der Gmelin-Online-Datenstruktur

	Metallorganische Chemie und Komplexe	Anorganische Chemie
Sachverhalte	ca. 140	ca. 180
Felder	ca. 470	ca. 800

Anmerkung zu Tab (1): Die Datenstruktur der anorganischen Chemie schließt auch die metallorganische ein.

Tab. (2): Ausschnitt der Gmelin-Online-Datenstruktur für chemisch-physikalische Sachverhalte am Beispiel der NMR-Spektrokopie

Datenfeld	Inhalt	Datentyp
nmr.nuc	NMR: nucleus key values: external list ((255 entries)	KN
nmr.signal	signals / chemical shifts / intensities / standard	KDS
nmr.diag	spectrum diagram displayed	KG
nmr solv#1	2 solvents	2*KN=
nmr.ltemp	temperature range investigated: lower limit	KN
nmr.utemp	temperature range investigated: upper limit	KN
nmr.dynam	dynamic effects	KDS
nmr solvef	effects of solvent and concentration	KDS
nmr.linew	linewidths of NMR absorption	KDS
nmr.desc	further information / conditions / remarks	KDS

Datentypen:

KW: keyword, suchbar nach vorhanden/nicht vorhanden
KN: keynumber, suchbar nach numerischem Wert
KS: keystring, suchbar nach alphanumerischem Wert (Zeichenkette)
DW: descriptive word, Feld mit Zusatzangaben (Flag)
DN: descriptive number, Feld mit Zusatzangaben (Zahl)
DS: descriptive string, Feld mit Zusatzangaben (Zeichenkette)
KDS: KW+DS
KDN: KW+DN
KG: Sonderform Graphik

3. Die Verarbeitung der Daten

Für die erfaßten Sachverhalte und Strukturen muß ein möglichst effiziente Verfahren gefunden werden, um die Daten in die Datenbank am Host-Rechner zu speichern. Dies ist nicht zuletzt ein quantitatives Problem, das gelöst werden muß. Nach vorsichtigen Schätzungen läßt sich angeben:

- Anzahl der bisher bekannten Verbindungen,
  metallorganisch: 150.000
  rein anorganisch: 200.000
- Jährlicher Zuwachs der Verbindungen: 20.000
- Anzahl der regelmäßig zu überwachenden Zeitschriften: 100
- Durchschnittliche Anzahl der Sachverhalte pro erfaßte Verbindung und pro Artikel: 5 - 10 (sehr stark schwankend)

Die Daten werden vom Gmelin-Institut dezentral erfaßt, d.h. an lokal arbeitenden PCs und nicht direkt am Host-Rechner, auf dem die Datenbank installiert werden soll.

Vorteile einer dezentralen Datenerfassung sind bei der Software-Entwicklung:

- Unabhängigkeit von Entwicklungen am Host-Rechner, d.h. die Datenerfassung kann in die Produktionsphase gehen, ohne daß die Datenbank installiert sein muß.
- Vergleichsweise geringer Aufwand bei der Software-Entwicklung
- Interaktive graphische Erfassung chemischer Strukturen
- Flexible Datenerfassungsmasken mit lokalen Verifikationsbedingungen der Datenfelder

Organisatorische und technische Vorteile der dezentralen Datenerfassung beim laufenden Betrieb sind:

- Entlastung des Hostrechners von der Dateneingabe.
- Ständige Verfügbarkeit des PC für Exzerptoren
- Auftragsvergabe an Subunternehmer möglich

Dem stehen eine Reihe von Nachteilen gegenüber, die mit einem zusätzlichen Aufwand an Entwicklungen am Host-Rechner kompensiert werden müssen.

- Synchronisation der Datenstrukturen zwischen PC-Datenerfassungsprogramm und Datenbank (Modifikations- und Versionsproblem)
- Mehrfache Erfassung identischer Strukturen von chemischen Verbindungen
- Datenübertragung, Verwaltung und Archivierung der Disketten
- Zusätzliche Plausibilitäts- und Konsistenzprüfungen der Daten
- Kontrolle der Exzerptoren und der Datenflüsse bei der Datenaufnahme am Host-Rechner

Die Verarbeitung der erfaßten Daten wird für das Gmelin-Online-System in vier Schritten realisiert (Abb. (1)):

1) Dezentrale Datenerfassung am PC,
2) Laden und Prüfen am Host-Rechner,
3) Pufferdatenbank,
4) Produktionsdatenbank

3.1 Der Ausgangspunkt: Dezentrale Datenerfassung mit Hilfe eines PC-Systems

Die außerordentlich personal-intensive Datenerfassung wird am Gmelin-Institut durch lokal arbeitende PCs (zur Zeit Olivetti M24 mit Maus) bewältigt, die jedem einzelnen Exzerptor zur Verfügung gestellt werden. Diese arbeiten bisher überwiegend als freie Mitarbeiter außerhalb des Instituts und haben keinen Zugang zum Host-Rechner, auf dem die Datenbank installiert werden soll. Die erfaßten Daten eines Zeitschriftenartikels oder Handbuch-Kapitels werden auf einer Diskette gesammelt und bei Abschluß zurück an das Gmelin-Institut geschickt.

Dem Exzerptor stehen folgende Programme zur Verfügung:

- pseudo 3D-Strukturen von Metallorganischen Verbindungen
- Formeln klassisch-organische Verbindungen
- Sachverhalte mit Erfassungsmasken für Metallorganische Verbindungen (Zeitschriften und Handbuch) und Klassisch-anorganische Verbindungen (Zeitschriften)

Von jeder Diskette (= Erfassungs-Einheit) werden folgende Daten auf den Host-Rechner (IBM 3090/150) übernommen:

- Strukturen als "Connection Tables"
- Exzerptierte Sachverhalte
- Hilfsdaten

Abb. (2): Datenerfassungsmaske im PC-Programm ALPHDAT, gültig für Journale der Metallorganischen Chemie, 1:1 Abbildung des Bildschirms mit dem Sachverhalt NMR-Spektroskopie:

```
*****************************************************************************
8A SPECTROSCOPY: NMR

NUCLEUS MONITORED 14_  (31 P)  SPECTRUM DIAGRAM DISPLAYED (Y)y

SPIN SPIN COUPLING CONSTANTS TO 61_  (195 Pt)__      ___       ___

SOLVENTS 55   (cyclohexane-d12)                   999  (HCBD)

TEMPERATURE RANGE INVESTIGATED: 203___  -  _____  K

SIGNALS / CHEMICAL SHIFTS / STANDARD / INTENSITIES .delta., ppm: 17.6 (broad sig
nal, 1J(Pt-P) 2940Hz); external std. 85% H3PO4 at room temp.________________
____________________________________________________________________________
_________________________________________________________

LINEWIDTH OF NMR ABSORPTION,DYNAMIC EFFECTS ________________________________
____________________________________________________________________________
____________________________________________________________________________
____________________________________________________



SPECTROSCOPY: NMR (CONTINUED)

UMSPEICHERN 1-- signal may be interpreted as the average resonance arising from
a relatively fast equilibrium with trans-(PtCl(CO-n-hexyl)(PPh3)2)+SnCl2 (equili
brium is not frozen out at 203K). __________________________________________
_______ _________________

EFFECTS OF SOLVENT AND CONCENTRATION Addn. of EtOH: signals shift upfield and th
e 1J(Pt-P) value increases._________________________________________________
____________________________________________________________________________
_____________________________________________

FURTHER INFORMATION / CONDITIONS / REMARKS compound formed in situ together with
 trans-(Pt(SnCl3)(CO-n-hexyl)(PPh3)2) from equiv. amt. of trans (PtCl(CO-n-hexyl
)(PPh3)2) and SnCl2. J and .delta. values are dependent on variable amts. of SnC
l2 (Sn/Pt ratios from 0.3/1 to 1 2/1). _______________
*****************************************************************************
```

Erläuterung zu Abb (2):

Fest-Texte der Maske	:	Großbuchstaben
Eingegebene Texte	:	Kleinbuchstaben
Eingeblendete Erläuterungen	:	runde Klammern
Leerfelder	:	Unterstreichung "_"

3.2 Laden und Prüfen der exzerpierten Sachverhalte und Strukturen

Ein Teil der Plausibilitäts- und Fehlerprüfungen kann nicht lokal am PC gelöst werden, sie können erst am Host-Rechner nachgeholt werden. Die Prüfungen für Sachverhalte und Strukturen werden unabhängig voneinander von Mitarbeitern am Gmelin-Institut, sog. Kontrolleuren, durchgeführt. Einfache formale Prüfungen werden hierbei von Programmen übernommen, während komplexe inhaltliche Prüfungen oder Stichproben manuell von den Kontrolleuren ausgeführt werden. Sind Korrekturen erforderlich, so werden diese direkt am PC mit Hilfe der Datenerfassungs-Programme erledigt. Eine Übersicht der Prüfungen geben die Tabellen (3) und (4).

Tab. (3): Prüfungen für Sachverhalte ("Exzerpierte Daten") am Host-Rechner

p	Unterscheidung von - Titelverbindungen, d.h. Verbindungen mit Sachverhalten - identifizierten Verbindungen ohne Sachverhalte z.B. organische Verbindungen als Reaktionspartner - gelöschten Verbindungen
P	Überwachung der Querverweise der Verbindungen in Sachverhalten
P	Überwachung der Versionen für Exzerptionsprogramm, Masken, Einheiten und Stichwortlisten.
P	Aufbau der Querverweislisten zwischen Handbuch-Daten und -Zitaten.
P	Korrekte Maskensequenz
P	Umrechnung physikalischer Einheiten auf Standardeinheiten
P	Syntaxprüfungen spezieller Felder: linearisierte Summenformel, Reaktionsklassen
P	Formale Prüfungen der Datenfelder auf Namen, konsistente Formate etc.
P	Allgemeine Konsistenzprüfungen bei Abschluß
M/P	Ergänzung der erweiterten Master-Stichwortlisten und Master-Einheiten am Host-Rechner; Identifikation unbekannter neuer Einträge, die vom Exzerptor vergeben wurden. (z.B. neues Lösungsmittel)
M	Inhaltliche Prüfungen der Sachverhalte (Stichproben)
M/P	Überprüfung der Artikel in einem Zeitschriftenheft
M	Überprüfung der Verbindungen in einem Artikel

M Manuell
P Programm
M/P rechnergestützte Prüfung

Tab. (4): Prüfungen der Strukturen:

P	Normalisierung der Connection Tables nach Morgan
P	Berechnung der Molekulargewichte aus der Summenformel
M	Ergänzung der Stereodeskriptoren durch einem Experten
M/P	Korrekturen an Strukturen (Bindungen, Fragmentnumerierung, konsistente Summenformeln in Sachverhalten und Strukturen)
M	Manuell
P	Programm
M/P	rechnergestützte Prüfung

Wenn die Sachverhalte und Strukturen keine Fehler mehr enthalten, so werden sie eine "selbst-beschreibende" Vorstufe der Pufferdatenbank, dem sog. Zwischenformat, geladen. Dieses ist unabhängig von einer speziellen Version der Datenstruktur, den Datenerfassungsmasken und unabhängig vom Exzerptions-Typ (Zeitschrift, Handbuch, etc.).

3.3 Pufferdatenbank

Die im Zwischenformat abgelegten Daten sind nicht direkt retrieval-fähig, vielmehr ist ein Zwischenschritt in der Pufferdatenbank aus folgenden Gründen notwendig:

- Abgleich der neu eingangenen Strukturen mit Strukturen in der Produktionsdatenbank (Struktur-Dubletten sollen in der Produktionsdatenbank nicht vorkommen)
- CAS-Regno-Beschaffung bei unbekannten CAS-RegNos
- Umsetzung der relativen Substanznummern in die absoluten Gmelin-Substanznummern (GmeNo) bei den Strukturen
- Umsetzung der relativen Zitatzeiger bei den Sachverhalten in die absoluten Zitatzeiger
- Umsetzung der relativen Substanznummern bei den Sachverhalten in die GmeNos.
- Zusammenfügen der Verbindungsdatensätze der Produktionsdatenbank aus Verbindungsdatensätzen der Pufferdatenbank.
- Auslagern der Display-Strings in eine Display-Text-Datei und Umsetzung auf einen Zeiger für diese Text-Datei

Der Aufbau der Pufferdatenbank ist der Produktionsdatenbank gleich, nur die Verwaltung der Daten ist verschieden. Verbindungen, die in die Produktions-Datenbank übernommen und akkumuliert wurden, werden in der Puffer-Datenbank gelöscht.

3.4 Das Ziel: Die Produktions-Datenbank

In der Produktionsdatenbank werden alle Strukturen und Verbindungsdatensätze akkumuliert, deren Bearbeitung in der Pufferdatenbank vollständig und fehlerfrei abgeschlossen wurde.

Zweck der Produktions-Datenbank ist:

- Bereitstellung der Daten für Hosts in entsprechenden Ausgabeformaten
- Inhouse-Recherchen für die Gmeline-Handbucherstellung
- Bereitstellung von Daten für Compact-Disk-ROM auf einer PC-Datenbank

Dateien des Kernsystems sind:

- Strukturen
- Sachverhalte Teil 1 und 2 (Verbindungsdatensätze)
- Bildungen von Verbindungen
- Reaktionen von Verbindungen
- Texte (reine Displayfelder, d.h. nicht suchbar)
- Zitate

In den sog. Verbindungsdatensätzen werden alle Sachverhalte einer Verbindung unterschiedlicher Herkunft akkumuliert. Jeder Sachverhalt, der natürlich auch mehrfach vorkommen darf, wird mit einem Hinweis auf das Originalzitat, und falls vorhanden, auf das Gmelin-Handbuch versehen. Die Querverweise zu den Strukturen werden über die internen Substanznummern, den sog. GmeNOs, realisiert.

4. Die Protokollierung und Kontrolle der Prozesse: PROCESS

Wie in den vorangehenden Abschnitten deutlich wurde, ist die Datenvorbereitung für die Pufferdatenbank ein außerordentlich komplexer Vorgang. Korrektur-Zyklen können dabei mehrfach durchlaufen werden. Dies macht eine laufende Protokollierung und Kontrolle aller Prozesse auf der Seite des Host-Rechners notwendig. Ein Prozeßkontroll-System sollte folgendes leisten:

- Bericht über aktuellen Zustand jeder Input-Diskette liefern
- Hohen Durchsatz der zu verwaltenden Disketten gewährleisten
- Große Verweildauer der Disketten nach dem Eingang bis zum endgültigen Laden in die Pufferdatenbank vermindern
- personenunabhängige und personenübergreifende Kontrolle unterstützen
- Entwickler von der ständigen Beratung bei der Anwendung der Programme entlasten
- Unnötige Wiederholung von Arbeitsgängen, die schon erfolgreich ausgeführt wurden, vermeiden.
- Ständige Kontrolle des Ist-Zustands ermöglichen

Typische Fragestellungen wären zum Beispiel:

- Was muß als nächstes für Diskette xyz geschehen?
- Sind die Sachverhalte schon erfolgreich bearbeitet worden?
- Wo sind Fehler im Ablauf aufgetreten?
- Wurde ein Zeitschriftenheft vollständig auf der Diskette x erfaßt?
- Wieviele Disketten sind in der letzten Woche eingetroffen, welche stehen noch aus?
- Wieviele Disketten hat der Exzerptor x im ersten Halbjahr abgeliefert?
- Kann Aktion N für Diskette x angemeldet werden?
- Welche Disketten sind zur Zeit für Batch-Jobs reserviert?
- Wer bearbeitet die Sachverhalte von Diskette x?

Pre- und Postprocessor Konzept zur Lösung im Batch:

Es wird angenommen, daß sich der gesamte Prozeß in ein Netzwerk von Aktionen abbilden läßt (siehe Abb. (3)). Für jede Aktion läßt sich eindeutig feststellen, ob sie erfolgreich abgelaufen oder fehlgeschlagen ist, wobei das Ergebnis wiederum vom Zustand anderer Aktionen abhängen kann. Einer Aktion ist also in der Regel eine ganze Kette anderer erfolgreicher Aktionen vorausgegangen.

Der Pre- und Postprocessor "klammern" eine Aktion: Der Preprocessor überprüft die Bedingungen, ob eine Aktion überhaupt gestartet werden darf. Die Aktion und der Postprocessor werden nur ausgeführt, wenn diese Bedingungen erfüllt sind. Der Postprocessor protokolliert den erfolgreichen oder gescheiterten Ablauf einer Aktion.

... -) Preprocessor -) Aktion x -) Postprocessor -) ....

Die wichtigsten Zustandsvariablen einer Aktion sind:

- Prebit: Vorbedingungen erfüllt oder nicht erfüllt
- Postbit: Aktion erfolgreich oder fehlgeschlagen

Pre- und Postbit definieren zusammen den Transaktionszustand für den Pre- und Postprocessor (Abb. (4)).

Abb. (4): Transaktionzustände der Pre- und Postprocessors (zuerst Prebit, dann Postbit). Der Zustand 0 1 sperrt eine Aktion.

Preprocessor		Postprocessor		Ergebnis
vorher	nachher	vorher	nachher	
x x	0 0	ungültig	ungültig	Aktion nicht gestartet
x x	1 0	1 0	1 0	Aktion fehlgeschlagen
x x	1 0	1 0	1 1	Aktion erfolgreich

Post- und Preprocessor überwachen insbesonders:

- die Reservierung einer Diskette für einen bestimmten Job und einen bestimmten Benutzer
- die Aktionsidentifikation
- die Aktions- und Prozeßversion
- Wiederholbarkeit einer Aktion
- die Vorbedingungen, wenn andere vorangegangene Aktionen erfolgreich sein können oder müssen.

Die Vorbedingungen beschreiben die variable logische Verknüpfung einer Aktion mit anderen Aktionen im Netzwerk. Sie werden als Boolsche Strings dargestellt, z.b.

LOADREC = LOAD,and,DUMP

d.h. die Aktion LOADREC kann nur ausgeführt werden, wenn das Laden LOAD und das Prüfen DUMP zuvor erfolgreich waren. Ausnahme ist die Vorbedingung INITIAL, wenn keine andere Aktion vorangeht. Für das gesamte Netzwerk von Entscheidungen existiert immer nur genau ein Zielzustand GOAL, der erreicht werden soll. Bei Datenaufnahme der Exzerptions-Disketten ist der Zielzustand LOADER, d.h. das endgültige Laden der Sachverhalte und Strukturen in die Pufferdatenbank.

Abb. (1): Ablauf der Datenerfassung für das Gmelin-Online-Datensystem in vier Phasen.

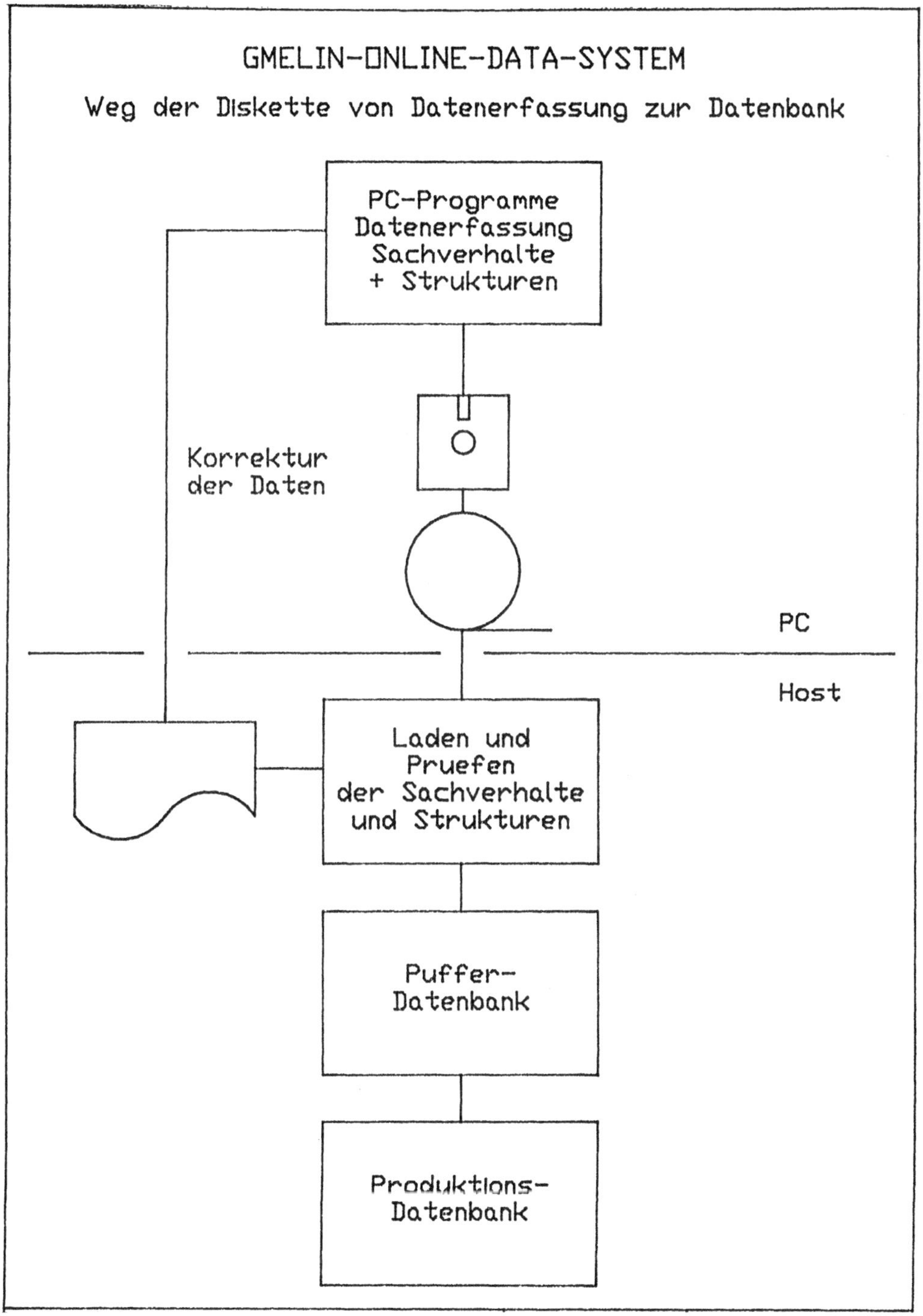

Abb. (3): Netzwerk der Ablaufbeschreibung für die Datenaufnahme einer Diskette bei der Zeitschriften-Exzerption: Prüfen und Laden der Daten in die Pufferdatenbank.

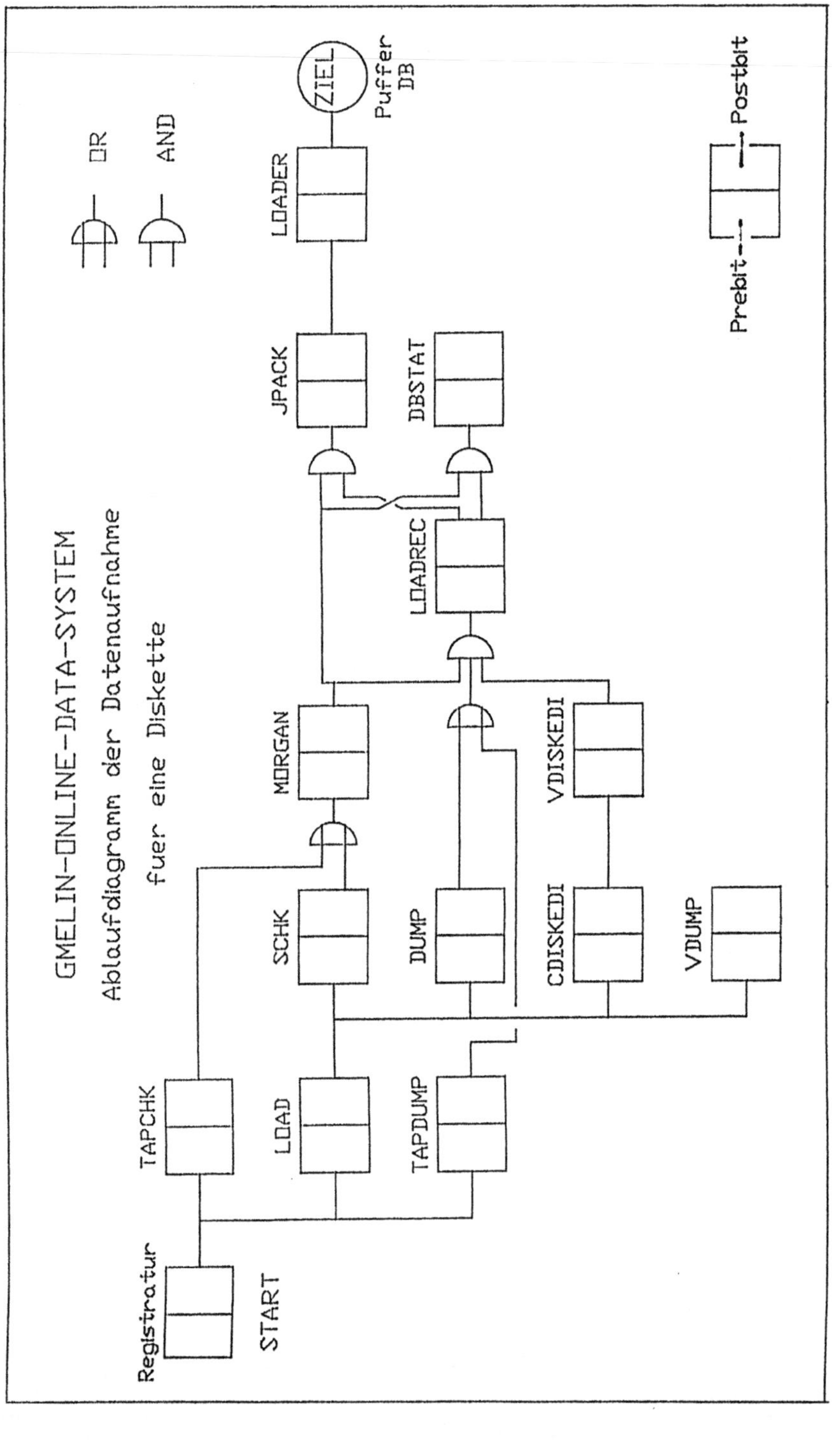

Programme zur Auswertung kristallographischer Daten in Datenbanken

G. Bergerhoff

Anorganisch-chemisches Institut
Universität Bonn
Gerhard-Domagk-Str. 1
D-5300 Bonn

Faktenbanken sind mehr als eine Sammlung von Daten. Mit der Anbindung von Programmen bilden sie die Grundlage für eine umfassende Auswertung unseres Wissens und die Überprüfung von Theorien. Im folgenden sei nur kurz skizziert, welche Möglichkeiten und Probleme eine konsequente Beschreibung von Kristallstrukturen chemischer Verbindungen in Datenbanken für die Recherche und die Auswertung mit sich bringt.

Die Kristallstrukturanalyse liefert eine korrekte Beschreibung der dreidimensionalen Anordnung der Atome im Raum. Sie liefert aber auch nur diese und jede für den Chemiker interessante Angabe über Bauzusammenhänge in der Struktur bedarf entweder zusätzlicher Angaben, die z.B. mit einer topologischen Matrix in der Datenbank enthalten sein müssen, oder die auf Grund theoretischer Modelle durch geeignete Algorithmen erkannt werden. Bei Molekülen können schon relativ einfache Abstandsbetrachtungen gute Ergebnisse bringen, bei Gitterstrukturen ist dies nicht der Fall.

Der Begriff der 'Struktur' schließt aber - insbesondere bei Festkörpern - auch den Realbau der Stoffe mit Baufehlern und Fehlordnung ein, sowie Oberflächen und Grenzflächen, Merkmale die für physikalische Eigenschaften und Reaktionsvermögen eine große Rolle spielen, deren systematische Beschreibung und Erfassung bislang aber nur in Ansätzen möglich ist (z.B. Fraktale - Avnir 1985).

Weitere Verfeinerungen der Strukturbeschreibung sind möglich mit anharmonischen Temperaturfaktoren (Scheringer), absoluten Strukturen (Jones), Erkennung von incommensurablen und modulierten Strukturen (De Wolff). Neue Entwicklungen sind Quasikristalle (Alexander).

Voraussetzung für jede Verwendung von Daten aus Datenbanken für Berechnungen mit Programmen und Recherchen ist ihre Richtigkeit. Diese ist nur garantiert, wenn auf die Datenaufnahme detaillierte Prüfprogramme folgen (s.Allen et al., Bergerhoff et al.). Dies gilt auch für die Nomenklatur, die dem Chemiker charakteristische Einzelheiten der Verbindung vermitteln kann.

Gitterkonstanten, Raumgruppensymmetrie und Atomkoordinaten erlauben die vollständige Berechnung der Geometrie der einzelnen Struktur: Atomabstände, Bindungswinkel, Torsionswinkel, beste Ebenen (Nardelli). Da bei Molekülen intermolekulare Abstände meist deutlich größer als intramolekulare sind, lassen sich ferner Algorithmen anwenden, die Bindungen automatisch 'finden' und damit auch automatisch Molekülbilder aus Kristallstrukturdaten entwickeln. Bei Gitterstrukturen ist

J. Gasteiger (Hrsg.)
Software-Entwicklung in der Chemie

der zum Verständnis wichtige Begriff der Koordinationszahl variabler, daher eine vollautomatische Zeichnung nicht möglich, jedoch eine weitgehende rechnerische Unterstützung bei der Erkennung der Bauzusammenhänge. Von Altermatt et al. sind Algorithmen angegeben worden, die auch unter diesen erschwerten Bedingungen 'Bindungen' finden. Ein anderer elektrostatischer Ansatz ist die Potentialflächenberechnung (Nesper et al.).

Da mit der Kristallstruktur die Symmetrie bekannt ist, sind Aussagen über symmetrieabhängige physikalische Eigenschaften möglich (Paufler): Optische Aktivität, Optische Indikatrix, Struktur von Spektren, Pyroelektrizität, Piezoelektrizität, elastische Eigenschaften, thermische und elektrische Leitfähigkeit, magnetische Eigenschaften. Fehlordnung in Kristallen läßt schnelle Ionenleitung vermuten oder Aussagen über F-Zentren zu. Zahlenmäßige Aussagen über physikalische Eigenschaften und damit eine Korrelation von Eigenschaften und Struktur sind im allgemeinen allerdings nur zu erhalten, wenn die Verknüpfung mit anderen Datenbanken auf irgendeine Weise durch ein gemeinsames Merkmal sichergestellt ist. Die chemische Formel oder auch die CAS-Reg.Nr. sind im Bereich der festen Körper dafür nicht zuverlässig genug.

Datenbanken für Kristallstrukturen sind ein effizientes Werkzeug 'ähnliche' Strukturen zu finden. Die Definition von 'Ähnlichkeit' ist verschieden möglich und geht einher mit der Klassifizierung von Strukturen. Die klassische Typisierung nach dem 'Strukturbericht' hat auch heute noch ihre Bedeutung, für Metalle und Legierungen hat sich die Notation nach Pearson eingebürgert, der Isotypiebegriff kann durch die Anwendung von Gruppe-Untergruppe-Beziehungen verfeinert werden. Einer automatischen Feststellung von Ähnlichkeit muß eine Standardisierung der Strukturen vorausgehen (Parthe), da die Erfahrung zeigt, daß Strukturen zwar richtig, aber doch unterschiedlich beschrieben werden können. Bei Molekülstrukturen interessiert in erster Linie der topologische Vergleich auch von Teilen der Moleküle. Jedoch haben Allen et al. und Bürgi und Dunitz gezeigt, daß geometrische Details bei der Auswertung einer großen Zahl ähnlicher Strukturen interessante Schlüsse auf das Reaktionsverhalten zulassen. Mit 'Molecular Modelling' lassen sich solche Einflüsse graphisch sehr gut verfolgen (Hol). Die Einwirkung von Druck und Temperatur beeinflußt die Struktur und kann zu Phasenumwandlungen und Polymorphie führen, die in ihrem Mechanismus studiert werden können. Chemische Zusätze können von Dotierungen bis zu Mischkristallen bestimmenden Einfluß haben.

Kristallstrukturdaten sind entweder unmittelbar gemessene Daten (Gitterkonstanten) oder lassen die Berechnung experimenteller Fakten zu (Netzebenenabstände, Beugungsintensitäten). Dies ermöglicht die Nutzung der Datenbanken für analytische Zwecke (JCPDS, Mighell).

Datenbanken für Kristallstrukturen:

1. Cambridge Crystallographic Data File
Crystallographic Data Centre, University Chemical Laboratory, Lensfield Road, Cambridge, CB2 1EW, U.K.

2. Crystal Data
Crystallographic Section, National Bureau of Standards, Gaithersburg, Maryland 20899, USA

3. Electron Density Databank
Prof.Burzlaff, Institut für Kristallographie, Loewenichstr. 22, D-8520 Erlangen, FRG

4. Inorganic Crystal Structure Database
Fachinformationszentrum Energie Physik Mathematik, Dr.Behrens D-7514 Eggenstein-Leopoldshafen 2, FRG

5. Metals Data File
Dr.G.Wood, National Research Council of Canada, CISTI, Ottawa, Ontario K1A 0R9, Canada

6. Powder Data File
International Centre for Diffraction Data, 1601 Park Lane, Swarthmore, Pa. 19081, USA

7. Protein Data Bank
Dr.Koetzle, Chemistry Department, Brookhaven National Laboratory, Upton, N.Y. 11973, USA

Literatur

1. F.H.Allen, S.Bellard, M.D.Brice, B.A.Cartwright, A.Doubleday, H.Higgs, T.Hummelink, B.G.Hummelink-Peters, O.Kennard, W.D.G.Motherwell, J.R.Rodgers, D.G.Watson, Acta Crystallogr. B35 (1979) 2331-2339

2. A.D.Mighell, V.L.Himes, Acta Crystallogr. A42 (1986) 101-105

3. (not yet available)

4. G.Bergerhoff, R.Hundt, R.Sievers und I.D.Brown, J.Chem.Inf. Comput. Sci. 23 (1983) 66-69

5. L.D.Calvert, Acta Crystallogr. A37 (1981) C343-C344

6. JCPDS (Joint Committee on Powder Diffraction Standards), User Guide. Swarthmore, Pa. 1974

7. F.C.Bernstein et al., J.Mol.Biol. 112 (1977) 535-542

Alexander, S., The Crystallography of Aperiodic Crystals. J.Phys.Coll. (C3) (1986) 143-151.

Allen, F.H., Kennard, O., Taylor, R., Systematic Analysis of Structural Data as a Research Technique in Organic Chemistry. Acc.Chem.Res. 16 (1983) 146-153.

Altermatt D., Brown I.D., The Automatic Searching for Chemical Bonds in Inorganic Crystal Structures. Acta Cryst. B41 (1985) 240-244.

Avnir, D., Farin, D., Pfeifer, P., Molecular Fractal Surfaces. Nature 308 (1984) 261-263.

Bergerhoff, G., Kilger, B., Witthauer, C., Hundt, R., Sievers, R. User's Manual: ICSD - CRYSTIN. Bonn 1986

Bürgi, B., Dunitz, J.D., From Crystal Statics to Chemical Dynamics. Acc.Chem.Res. 16 (1983) 153-161.

De Wolff, P., Tuinstra, F., Commensurate-Incommensurate Phase Transitions. Ned.Tijdschr.Natuurk. A51 (1985) 107-110.

Hol, W.G.J., Proteinkristallographie und Computer-Graphik - auf dem Weg zu einer planvollen Arzneimittelentwicklung. Angew.Chem. 98 (1986) 765-777.

Jones, P.G., The Determination of Absolute Structure. Acta Cryst. C42 (1986) 924-925.

Mighell, A.D., Himes, V.L., Compound Identification and Characterization using Lattice-Formula Matching Techniques. Acta Cryst. A42 (1986) 101-105.

Nardelli, M., PARST: A System of FORTRAN Routines for Calculating Molecular Structure Parameters from Results of Crystal Structure Analyses. Computers + Chemistry 7 (1983) 95-98.

Nesper, R., Schnering, H.G.v., Periodische Potentialflächen in Kristallstrukturen. Angew.Chem. 98 (1986) 111-113.

Parthe, E., Gelato, L.M., The Standardization of Crystal Structures. Acta Cryst. A40 (1984) 169-183

Paufler, P., Physikalische Kristallographie. Weinheim: VCh Verlagsgesellschaft 1985.

Pearson, W.B., A Handbook of Lattice Spacings and Structures of Metals and Alloys. Oxford: Pergamon Press 1967

Scheringer, C., Positional Parameters obtained with Anharmonic Temperature Factors. Acta Cryst. A42 (1986) 356-362.

Computerunterstützte Strukturaufklärung organischer Verbindungen

Automatische Interpretation von ^{13}C-NMR-Spektren

Wolfgang Robien

Institut für Organische Chemie
Universität Wien
Währingerstr. 38
A-1090 Wien

Die Strukturaufklärung organischer Verbindungen wird heute durchwegs mit spektroskopischen Methoden durchgeführt. Die ^{13}C-NMR Spektroskopie spielt dabei eine zentrale Rolle, da sie einen direkten Einblick in das Kohlenstoffskelett organischer Moleküle erlaubt. Die Interpretation von ^{13}C-NMR Spektren basiert einerseits auf Vergleich mit bereits publiziertem Referenzmaterial, andererseits auf weitergehenden NMR- Experimenten. Der volle Informationsgehalt dieser Methode wird bei manueller Interpretation mit herkömmlichen Tabellenwerken kaum genützt. Völlig neuartige Möglichkeiten wurden erst durch die Erstellung von Datenbanken in computerlesbarer Form erschlossen. Damit war es möglich, Suchkriterien zu verwenden, deren Realisierung mit Druckwerken kaum, bzw. überhaupt nicht durchführbar wäre.

Es wurde daher ein Netzwerk von interaktiven Computerprogrammen aufgebaut, welches die Strategie des Spektroskopikers, bei der Umsetzung von spektraler in strukturelle Information, simuliert. Als Wissensbasis dient eine ^{13}C-NMR Datenbank mit etwa 17500 Spektren. Neben den herkömmlichen Suchstrategien, wie Liniensuche, Namenssuche, Summenformel und Struktur/Teilstruktursuche wurde auch ein Algorithmus zur vollautomatischen Zuordnung von CNMR-Spektren entwickelt. Zentraler Teil der eigentlichen Spektreninterpretation ist ein Datenfile mit allen, in der Datenbank enthaltenen, Strukturfragmenten aus drei aneinander gebundenen Atomen mitsamt ihrem spektralen Muster. Das Anfragespektrum wird in Hinblick auf diese '3-Atom-Fragmente' interpretiert, diese Fragmente werden nun automatisch zu größeren Teilstrukturen assembliert. Die dadurch erhaltenen Teilstrukturen werden nun mittels eines Isomerengenerators, der die vorhandenen spektralen Randbedingungen mitverwendet, zu chemisch sinnvollen Strukturen zusammengefügt. Die Liste von Kandidatenstrukturen wird abschließend bewertet und jene Strukturen, die mit den experimentellen Spektraldaten am besten übereinstimmen, werden ausgegeben. Weiters kann der Isomerengenerator bekannte Information, wie Grundkörper (oder Teile davon), Ringgrößen, sowie unbedingt vorhandene/abwesende Teilstrukturen mitverarbeiten und somit die erzeugte Hitliste auf gewisse Substanzklassen einschränken.

J. Gasteiger (Hrsg.)
Software-Entwicklung in der Chemie

INTERPRETATIONSMETHODIK

Die etwa 17500 vorhandenen Strukturen in der ^{13}C-NMR Datenbank werden nach folgendem Schema in Abfolgen von drei aneinander gebundenen Atomen zerlegt. Weiters wurden die exakten chemischen Verschiebungswerte durch Bereichskennungen ersetzt (6ppm- Bereiche).

CH_3	-	CH_2	-	C (=O)	-	O	-	CH_2	-	CH_3	
9.1		27.7		174.4				61.0		14.1	ppm
2		5		30				11		3	Bereich

Erhaltene '3-Atom-Fragmente':

(C, sp^3, Q, 9.1) - (C, sp^3, T, 27.7) - (C, sp^2, S, 174.4)

(C, sp^3, T, 27.7) - (C, sp^2, S, 174.4) - (=O)

(C, sp^3, T, 27.7) - (C, sp^2, S, 174.4) - (-O-)

(=O) - (C, sp^2, S, 174.4) - (-O-)

(C, sp^2, S, 174.4) - (-O-) - (C, sp^3, T, 61.0)

(C, sp^3, Q, 14.1) - (C, sp^3, T, 61.0) - (-O-)

Insgesamt wurde eine Datei mit 31750 Fragmenten aufgebaut. Diese Fragmente können nun nach dem folgenden Schema wieder zu Teilstrukturen zusammengesetzt werden.

1) - CH_2(4) - CH(8) - CH(8) <

2) - CH_2(5) - CH(8) - CH(8) <

3) - CH_2(5) - CH(8) - CH_2(4) -

Zusammengesetzte Teilstruktur

```
- CH=(4) - CH(8) - CH(8) <
           |
           CH=(5) -
```

BEISPIEL FÜR EINE INTERPRETATION OHNE ISOMERENGENERATOR

Für das folgende Beispiel wurden die in Tabelle 1 angegebenen Inputdaten verwendet:

Tabelle 1:

Summenformel: C_8H_8O

Peakliste: ppm/Multiplizität/Intensität/Bereichskennung

```
197.4 / S / 1   = 33
136.8 / S / 1   = 23
131.8 / D / 1   = 22
128.7 / D / 2   = 22,22
128.5 / D / 2   = 22,22
 25.0 / Q / 1   =  5
```

Unter Verwendung des Datenfiles aus allen '3-Atom-Fragmenten' und den in Tabelle 1 enthaltenen Daten, wurden aus insgesamt 31750 Fragmenten nur die in Tabelle 2 angegebenen 13 Fragmente ausgewählt.

Tabelle 2:

	Fragment	Bereichskennung
#1:	>C=CH-CH=	23-22-22
#2:	=CH-CH=CH-	22-22-22
#3:	=CH-C(-)=CH-	22-23-22
#4:	CH_3-C(-)=O	5-33
#5:	=C(-)-C(-)=O	23-33
#6:	CH_3-C(=)-C(-)=	5-33-23
#7:	=CH-C(-)=O	22-33
#8:	=C(-)-C(-)=CH-	33-23-22
#9:	CH_3-C(=)-CH=	5-33-22
#10:	CH_3-C(=)-CH=	5-23-22
#11:	-O-C(-)=CH-	23-22
#12:	-O-C(-)=CH-	33-22
#13:	-O-CH=CH-	22-22

Die Fragmente #11, #12 und #13 können aus den weiteren Überlegungen sofort ausgeschlossen werden, da kein Fragment des Typs xx-O-xx und auch kein acides Proton vorhanden ist. Der Start erfolgt mit Fragment #8 (einziges Fragment des Typs 33-xx- xx); Verwendung von #5 und #6 führt zu einer Acetylgruppe, die durch Fragment #4 verifiziert wird. Die zweite Verwendung von #8 ergibt untenstehende Teilstruktur

```
             5                            CH3
             |                            |
            33 = O                        C = O
             |                            |
   - 22 -   23 - 22 -         = CH -      C = CH -
```

Zweimalige Verwendung von #1 sowie Ringschluß mit Fragment #2 führt zur korrekten Lösung, nämlich Acetophenon .

BEISPIEL FÜR EINE INTERPRETATION MIT ISOMERENERZEUGUNG

Das vorher gezeigte Beispiel sollte die Arbeitsweise des Interpretationsprogrammes verdeutlichen. Ein komplexeres Beispiel ist in Tabelle 3 gegeben:

Tabelle 3:

Summenformel: $C_{10}H_{14}Br_2O$

Peakliste:

209.9 / S	
58.3 / S	
52.4 / D	
50.1 / S	
47.8 / D	
39.2 / T	
30.4 / T	
22.1 / T	
17.2 / Q	^{1}H-NMR: S
10.2 / Q	^{1}H-NMR: S

Mit diesen Eingabedaten werden automatisch 4 verschieden große Teilstrukturen erzeugt, die durch einen Isomerengenerator zu kompletten, chemisch sinnvollen Strukturen zusammengesetzt werden.

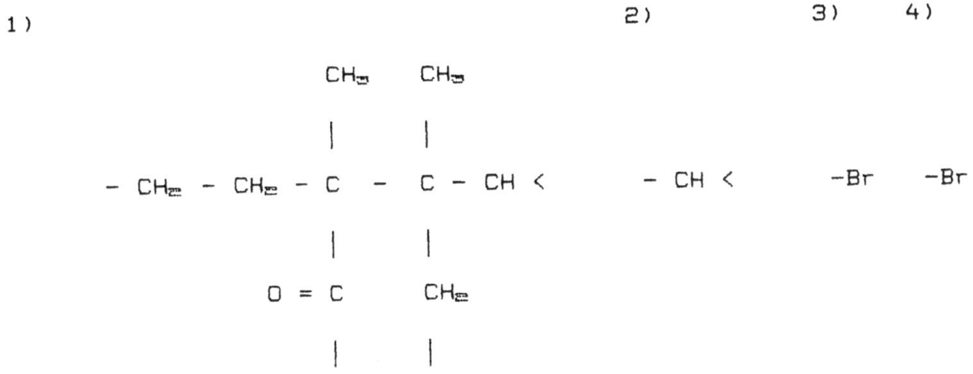

Die Kombination dieser 4 Strukturfragmente erzeugt folgende 8 Strukturen; Acylbromide werden prinzipiell nicht erzeugt, da diese Substanzklasse mit den vorgegebenen Spektraldaten inkompatibel ist.

Die Bewertung der 8 Strukturen erfolgt durch Spektrenabschätzung aus der Referenzdatei und Vergleich mit den Experimentaldaten. Struktur #8 ist der beste Lösungsvorschlag, Struktur #1, #3 und #4 sind brauchbare Alternativen; die Unterscheidung kann durch Einbeziehung spektroskopischer Information aus anderen Methoden, sowie durch Zusatzexperimente erfolgen.

ZUSAMMENFASSUNG

Es wurde eine Methode zur Interpretation von ^{13}C-NMR Spektren basierend auf einer Referenzdatei von '3-Atom-Fragmenten' vorgestellt. Die Anfragedaten werden in Hinblick auf diese Fragmente interpretiert, die ausgewählten 'Puzzle-Steine' zu Teilstrukturen zusammengesetzt und diese mittels eines Isomerengenerators zu kompletten, chemisch sinnvollen Strukturen assembliert. Der Ansatz ist ähnlich der Interpretationsmethodik von Bremser, basiert aber auf kleineren Strukturfragmenten. Weiters ist es mit dieser Methodik möglich, Strukturen zu erzeugen, die in der Datenbasis nicht enthalten sind, da die einzelnen Fragmente nicht notwendigerweise von einer Struktur stammen müssen.

INSTALLATION

Die ^{13}C-NMR Datenbank, sowie die hier vorgestellten Programme werden über das Universitätsrechenzentrum der Universität Wien Interessenten via DATEX-P zugänglich gemacht. Details auf Anfrage

DANK

Diese Arbeit wurde vom Fonds zur Förderung der wissenschaftlichen Forschung in Österreich unterstützt (Projekt #5388)

LITERATUR

W. Robien, Mh. Chem., 114, 365 (1983)
H. Kalchhauser, W. Robien, J. Chem. Inf. Comput. Sci., 25, 103(1985)
W. Robien, Mikrochim. Acta, eingereicht
W. Bremser, W. Fachinger, Magn. Res. Chem., 23, 1056(1985)

#1:

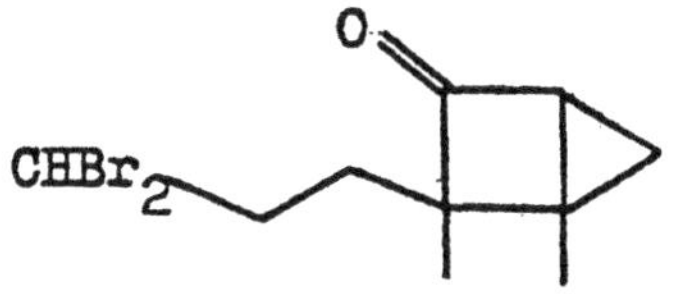

#2:

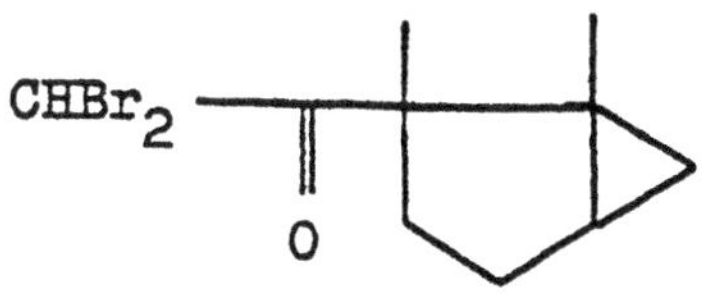

#3:

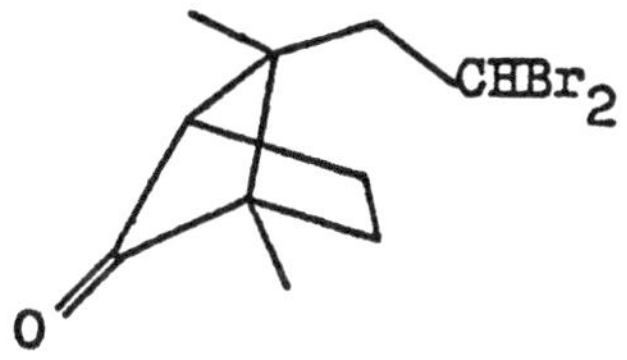

#4:

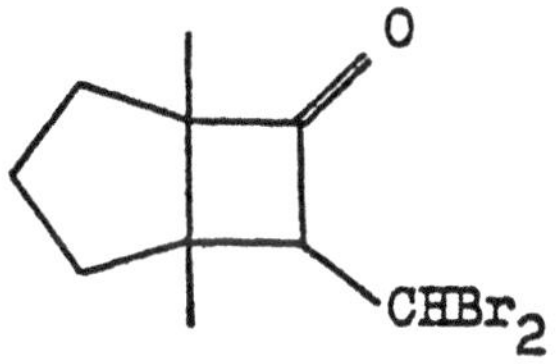

#5:

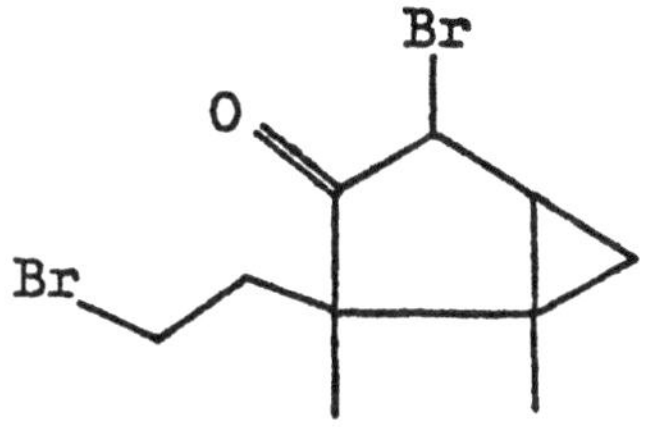

#6:

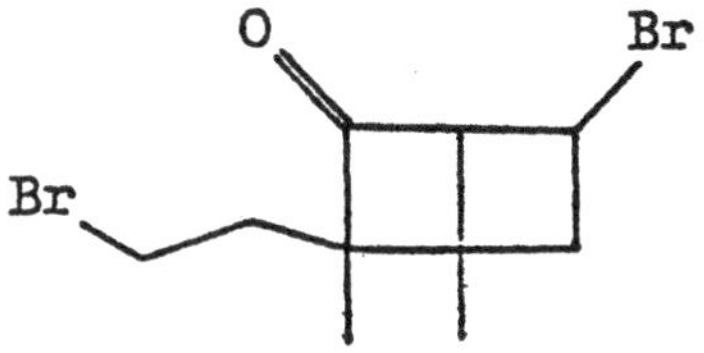

#7:

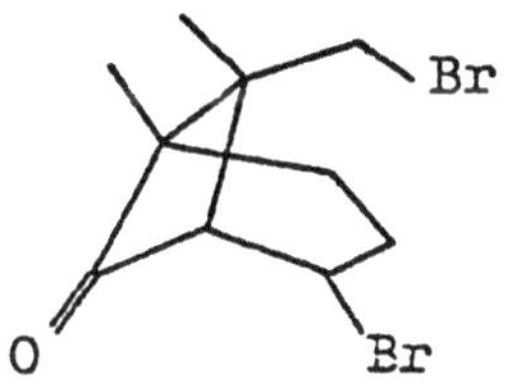

#8:

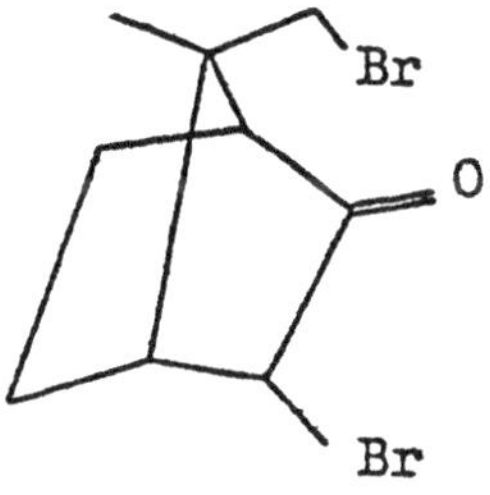

Multidimensionale Spektroskopie

R. Neudert, W. Bremser

BASF AG
Hauptlaboratorium
D-6700 Ludwigshafen

Die Molekülspektroskopie gewinnt in der industriellen Analytik ständig an Bedeutung. Hoher Probendurchsatz und in der Folge große Datenmengen, die ausgewertet werden müssen, zwingen zum verstärkten Einsatz des Computers bei der Spektreninterpretation. Im Hauptlabor der BASF wurde in den vergangenen Jahren ein auf KI-Methoden basierendes Interpretationssystem aufgebaut, welches auf der kombinierten Analyse von ^{13}C-NMR-, IR- und MS-Spektren beruht (1,2).

Im Vortrag wird der Schwerpunkt auf den MS-Teil gelegt. Basis ist eine aus ca 42000 Spektren bestehende Datei, versehen mit Topologien und davon abgeleiteten Teilstrukturen. Die Teilstrukturdatei bildet die Grundlage für die Anwendung der auf statistischen Methoden beruhenden Interpretationsverfahren.

Durch den Vergleich ausgewählter massenspektrometrischer Eigenschaften wie Ähnlichkeit, Neutralabspaltungen und Ionenserien des Spektrums einer unbekannten Verbindung mit den entsprechenden Eigenschaften der Bibliotheksspektren erhält man einen Satz zugehöriger Strukturen. Unter der Annahme, daß spektrale Ähnlichkeit struktureller Ähnlichkeit entspricht, werden die ermittelten Strukturen einer Teilstrukturanalyse unterzogen. Das resultierende Histogramm enthält die Häufigkeit der gefundenen Teilstrukturen sowie die statistisch erwartete Häufigkeit.

Statistisch relevante Teilstrukturen werden mittels Strukturgenerator zu Strukturvorschlägen kombiniert. Durch Hinzunahme der Ergebnisse anderer spektroskopischer Methoden wird die Vielfalt der Lösungen stark eingeschränkt wie am Beispiel der Kombination ^{13}C-NMR/MS gezeigt wird.

Lit.: 1) R. Neudert, W. Bremser Organic Mass Spectrometry, im Druck
2) W. Bremser, W. Fachinger, Magn. Res. Chem. 23 (1985)
3) W. Bremser, Anal. Chim. Acta 103 (1978) 355

J. Gasteiger (Hrsg.)
Software-Entwicklung in der Chemie

In den letzten Jahren wurden Anstrengungen unternommen, Probenpräparation und *Meßprozeß* in der Molekülspektroskopie im Hauptlabor der BASF zu automatisieren. So verdreifachte sich der jährliche Probendurchsatz in der letzten Dekade von 30000 auf 100000 bei gleichbleibender Personalstärke. Die resultierenden Datenmengen können kostengünstig nur durch rechnergestützte Interpretationssysteme bewältigt werden.

Unter dem Begriff "multidimensionale Spektroskopie" verstehen wir die kombinierte Anwendung spektroskopischer Methoden zur Strukturaufklärung. Jede spektroskpische Methode hat ihre Stärken und Schwächen hinsichtlich der Wiedergabe struktureller Merkmale. Die folgende Abbildung verdeutlicht diese Tatsache am Beispiel von MS (1. Dimension) und ^{1}H-NMR (2. Dimension).

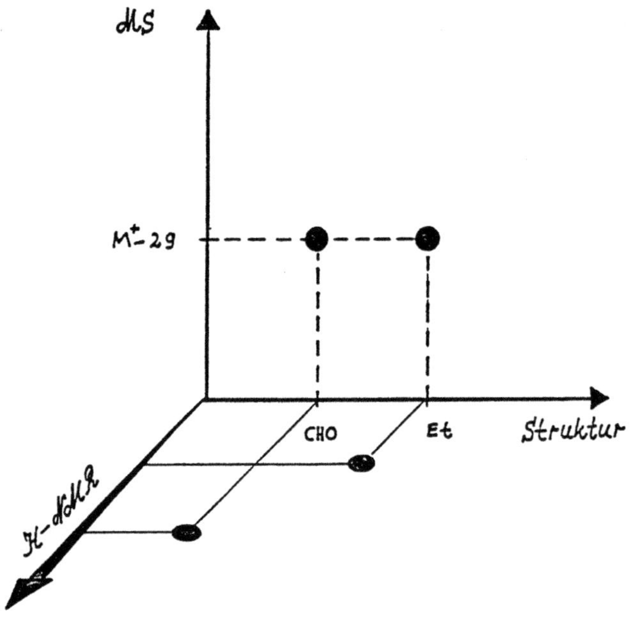

Abb. 1

Die Neutralabspaltung M-29 in einem Massenspektrum ist nicht eindeutig einem bestimmten Strukturelement zugeordnet. Die Abspaltung kann unter anderem von einer Formyl- oder einer Ethyl- Gruppe stammen. Die Hinzunahme einer weiteren spektroskopischen Methode,der ^{1}H-NMR führt zu einem klaren Ergebnis: die beiden Strukturelemente sind aufgrund der chemischen Verschiebung eindeutig unterscheidbar. Das Ziel ist daher, die Ergebnisse aus den verschiedenen spektroskopischen Methoden zusammenzuführen und mit Hilfe des Computers auszuwerten.

Abbildung 2 zeigt das Rechnerkonzept der Molekülspektroskopie: Die spektroskopischen Daten aus NMR-, MS- und IR-Messungen fallen in digitalisierter Form auf Prozeßrechnern unterschiedlicher Herkunft an. Die Daten werden über RS232-Leitungen auf eine zentrale Microvax übertragen, auf der das multidimensionale Interpretationssystem installiert ist. Grundlage des Interpretationssytems bildet eine Wissensbasis mit strukturorientierten Datenbanken.

Programmierung und Datenpflege finden auf einer über Ethernet gekoppelten Vax 8600 statt. In Planung befindet sich die Vernetzung der Microvax mit den PC's der Chemiker zum Zweck der direkten Übernahme der in Auftrag gegebenen Spektren auf elektronischem Weg.

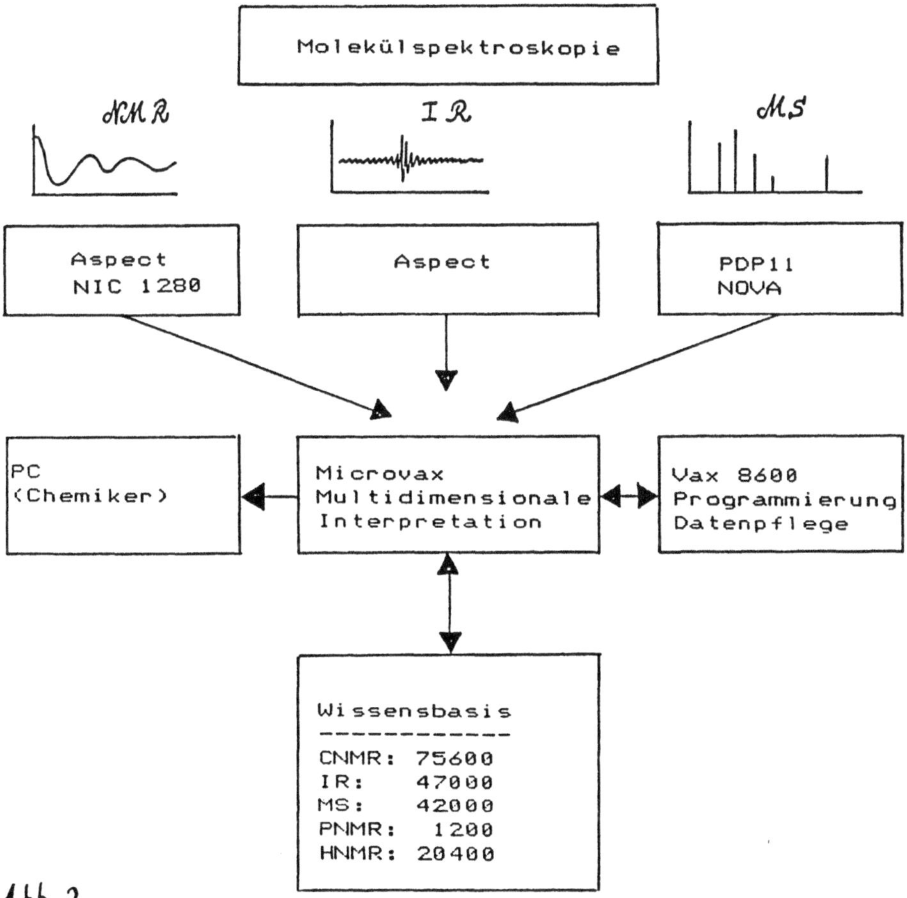

Abb. 2

Abb. 3 zeigt exemplarisch ein Spektrum aus der IR-Datensammlung. Struktur und Spektrum sind farbig codiert: blau für C-Atome, grün für Heteroatome, gelb für die Paramerterliste und grün für das Spektrum.

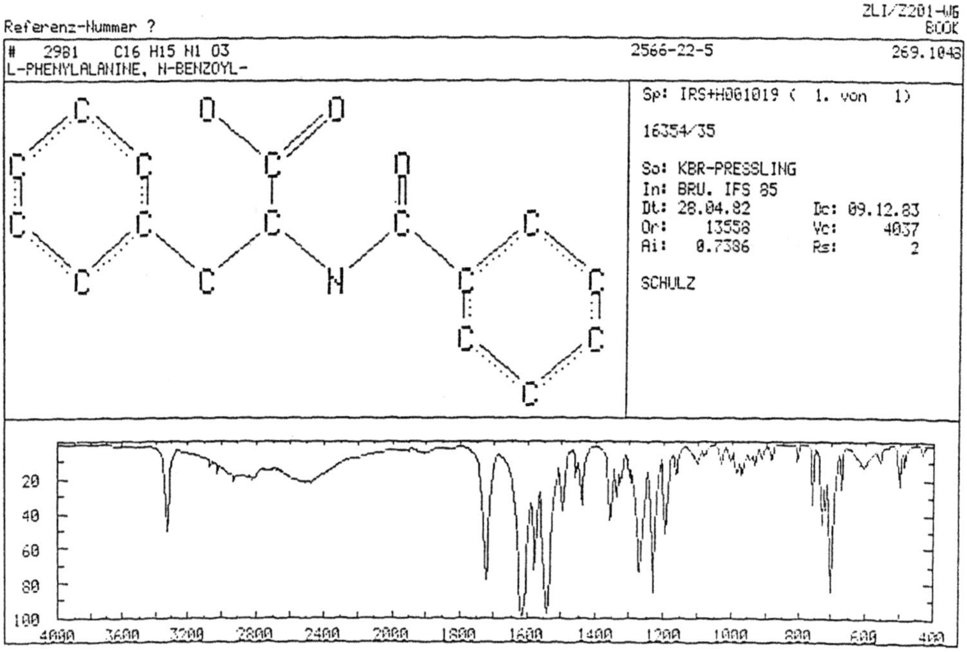

Die Arbeitsweise des Interpretationssystems ist im Flußdiagramm Abb. 4 dargestellt, wobei der MS-Teil ausführlicher behandelt wird. Das Massenspektrum der unbekannten Verbindung wird hinsichtlich ausgewählter spektraler Eigenschaften (Ähnlichkeit, Neutralbspaltungen, Ionenserien) mit den Spektren der Bibliothek verglichen. Die in den spektralen Eigenschaften am besten übereinstimmenden Bibliotheksspektren werden in einer Hitliste festgehalten und die zugehörigen Strukturen einer Teilstrukturanalyse unterworfen. Statistisch relevante Teilstrukturen werden in einem Strukturgenerator zu möglichen Strukturvorschlägen kombiniert. An dieser Stelle kommt die Möglichkeit der multidimensionalen Auswertung zum Tragen: relevante Teilstrukturvorschläge aus den anderen spektroskopischen Methoden schränken die Lösungsmenge erheblich ein. Die Brauchbarkeit der vorgeschlagenen Struktur kann derzeit durch Berechnung des ^{13}C-NMR-Spektrums und Vergleich mit dem Spektrum der unbekannten Struktur geprüft werden.

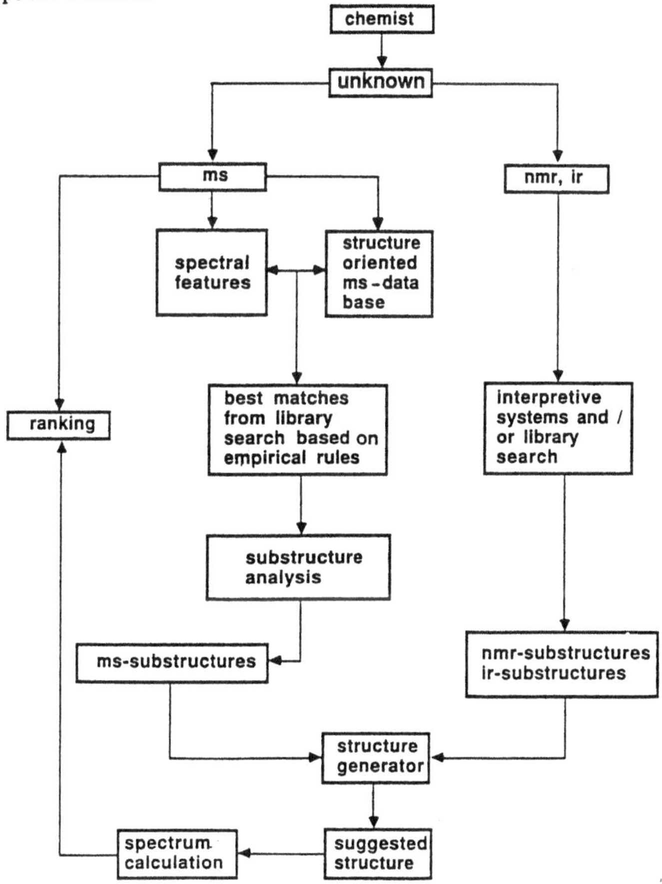

Die Teilstruktur-Kodierung (3) bietet neben der Anwendung bei der Erstellung von Statistiken (wie später näher erläutert wird) eine Reihe weiterer Vorteile:

- in der ^{13}C-NMR-Spektroskopie lassen sich über die Teilstruktur-Kodes Erwartungsbereiche für die chemische Verschiebung des betreffenden Knotens ermitteln

- auch in der Massenspektrometrie liefert dieses Konzept neue Auswertungsmöglichkeiten: Abb. 5 zeigt ein Anwendungsbeispiel, in dem nach Strukturen mit dem Reaktionszentrum einer McLafferty- Umlagerung gesucht wird. Die resultierenden 19 Vorschläge enthalten den für diese Umlagerung erforderlichen Sechsring mit dem H-Atom in günstiger Position zur Carbonylgruppe. Durch Vergleich der zugehörigen Spektren können Rückschlüsse auf den Einfluß von Substituenten gezogen werden.

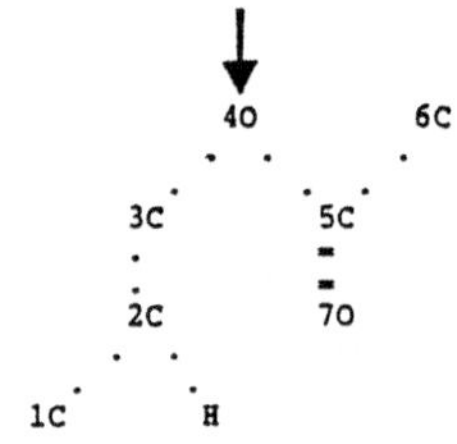

-T4

STRUCTURE CODE: O;C$C(C,C/,C/

RESULT: 19 REFERENCES

EXAMPLES:

1-PENTANOL, 2-METHYL-,ACETATE

CA: 7789-99-3 02.08.85 MW: 144.1 NOMI: 144

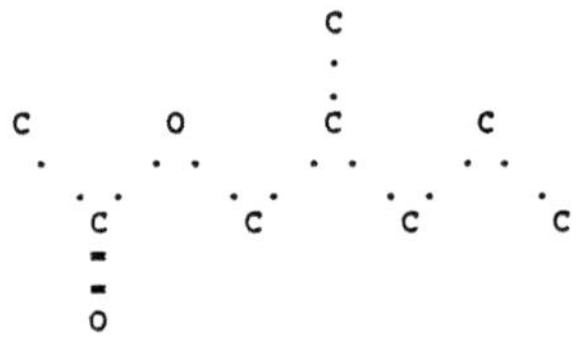

ACETIC ACID, HEXYL ESTER

CA: 142-92-7 01.10.85 MW: 144.1 NOMI: 144

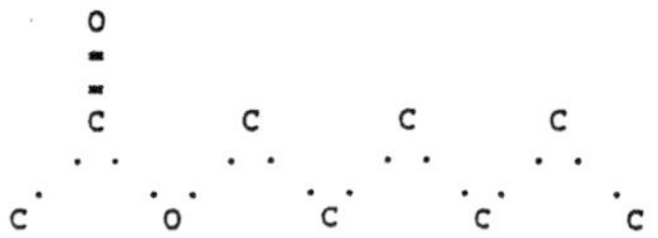

Abb. 5

Der Ablauf einer rechnergestützten Spektreninterpretation ist in Abb. 6 dargestellt. Der Vergleich des MS-Spektrums der unbekannten Verbindung mit den Bibliotheksspektren ergibt eine Hitliste mit 80 Strukturen. Die Strukturen werden in HOSE-bzw. HORD-Teilstrukturen (3) zerlegt. Nur jene HOSE-Kodes, die öfter als 8mal vorkommen, sind im Histogramm dargestellt.

Jedes "M" links des Punktes entspricht einer gefundenen Teilstruktur, rechts des Punktes ist die Wahrscheinlichkeit des Auftretens in der gesamten Datei angegeben. Im unteren Teil der Abbildung sind einige Kodes in Strukturdarstellung gegeben. Es fällt nicht schwer, die Teilstrukturen zur gesuchten Struktur, dem 3-Cyclohexencarbonsäure-ethylester zusammenzusetzen.

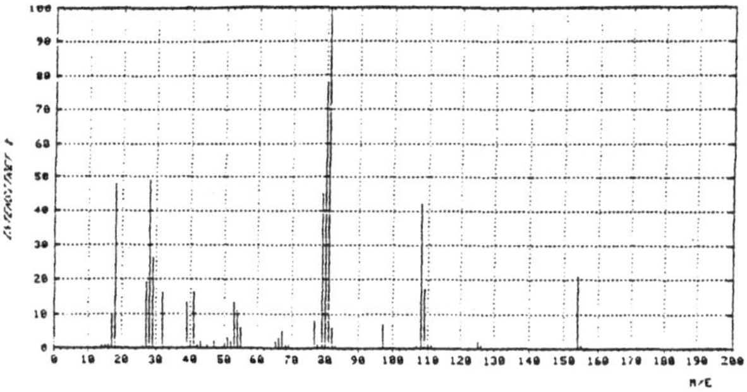


```
SUBSTRUCTURE HISTOGRAM (3 SPHERES, MIN. 8 HOSE-, 5 HORD-CODES, DIVISOR: 1.0)
-----------------------------------------------------------------------------
R6=(,,,C$,,)                 MMMMMM.
=CC(C,C/C,&/)                MMMMMMMM.
CO(,C$/C/)                   MMMMMMMMMMMMMMMM.MM
C(O/C$/)                     MMMMMMMMMMMMMM.MMM
C(O/C/)                      MMMMMMMMMMMM.M
O;=C(CO/CC,C/)               MMMMMMMMMM.MM
```

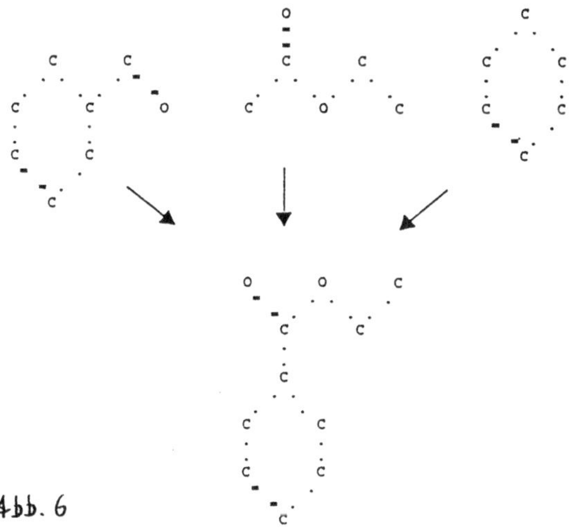

Abb. 6

Die Schlagkraft der Kombination von ^{13}C-NMR und MS zeigt Abb. 7. Von der unbekannten Verbindung in Abb. 6 wird ein ^{13}C-NMR-Spektrum aufgenommen und ausgehend von der Summenformel erfolgt die Erzeugung von Strukturvorschlägen durch den Strukturgenerator. Die Berechnung der ^{13}C-NMR-Spektren der vorgeschlagenen Strukturen und der Vergleich mit dem Spektrum der unbekannten Verbindung gibt ein Maß für die Relevanz der vorgeschlagenen Struktur. Ohne Einbeziehung zusätzlicher Information wird die gesuchte Struktur innerhalb des 1. Kilocyclus nicht gefunden und die beste Näherung wird angegeben.

Bei Einbeziehung der Teilstruktur-Information aus der MS- Interpretation konvergiert der Strukturgenerator nach 16 cpu- Sekunden und die unbekannte Struktur wird mit einer Standardabweichung von 0.29 ppm gefunden.

```
INCLUSION OF RESULTS FROM OTHER SEARCHES ?
=N

--) PRESEARCH COMPLETED ( 12.59 S CPU)
--) INTERMEDIATE SEARCH COMPLETED (  2.44 S CPU)

DATABASE WITH 197372 EXPECTATION RANGES FROM 68395 SPECTRA

PROCESSING STARTS WITH 1. LINE (175.7 PPM)

ONLY THE 8 BEST CODES OF EACH LINE ARE CONSIDERED

NO SOLUTION FOUND FOR THE ENTERED SPECTRAL PARAMETERS. PLEASE ENLARGE
THE NUMBER OF CODES TO BE INVESTIGATED OR LOWER THE MINIMUM PROBABILITY.
BEST APPROXIMATION:
```

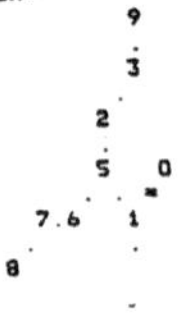


```
NUMBER OF CODES TO BE INVESTIGATED SET TO 16, MINIMUM PROBABILITY TO 0.78
```

MS
↓

```
ONLY THE 8 BEST CODES OF EACH LINE ARE CONSIDERED

 1. PROPOSED STRUCTURE WITH FORMULA   C9 H14 O2
```

```
COMPARISON WITH ESTIMATED CNMR SPECTRUM                        EXP.       DEV.

C 1  (S)   175.7 PPM  *   0.9 PPM  (   8 MAL)         175.7 PPM   0.  PPM
C 2  (D)   126.8 PPM  *   0.3 PPM  (   6 MAL)         126.7 PPM   0.1 PPM
C 3  (D)   125.1 PPM  *   0.3 PPM  (   5 MAL)         125.4 PPM   0.3 PPM
C 4  (T)    60.6 PPM  *   0.5 PPM  ( 142 MAL)          60.2 PPM   0.4 PPM
C 5  (D)    39.2 PPM  *   0.3 PPM  (   3 MAL)          39.5 PPM   0.3 PPM
C 6  (T)    27.5 PPM  *   0.1 PPM  (   4 MAL)          27.6 PPM   0.1 PPM
C 7  (T)    25.2 PPM  *   0.1 PPM  (   4 MAL)          25.3 PPM   0.1 PPM
C 8  (T)    24.6 PPM  *   0.1 PPM  (   5 MAL)          24.6 PPM   0.  PPM
C 9  (Q)    14.2 PPM  *   0.1 PPM  (1858 MAL)          14.3 PPM   0.1 PPM

THE PROPOSED STRUCTURE SHOWS A STANDARD DEVIATION OF  0.29 PPM

   SE      STR.*   IDENT    FORMULA

  0.29       1              C9 H14 O2

--) 0 KCYCLES EXECUTED ( 15.91 S CPU)
```

Abb.7

Abb. 8 zeigt die kombinierte Anwendung von NMR (C,H), MS (M) und IR (I) in der Teilstrukturanalyse. Jede Interpretationsmethode liefert charakteristische Teilstrukturen, im Histogramm dargestellt durch die entsprechenden Zeichen. Im vorliegenden Fall war die gesuchte Verbindung 3-Methyl-Acetophenon, deren Strukturelemente durch die Rechnerinterpretation auch richtig gefunden wurden.

```
NUMBER OF SPHERES, HOSE-, HORD-CODES, DIVISOR ?
=3,6,3,3

SUBSTRUCTURE HISTOGRAM (3 SPHERES, MIN. 6 HOSE-, 3 HORD-CODES, DIVISOR: 3.0
----------------------------------------------------------------------------

R6#(C,,C,,,)                           CCC.
R6#(C,,,,,)                            IMMMM.CIM
*C*C(*C,*C/*CC,*&/)                    HIMMMMMMMMM.CCIIMM
C$(C/*C*C/)                            CHIMMM.
C(*C*C/*C,*C/)                         CCCCCHHHMMM.
O;=C(CC/*C*C,/)                        CHIMMM.
```

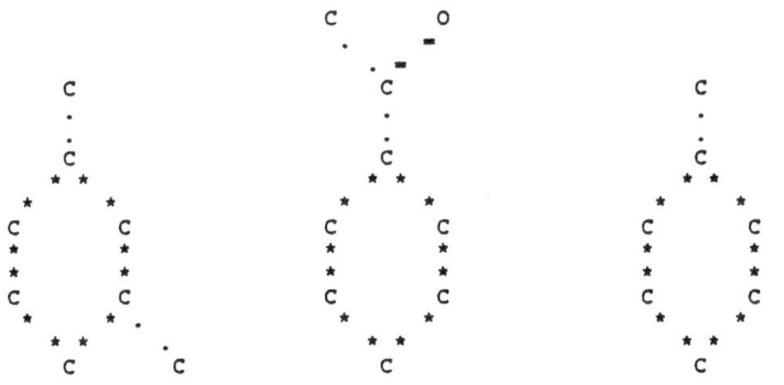

Abb. 8

UNIFAC - ein wichtiges Werkzeug für die chemische Industrie

J. Gmehling

Lehrstuhl für Technische Chemie B
Universität Dortmund
Postfach 500500
D-4600 Dortmund 50

Die Kenntnis des Phasengleichgewichts ist von großer Bedeutung zur Auswahl, Auslegung und Optimierung thermischer Trennprozesse. Zur Darstellung des Phasengleichgewichtverhaltens werden Zustandsgleichungen oder g^E-Modelle herangezogen. Beide Methoden gestatten die Beschreibung des realen Verhaltens von Mehrkomponentensystemen bei Kenntnis des Verhaltens der binären Randsysteme. Ein großer Teil der zur Anpassung benötigten Daten wurde in den letzten Jahren in einheitlicher computergerechter Form in der Dortmunder Datenbank gespeichert. Bei vielen industriellen Anwendungen wird man jedoch auf das Problem stoßen, daß für manche der beteiligten binären Systeme keine experimentelle Information zur Verfügung steht. In diesem Fall lassen sich heutzutage mit großem Erfolg Gruppenbeitragsmethoden zur Abschätzung der Aktivitätskoeffizienten heranziehen. Zur Berechnung des Aktivitätskoeffizienten werden bei dieser Methode neben relativen van der Waalsschen Größen Gruppenwechselwirkungsparameter benötigt. Zur Anpassung dieser Parameter wurde die gesamte Information der Dortmunder Datenbank benutzt.

Einleitung

Betrachtet man eine Chemieanlage, so läßt sie sich grob in einen Vorbereitungs-, Reaktions- und einen Aufarbeitungsteil unterteilen. Obwohl der Reaktor als das Herz einer Chemieanlage angesehen wird, werden bei organisch-chemischen Großprodukten oftmals 80% der gesamten Investitionskosten für den Aufarbeitungsteil benötigt. Hierin werden die aus dem Reaktor austretenden Komponenten (nicht umgesetzte Reaktanden, Produkte, Nebenprodukte) in mehrstufigen Gegenstromtrennprozessen (z. B. Rektifikation, Absorption, Extraktion) getrennt. Bei all diesen Trennprozessen werden Konzentrationsdifferenzen in den verschiedenen auftretenden Phasen zur Trennung ausgenutzt. Die Auslegung dieser Trennprozesse kann durch Lösung der Material- und Enthalpiebilanzen unter Berücksichtigung des Phasengleichgewichts erfolgen. Die zu lösenden Gleichungen (MESH-Gleichungen) sind in Abb. 1 für eine Gleichgewichtsstufe einer Rektifikationsanlage dargestellt. Obwohl dabei oftmals nichtlineare Gleichungssysteme mit mehreren tausend Gleichungen und der gleichen Zahl von Unbekannten resultieren, bereitet die Lösung mit effizienten Algorithmen und modernen Computern heutzutage keine allzu großen Probleme. Die Genauigkeit der Auslegung wird dabei lediglich durch die Güte der Darstellung des K-Faktors ($K_{i,j} = y_{i,j}/x_{i,j}$) und der Enthalpie beeinflußt.

J. Gasteiger (Hrsg.)
Software-Entwicklung in der Chemie

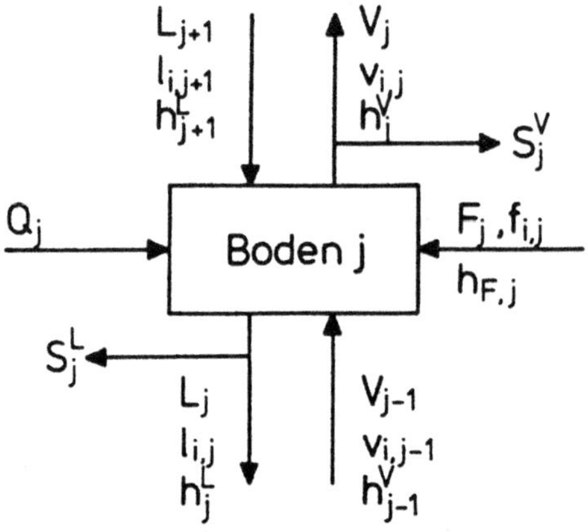

$$M_{i,j} = L_{j+i}\,x_{i,j+1} + V_{j-1}\,y_{i,j-1} + F_j\,z_{i,j} - (L_j + S_j^L)\,x_{i,j} - (V_j + S_j^V)\,y_{i,j} = 0$$

$$E_{i,j} = y_{i,j} - K_{i,j}\,x_{i,j} = 0$$

$$S_{y,j} = \sum y_{i,j} - 1.0 = 0$$

$$S_{x,j} = \sum x_{i,j} - 1.0 = 0$$

$$H_j = L_{j+1}\,h_{j+1}^L + V_{j-1}\,h_{j-1}^V + F_j\,h_{F,j} - (L_j + S_j^L)\,h_j^L - (V_j + S_j^V)\,h_j^V + Q_j = 0$$

Abb. 1 MESH-Gleichungen

Darstellung von Phasengleichgewichten

Zur Darstellung von Phasengleichgewichten kann die Thermodynamik herangezogen werden. So müssen nach Lewis die Fugazitäten der einzelnen Komponenten in den verschiedenen Phasen gleiche Werte aufweisen. Um die Fugazität f_i als Funktion der Temperatur und des Druckes darstellen zu können, wurden die Hilfsgrößen Fugazitätskoeffizient φ_i und Aktivitätskoeffizient γ_i eingeführt. Unter Benutzung dieser Größen ergeben sich zwei grundsätzlich unterschiedliche Wege zur Beschreibung von Phasengleichgewichten. In Abb. 2 sind diese Gleichungen für den Fall des Dampf-Flüssig-Gleichgewichts dargestellt.

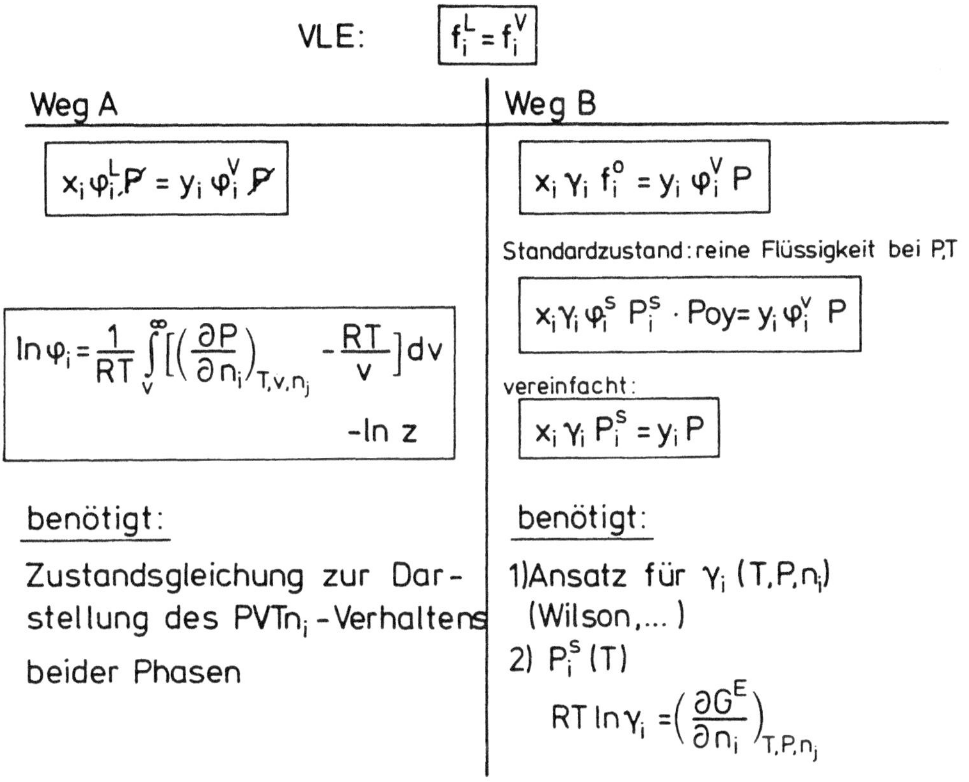

Abb. 2 Möglichkeiten zur Darstellung von Dampf-Flüssig-Gleichgewichten

Während man zur Berechnung nach Weg A eine Zustandsgleichung benötigt, die in der Lage ist, sowohl das PVT-Verhalten der flüssigen als auch der Dampfphase darzustellen (z.B. kubische Zustandsgleichungen), wird für den Weg B ein g^E-Modell benötigt. Beide Wege besitzen verschiedenen Vor- und Nachteile und gestatten die Berechnung des Phasengleichgewichts von Mehrkomponentensystemen allein bei Kenntnis binärer Daten. Diese Möglichkeit ist sehr wichtig, daß nahezu keine Information über das reale Verhalten von Mehrkomponentensystemen publiziert wurde.

VLE	(x_i, y_i, P, T)	~15000 Meßreihen
LLE	(x_i', x_i'', T)	~ 4000 Meßreihen
γ^∞	(γ_i^∞, T)	~20000 Meßwerte
azeotrope Punkte	(y_i, T, P)	~15000 Meßwerte
h^E	(x_i, h^E, T)	~ 6000 Meßreihen
c_p^E	(x_i, c_p^E, T)	~ 500 Meßreihen

weiterhin: $P_i^s(T)$, $B_{ij}(T)$, $v^L(T,P,n_i)$, $v^E(T,P,n_i)$

Abb. 3 Datenbasis zur Anpassung der benötigten Parametern in g^E-Modellen und Zustandsgleichungen

Zur Anpassung der benötigten binären Parameter können verschiedene experimentelle Daten herangezogen werden. Abb. 3 zeigt Schätzwerte für die Anzahl dieser Daten in der Literatur. Trotz dieser Vielzahl von Daten steht bei aktuellen Trennproblemen oftmals keine experimentelle Information zur Verfügung. Um in diesen Fällen auf zeit- und kostenintensive Messungen verzichten zu können, wurden in den letzten Jahren Vorausberechnungsmethoden für den Aktivitätskoeffizienten γ_i entwickelt.

Gruppenbeitragsmethoden

Die zur Zeit erfolgreichsten Methoden zur Vorausberechnung des Aktivitätskoeffizienten in der flüssigen Phase sind Gruppenbeitragsmethoden.

Annahme :

Flüssigkeit : Mischung aus unterschiedlichen Strukturgruppen

Beispiel : Propanol (1) - n - Hexan (2)

(1)
(2)

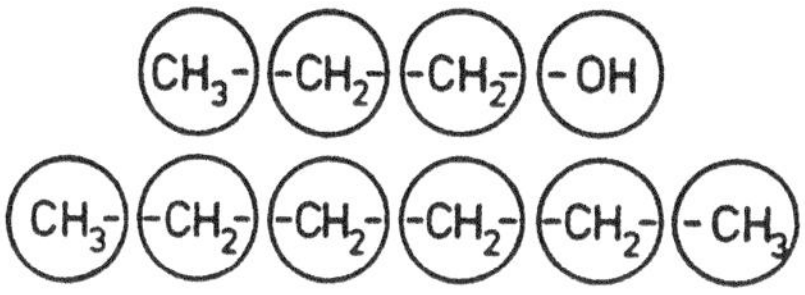

Mischung :

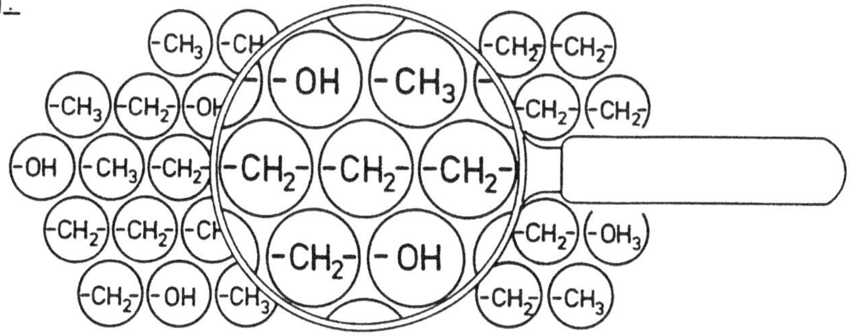

Vorteil : Anzahl Strukturgruppen << Anzahl möglicher Komponenten

Abb. 4 Modellvorstellung bei den Gruppenbeitragsmethoden

Abb. 4 zeigt am Beispiel des Systems n-Propanol - n-Hexan die Modellvorstellung. Bei Gruppenbeitragsmethoden wird die flüssige Phase als eine Mischung von Strukturgruppen aufgefaßt. So wird bei dem betrachteten System angenommen, daß die Flüssigkeit aus OH-, CH_2- und CH_3-Gruppen besteht. Ist man in der Lage, die Wechselwirkungskräfte zwischen diesen Gruppen zu beschreiben, so lassen sich die verschiedenen thermodynamischen Größen, wie z. B. Aktivitätskoeffizienten, berechnen. Mit diesen Parametern kann aber dann nicht nur das System Propanol - Hexan, sondern alle Alkohol -

Kohlenwasserstoff-, Alkohol - Alkohol- und Kohlenwasserstoff - Kohlenwasserstoff - Systeme beschrieben werden, daß beim Übergang zu einem anderen Alkohol bzw. anderen Kohlenwasserstoff keine neuen Gruppen hinzukommen. Dies bedeutet, daß eine Vielzahl technisch interessanter Systeme mit Hilfe einer relativ geringen Anzahl von Parametern, die die Wechselwirkung zwischen den Strukturgruppen beschreiben, berechnet werden kann.

UNIFAC

Die bekannteste und erfolgreichste Gruppenbeitragsmethode ist der UNIFAC- (UNIQUAC Functional Group Activity Coefficient) Ansatz <1>. Beim UNIFAC-Ansatz wird der Aktivitätskoeffizient aus zwei Beiträgen berechnet (Abb. 5).

$$g^E = h^E - Ts^E$$

$$\downarrow \qquad \downarrow \qquad \downarrow$$

$$\ln \gamma_i = \ln \gamma_i^R + \ln \gamma_i^C$$

$$\ln \gamma_i^C = f(x_i, q_i, r_i)$$

$q_i = \Sigma \nu_k^{(i)} Q_k$ relative van der Waalssche Oberfläche

$r_i = \Sigma \nu_k^{(i)} R_k$ relatives van der Waalssches Volumen

(R_k, Q_k bei Bondi (1968) tabelliert)

$$\ln \gamma_i^R = \Sigma \nu_k^{(i)} (\Gamma_k - \Gamma_k^{(i)})$$

$$\Gamma_k = f(x_i, q_i, a_{nm})$$

Anpassung der Gruppenwechselwirkungsparameter a_{nm} mit Hilfe von experimentellen VLE-Daten $\longrightarrow$ (DDB)

Abb. 5 Gruppenbeitragsmethode UNIFAC

Der kombinatorische Anteil (ln γ_i^C) berücksichtigt die Beiträge der Exzeßentropie (Form und Größe) und kann direkt mit Hilfe tabellierter aus Röntgenstrukturdaten < 2 > ermittelter van der Waalsscher Größen (R_k, Q_k) berechnet werden. Mit Hilfe des Restanteils (ln γ_i^R) soll der Beitrag der Exzeßenthalpie h^E beschrieben werden. Zur Berechnung dieses Terms werden Parameter benötigt, die die Wechselwirkungskräfte zwischen den Strukturgruppen beschreiben. Zur Anpassung der Parameter wurden Dampf-Flüssig-Gleichgewichtsdaten der Dortmunder Datenbank <3,4> herangezogen. Auf Grund der breiten Datenbasis konnten die Parameter für eine Vielzahl von Gruppenkombinationen ermittelt werden <5,6,7>. Eine Übersicht über den derzeitigen Stand der UNIFAC-Methode vermittelt Abb. 6. Die UNIFAC-Methode enthält zur Zeit 44 funktionelle Gruppen. Von den möglichen Gruppenwechselwirkungsparametern konnte auf Grund publizierter Phasengleichgewichtsinformationen der größte Teil angepaßt werden. Diese Gruppenkombinationen sind in Abb. 6 durch die schwarz gekennzeichneten Felder dargestellt.

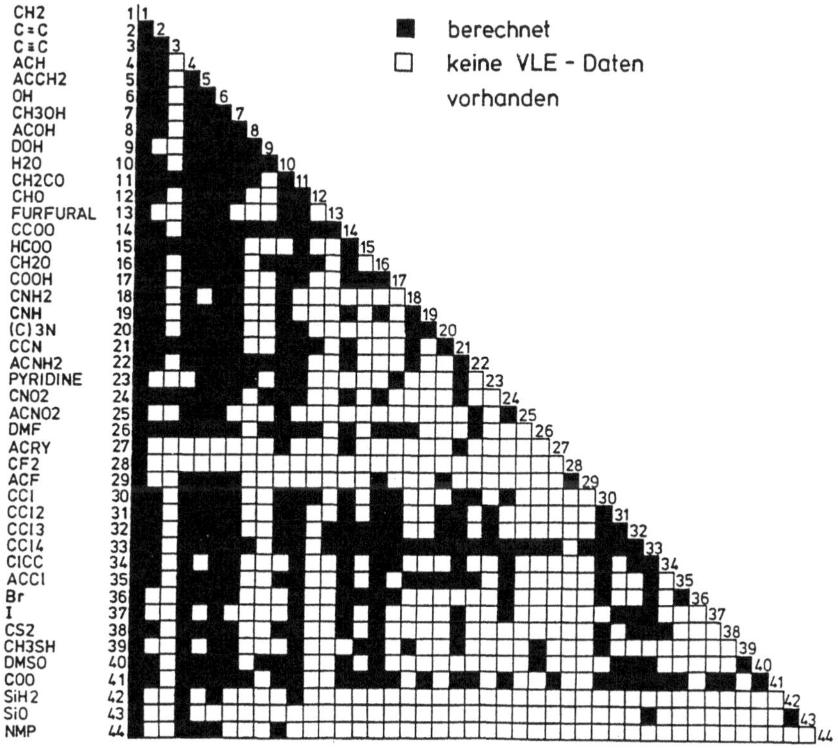

Abb. 6 UNIFAC-Parameter-Matrix

Auf Grund der umfangreichen Parametermatrix, der damit verbundenen breiten Anwendbarkeit und der zuverlässigen Resultate wird diese Methode heute weltweit in der Chemischen Industrie zur Lösung der verschiedensten Problemstellungen herangezogen.
Trotz der weltweiten Anwendung ist jedoch auch bekannt, daß bei der Berechnung von Aktivitätskoeffizienten bei unendlicher Verdünnung oftmals nur unbefriedigende Ergebnisse erzielt werden. Weiterhin ist das Modell nur qualitativ in der Lage, Mischungsenthalpien und damit die Temperaturabhängigkeit der Aktivitätskoeffizienten zu beschreiben. Auch die Darstellung des realen Verhaltens von Molekülen sehr unterschiedlicher Molekülgröße führt beim UNIFAC-Ansatz zu größeren Abweichungen.
Der Grund für diese Schwächen ist einmal im verwendeten Modell und weiterhin darin zu suchen, daß bei der Anpassung der Modellparameter keine Information über die Temperaturabhängigkeit (h^E, $c_P{}^E$) und die Werte bei unendlicher Verdünnung (γ^∞) herangezogen wurde. Weiterhin unterschieden sich die Molekülgrößen bei den verwendeten VLE-Daten nur unwesentlich.

Mod. UNIFAC

In Hinblick auf die Verbesserung des UNIFAC-Modells wurden neben Dampf-Flüssig (VLE)- auch Flüssig-Flüssig (LLE)-, h^E-, γ^∞-, $c_P{}^E$- und Gaslöslichkeitsdaten in der Dortmunder Datenbank gespeichert <3,4>. Unter Benutzung dieser breiten Datenbasis wurde das UNIFAC-Modell leicht modifiziert, temperaturabhängige Parameter eingeführt und gleichzeitig das Anwendungsgebiet auf Mischungen sehr unterschiedlicher Molekülgrößen und auf überkritische Komponenten erweitert <8,9>.

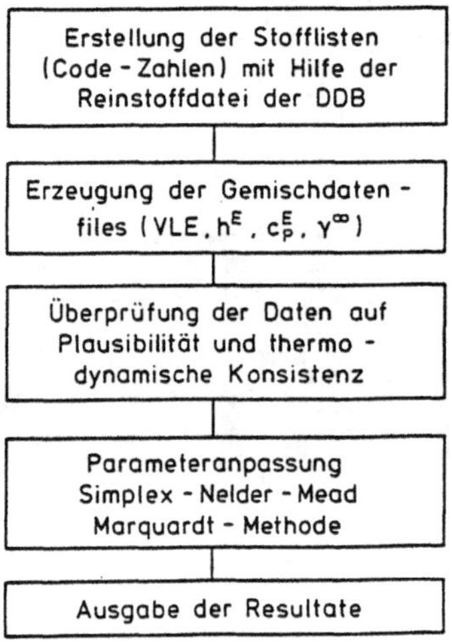

Abb. 7 Anpassung von Parametern der mod. UNIFAC-Methode

Bei der Anpassung der benötigten Parameter wurden dabei oftmals mehrere tausend unterschiedliche Daten (VLE, γ^∞, h^E, c_p^E) der verschiedensten Komponenten (mit teilweise sehr unterschiedlicher Molekülgröße) über einen großen Temperaturbereich gleichzeitig angepaßt. Die Vorgehensweise bei der Parameteranpassung ist in Abb. 7 dargestellt. Auf Grund der Struktur der Dortmunder Datenbank und der Organisation der verschiedenen Programme ist dabei nur ein Minimum an Input erforderlich, daß die benötigten Reinstoffinformationen, wie Strukturgruppenunterteilung, Dampfdruckdaten und kritische Daten direkt von den DA-Files der Dortmunder Datenbank abgerufen werden können. So ise benutzt, bevor dann auf das Marquardt-Verfahren umgeschaltet wird.

	Anzahl der	Abweichung		
binäre Systeme	exp.Werte		orig.UNIFAC	mod.UNIFAC*
VLE	7690	$\lvert\Delta y\rvert$	0,0105	0,0081
h^E	12360	$\lvert\Delta h^E/h^E_{max}\rvert$	42,1%	12,6%
γ^∞	1773	$\lvert\Delta\gamma\rvert_{rel}$	21,1%	5,7%
ternäre Systeme				
VLE	3457	$\lvert\Delta y\rvert$	0,0151	0,0134
h^E	1478	$\lvert\Delta h^E/h^E_{max}\rvert$	50,7%	11,2%

*U.Weidlich, PhD. Thesis Dortmund 1985

Abb. 8 Resultat der modifizierten im Vergleich zur original UNIFAC-Methode

Abb. 8 vermittelt einen Eindruck von den erzielten Verbesserungen im Vergleich zur original UNIFAC-Methode. An den Ergebnissen ist zu erkennen, daß speziell bei der Vorausberechnung der Mischungsenthalpien und der Aktivitätskoeffizienten bei unendlicher Verdünnung Verbesserungen um nahezu den Faktor 4 erreicht werden. Gleichzeitig werden die Ergebnisse für Dampf-Flüssig-Gleichgewichte leicht verbessert. Diese Verbesserungen sind zu einem auf die Modifikation des Modells (veränderter Ansatz für ln γ_i^C, temperaturabhängige Parameter), zum anderen auf die wesentlich größere Datenbasis bei der Anpassung der Parameter zurückzuführen. Mit der Möglichkeit der zuverlässigen Vorhersage von Aktivitätskoeffizienten, als Funktion der Konzentration und Temperatur ergeben sich natürlich eine Vielzahl von Anwendungsmöglichkeiten. Abb. 9 gibt eine Übersicht über einige Anwendungsgebiete.

Simulation von Trennprozessen

Dampf-Flüssig-Gleichgewichte	$x_i \gamma_i P_i^s = y_i P$
Henry-Konstante	$H_{ij} = \gamma_i^\infty P_i^s$
Flüssig-Flüssig-Gleichgewichte	$x_i' \gamma_i' = x_i'' \gamma_i''$
Fest-Flüssig-Gleichgewichte (reiner Feststoff)	$\ln x_i \gamma_i = -\frac{\Delta h_{m,i}}{RT}\left(1 - \frac{T}{T_{m,i}}\right)$
Auswahl von Zusatzstoffen(S)	$\alpha_{i,j}^S = \frac{\gamma_{iS} P_i^s}{\gamma_{jS} P_j^s}$
Mischungsenthalpie h^E	$\bar{h}_i^E = R\left(\frac{\partial \ln \gamma_i}{\partial 1/T}\right)_{P,x}$ und $h^E = \sum x_i \bar{h}_i^E$

weitere Anwendungsgebiete

Chemisches Gleichgewicht	$K = K_x K_\gamma$
Flammpunkte von Gemischen	$\sum \frac{x_i \gamma_i P_i^s}{P_{iF}^s} = 1$
Retentionsvolumen	$V_{g,i}^o = \frac{273.15\, R}{\gamma_i^\infty \varphi_i^s P_i^s M_L}$
Expositions-abschätzung	Modell: 1) Phasengleichgewicht 2) Stoffaustausch 3) Verweilzeitverhalten

Abb. 9 Anwendungsgebiete der UNIFAC-Methode

Abb. 10 - 12 liefern einen Eindruck von der Zuverlässigkeit der Vorausberechnungen.

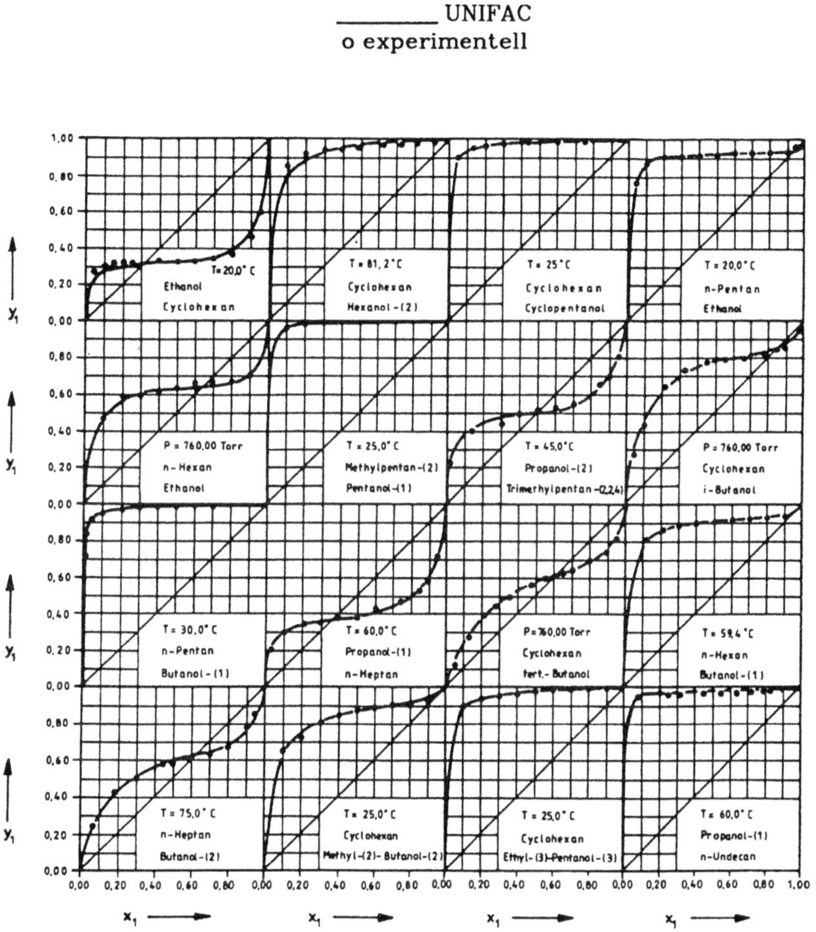

Abb. 10 Experimentelle und nach der UNIFAC-Methode berechnete Dampf-Flüssig-Gleichgewichte binärer Kohlenwasserstoff-Alkohol-Systeme

Abb. 10 zeigt 16 y-x-Diagramme verschiedener Alkan-Alkohol-Systeme. Die nach mod. UNIFAC berechneten Werte werden durch die durchgezogene Linie, die experimentellen Werte durch die Punkte angedeutet. Die experimentellen Daten liegen mit minimalen Abweichungen auf den berechneten Kurven, d.h. auch die azeotropen Punkte werden sehr gut beschrieben.

Abbildung 11 zeigt 16 h^E-x-Diagramme von 16 verschiedenen Alkan/Aromat-Systemen. Die Diagramme enthalten neben den experimentellen und den nach mod. UNIFAC berechneten Werten, die durch Punkte bzw. die durchgezogene Linie angedeutet werden, auch die nach orig. UNIFAC bestimmten Daten (gestrichelte Linie). Die Kurvenverläufe verdeutlichen, daß mit mod. UNIFAC im Vergleich zu orig. UNIFAC deutlich bessere Resultate bei der Berechnung von Mischungsenthalpien erzielt werden.

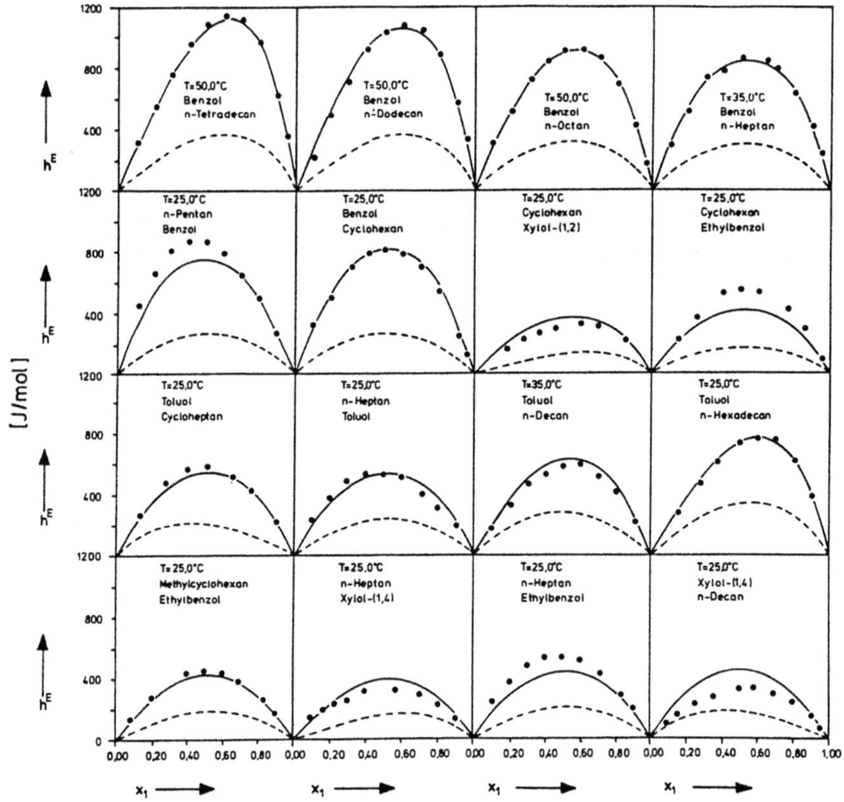

Abb. 11 Exzeßenthalpie verschiedener Alkan/Aromat-Systeme

——— Mod. UNIFAC

– – – – UNIFAC

o experimentell

Squalan

		t-Butanol	Hexen-(1)	Pentanon-(2)	Toluol	p-Xylol
$N_{Komp.}$		153	100	137	161	176
φ_1		.9638	.9352	.9762	.9808	.9891
γ_1		2.920	.6849	1.573	.6370	.6530
V_g^0	[ml]	14.57	38.51	50.98	159.5	369.9
$t_{R,calc}$	[min]	.9367	2.475	3.277	10.25	23.78
$t_{R,exp}$	[min]	1.032	2.548	3.562	10.02	22.88
		1	2	3	4	5

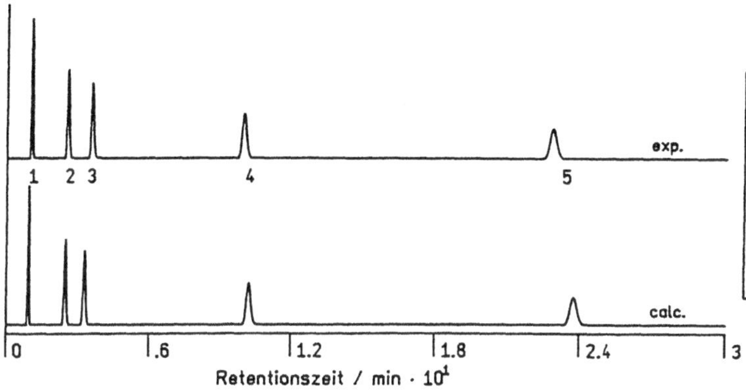

Geräteparameter		
F	[ml/min]	27.99
T^*	[°C]	89.80
T_{fm}	[°C]	19.50
P_A	[bar]	.9793
P_E	[bar]	2.291
m_L	[g]	.9326
M_L	[g/mol]	422.83

Abb. 12 Berechnetes und experimentell bestimmtes Gaschromatogramm für die stationäre Phase Squalan

Bei der Anpassung der Parameter wurde eine große Zahl von γ^∞-Daten verwandt, die in erster Linie mit Hilfe der Gas-Flüssig-Chromatographie ermittelt wurden. Mit der Möglichkeit der zuverlässigen Abschätzung von γ^∞ sollte auch der umgekehrte Weg beschritten werden können. Abb. 12 zeigt das Resultat für die stationäre Phase Squalan. Neben dem experimentell ermittelten Gaschromatogramm sind ebenfalls die Resultate der Vorausberechnung für die gegebenen Bedingungen gezeigt. Wie zu erkennen, zeigt sich eine zufriedenstellende Übereinstimmung zwischen dem Experiment und der Vorausberechnung.

Mit der Möglichkeit zur Vorhersage der Phasengleichgewichten, lassen sich natürlich mit den entsprechenden Programmen zur Lösung der MESH-Gleichungen thermische Trennverfahren auslegen.

Weiterhin kann die Gruppenbeitragsmethode ein wichtiges Handwerkszeug bei der Synthese von Trennprozessen sein. So werden bei der Auswahl von Rektifikationssequenzen <10> in erster Linie Informationen über den

Trennfaktor der einzelnen Komponenten benötigt, um etwas über die Trennschwierigkeiten (azeotrope Punkte, Mischungslücke, Trennfaktor ~ 1) der verschiedenen Systeme aussagen zu können.
Mit mod. UNIFAC und entsprechende Algorithmen lassen sich diese Informationen schnell erhalten. Durch Befolgen heuristischer Regeln läßt sich dann unter Berücksichtigung weiterer Randbedingungen, wie Mengen der einzelnen Komponenten, geforderte Reinheit usw. die optimale Trennsequenz herausfinden.

Zusammenfassung

Die Gruppenbeitragsmethode UNIFAC erlaubt die zuverlässige Abschätzung von Aktivitätskoeffizienten und damit die Berechnung von Phasengleichgewichten.
Auf Grund der breiten Anwendbarkeit wird diese Methode weltweit in der Chemischen Industrie zur Lösung von Problemstellungen herangezogen. Durch die Modifikation des Modells und der breiten Datenbasis zur Anpassung der Modellparameter wurden die Modellschwächen weitgehend beseitigt, so daß mit einem mod. UNIFAC-Ansatz das Anwendungsgebiet und die Zuverlässigkeit der Vorausberechnung insbesondere für $\gamma(T)$ (h^E), γ^∞ noch deutlich gesteigert werden konnte und fehlende Informationen in Faktendatenbanken zuverlässig abgeschätzt werden können.
Zur Anpassung der Parameter dieses Modells werden neben VLE-Daten auch γ^∞-, h^E- und c_p^E-Daten der verschiedensten Systeme über einen großen Temperaturbereich herangezogen.

Danksagung

Herrn Prof. Dr. U. Onken möchte ich für seine Anregungen und wohlwollende Unterstützung dieser Arbeiten danken. Der Deutschen Forschungsgemeinschaft und der Arbeitsgemeinschaft Industrieller Forschungsvereinigungen gilt mein Dank für die finanzielle Förderung.

Literatur

< 1 > A. Fredenslund, J. Gmehling, P. Rasmussen
Vapor-Liquid-Equilibria Using UNIFAC
Elsevier, Amsterdam 1977

< 2 > Bondi A.,
" Physical Properties of Molecular Crystals, Liquids, and Glasses"
Wiley, New York, N.Y., 1968

< 3 > J. Gmehling, J.R. Rarey-Nies
Workshop, Software - Entwicklung in der Chemie
Hochfilzen/Tirol, November 1986

< 4 > J. Gmehling
CODATA-Bulletin 58, Thermodynamic Databases, November 1985

< 5 > J. Gmehling
Ind. Eng. Chem., Process Des. Dev. 21,118 (1982)

< 6 > E. Macedo, U. Weidlich, J. Gmehling, P. Rasmussen
Ind. Eng. Chem., Process Des. Dev. 22,676 (1983)

< 7 > D. Tiegs, P. Rasmussen, J. Gmehling, A. Fredenslund
Ind. Eng. Chem., Process Des. Dev. (1987)

< 8 > U. Weidlich, Dissertation Dortmund 1985

< 9 > U. Weidlich, J. Gmehling
Ind. Eng. Chem., Process Des. Dev. 1987

<10> H. Erdmann, M. Lauer, M. Passmann, E. Schrank, K. H. Simmrock
Chem.-Ing.-Tech. 58,296 (1986)

Dortmunder Datenbank - Organisation, Stand und Anwendungsmöglichkeiten

J.R. Rarey-Nies, J. Gmehling

Lehrstuhl für Technische Chemie B
Universität Dortmund
Postfach 500500
D-4600 Dortmund 50

Zusammenfassung

Die Planung thermischer Trennanlagen stellt einen wichtigen Teil der Arbeit eines Chemieingenieurs dar. Bei der Auslegung solcher Anlagen muß neben der Material- und Wärmebilanz auch die Phasengleichgewichtsbedingung erfüllt werden. Dazu muß der Ingenieur die Trennfaktoren der Komponenten in dem zu trennenden Gemisch möglichst genau kennen. Im allgemeinen handelt es sich dabei um Multikomponentengemische, für die praktisch keine experimentellen Daten existieren. Mit Hilfe moderner Ausdrücke für die Gibbssche Exzessenthalpie können diese Gleichgewichte erfolgreich aus den Daten für die verschiedenen Zweistoffgemische beschrieben werden. Leider stehen jedoch für viele Stoffkombinationen keine experimentellen Daten zur Verfügung. In diesen Fällen muß das reale Verhalten der Mischungen vorhergesagt werden. Mit dem Ziel, eine möglichst breit anwendbare Gruppenbeitragsmethode zu entwickeln, wurde 1973 an unserem Lehrstuhl mit dem Aufbau einer Datenbank (Dortmunder Datenbank) für Dampf-Flüssig-Gleichgewichtsdaten begonnen. Etwa 2 Jahre später wurden die Arbeiten an der heute weltweit verwendeten UNIFAC-Methode aufgenommen. Im Rahmen einer Verfeinerung der Methode (mod. UNIFAC) wurden weitere thermodynamische Daten gespeichert. Die Datensammlung wurde zum Teil in gedruckter Form veröffentlicht (DECHEMA Chemistry Data Series) und steht online über FIZ Chemie zur Verfügung. Mit der Dortmunder Datenbank steht ein ideales Werkzeug zur Verfeinerung und Neuentwicklung thermodynamischer Modelle (g^E - Modelle, Zustandsgleichungen) und zur Bearbeitung praktischer Trennprobleme zur Verfügung. Es wurde eine große Anzahl von Korrelations-, Simulations- sowie Berechnungsprogrammen entwickelt, die ihre Eingaben fast vollständig von der Datenbank beziehen.

J. Gasteiger (Hrsg.)
Software-Entwicklung in der Chemie

1.Einleitung

Die Auswahl und die Auslegung von thermischen Trennprozessen stellt einen großen Teil der Arbeit eines Chemieingenieurs dar. Bei diesen Trennverfahren nutzt man die unterschiedlichen Konzentrationen in den im Gleichgewicht stehenden Phasen aus. Zur Auslegung eines solchen Prozesses ist in erster Linie die Kenntnis des Trennfaktors nötig, der ein Maß für die Verteilung einer Komponente auf die beteiligten Phasen darstellt. Mit Hilfe neuerer Ansätze für die Gibbssche Exzeßenthalpie ist man in der Lage, das Phasengleichgewichtsverhalten eines Vielstoffgemisches auf der Basis des Verhaltens aller beteiligten Zweistoffkombinationen zu beschreiben <1,2>. Dies ist von großer Bedeutung, da nahezu keine Informationen über das Phasengleichgewichtsverhalten von Multikomponentensystemen publiziert werden. Dabei werden für jede Binärkombination zwei bzw. drei sogenannte Wechselwirkungsparameter benötigt, die durch Anpassung an experimentelle Dampf-Flüssig-Gleichgewichtsdaten erhalten werden können. In der Praxis steht allerdings der großen Zahl möglicher Zweistoffkombinationen nur eine begrenzte Anzahl von experimentell vermessenen Systemen gegenüber. Aus diesem Grund wurde vor ca. 18 Jahren der Versuch unternommen, die Wechselwirkungen zwischen verschiedenen Komponenten mit Hilfe der Wechselwirkungen der Strukturgruppen, aus denen sich die Moleküle zusammensetzen, zu beschreiben. Bei der Anpassung der Wechselwirkungsparameter zwischen den Strukturgruppen sollte auf eine möglichst große Zahl qualitativ guter Phasengleichgewichtsdaten zurückgegriffen werden. Mit dem Ziel, eine möglichst breit anwendbare Gruppenbeitragsmethode zu entwickeln, wurde 1973 an unserem Lehrstuhl mit dem Aufbau einer Datenbank (Dortmunder Datenbank, DDB <1,2,3,4>) für Dampf-Flüssig-Gleichgewichtsdaten begonnen. Damit wurde erstmals der Versuch unternommen, die Vielzahl publizierter Phasengleichgewichtsdaten elektronisch zu speichern und damit das Handwerkszeug für die Modellentwicklung zu schaffen. In Zusammenarbeit mit A. Fredenslund (Lyngby, Dänemark) wurden diese Daten zur Weiterentwicklung der weltweit in der chemischen Industrie verwendeten Gruppenbeitragsmethode UNIFAC <5> herangezogen.

2. UNIFAC und mod. UNIFAC

Zuvor hatte A. Fredenslund in Zusammenarbeit mit J.M. Prausnitz und R. Jones an der University of California, Berkeley 166 Parameter für die Wechselwirkungen zwischen 18 Strukturgruppen angepaßt <6>. Die Berechnung der Eingabedaten für die Optimierung aus den Literaturwerten erfolgte damals in mühsamer Handarbeit mit Hilfe eines Taschenrechners und unter Verwendung einer nur geringen Zahl thermodynamisch konsistenter Daten. Mit Hilfe der Dortmunder Datenbank und einer Anzahl speziell entwickelter FORTRAN-Programme wurde die Arbeit an der UNIFAC-Methode in den folgenden Jahren in Dortmund und Lyngby weitergeführt. Dabei wurde eine weitaus größere Datenbasis verwendet. Heute stehen für Vorhersagen von Dampf-Flüssig-Gleichgewichten mit Hilfe von UNIFAC mehr als 800 Parameter für die Wechselwirkungen zwischen insgesamt 44 Strukturgruppen zur Verfügung. Aufgrund der zuverlässigen Resultate und breiten Anwendbarkeit von UNIFAC in Bezug auf die Vorhersage von Dampf-Flüssig-Gleichgewichten wurde dieser Ansatz als Basis zur Entwicklung einer verfeinerten Gruppenbeitragsmethode <7> gewählt. Diese Methode ist in der Lage, neben Dampf-Flüssig-Gleichgewichten auch Mischungsenthalpien, Aktivitätskoeffizienten bei unendlicher Verdünnung, Gaslöslichkeiten und weitere thermodynamische Daten zuverlässig vorherzusagen.

3. Die Dortmunder Datenbank (DDB)

In Hinblick auf die Anpassung der benötigten Parameter dieses Modells wurden weitere thermodynamische Daten gespeichert. Die Erweiterungen der DDB wurden zum Teil in Zusammenarbeit mit der Gruppen von Fredenslund in Lyngby/Dänemark, Alessi und Kikić in Triest/Italien und Medina in Porto/Portugal durchgeführt. Bei der Datenaufnahmeprozedur wurde besonderes Gewicht einerseits auf die vollständige Erfassung der verfügbaren Daten und andererseits auf die Überprüfung auf Druck- und Eingabefehler gelegt. Dabei wurden etwa 470 Zeitschriften erfaßt. Die Datenfiles der DDB enthalten die Zeitschriften, die Literaturstellen für jeden Datentyp, die Gemischdaten und die Reinstoffdaten. Eine Übersicht über den aktuellen Umfang der Datensammlung gibt Abbildung 1. Die Struktur der Datenfiles soll im folgenden an Beispielen erläutert werden. Abbildung 2 zeigt einen Ausdruck der in einem typischen Dampf-Flüssig-Gleichgewichtsdatensatz gespeicherten Informationen.

Reinstoffdaten — File : STOFF (DA)

enthält z.Zt. ~1800 Verbindungen

Literaturstellen — Files: XXXLIT (DA)

für jede Art von Gemischdaten, XXX = VLE, LLE, HE, GAM, GLE, c_p^E
ca. 6000 Literaturstellen

Zeitschriften — File : JOUR (DA)

ca. 470 verschiedene Quellen

Gemischdaten — PDA-File : XXX

	Beginn	Anzahl der Meßreihen
Dampf-Flüssig-Gleichgewicht (VLE)	1973	12300
Flüssig-Flüssig-Gleichgewicht (LLE)	1977	3000
Mischungsenthalpien (h^E)	1980	5000
Aktivitätskoeffizienten bei unendlicher Verdünnung γ^∞	1984	16000 Werte
Gaslöslichkeiten (GLE)	1985	2000
Exzeßmolwärmen (c_p^E)	1986	250

Abbildung 1 Stand der Dortmunder Datenbank

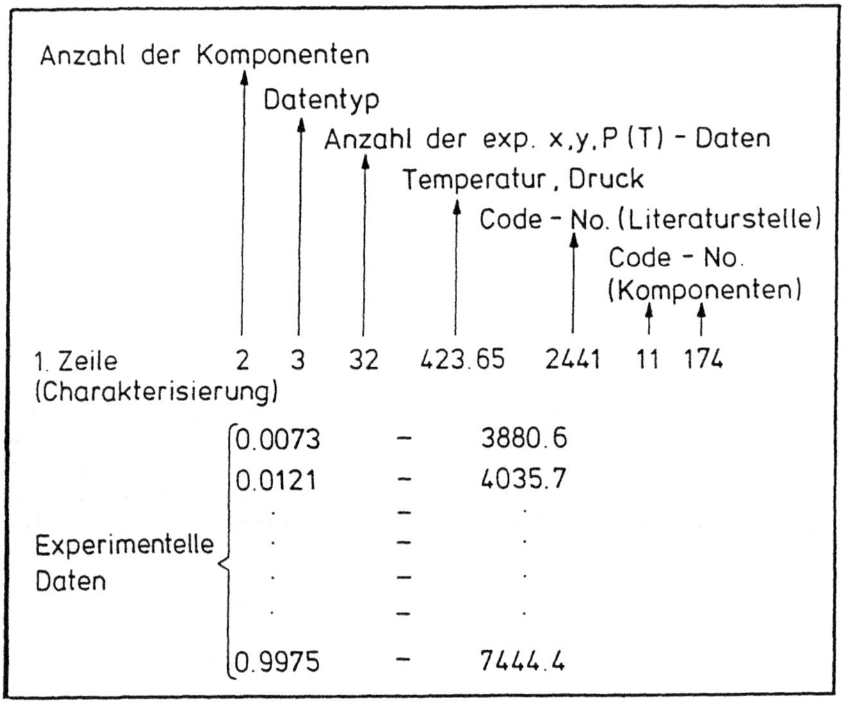

Abbildung 2 Ein typischer VLE-Datensatz

Die Charakterisierungszeile enthält die allen Datenpunkten gemeinsame Information. Der Datentyp wird durch eine natürliche Zahl zwischen 1 und 9 spezifiziert. Eine 3 bezeichnet beispielsweise eine isotherme Meßreihe mit Angaben über die Zusammensetzung der Flüssigphase und den Gesamtdruck. Je nach Datentyp werden in der Charakterisierungszeile die jeweilige Temperatur oder der jeweilige Druck angegeben. Danach folgen Code-Nummern für die Literaturstelle und die in der Mischung enthaltenen Komponenten, die jeweils der Nummer des Records im Literatur- bzw. Reinstoffdaten-DA-File entsprechen. In den weiteren Zeilen folgen die Daten der einzelnen Meßpunkte. Abbildung 3 zeigt den Inhalt je eines Records des Reinstoffdaten- und Literaturfiles.
Für die Komponenten Ethanol (Codenummer 11) findet man

- Stoffnamen und Summenformel
- Konstanten für die Dampfdruckgleichung (Antoine) für niedrigen und hohen Druckbereich mit Angabe des Gültigkeitsbereichs in Grad Celsius
- Molekulargewicht, Dichte für eine gegebene Temperatur und Dipolmoment
- relative Van der Waalssche Oberflächen und Volumina für die UNIQUAC-Gleichung
- kritische Daten und azentrischer Faktor
- Schmelztemperatur und Schmelzwärme
- Strukturinformation für die UNIFAC-Methode.
- Chemical Abstracts Stoffnummern

Im Falle des Ethanols bedeutet die Strukturinformation, daß das Molekül aus drei verschiedenen Strukturgruppen besteht, und zwar einer Methylgruppe (1x1), einer Methylengruppe (1x2) und einer Alkoholgruppe (1x14). Das Reinstoffdatenfile enthält zur Zeit Daten für etwa 1800 Verbindungen.

DA – File STOFF (Reinstoffdaten)

Record 11 (Insgesamt 1800 Komponenten)

Name, Summenformel :	Ethanol	C_2H_6O			
Antoine–Konstanten :					
0–1 bar	8.1122	1592.86	226.184	20	93
> 1 bar	7.5867	1281.59	193.768	78	203
MG, ρ, T_ρ, μ	46.07	0.785	25.0	1.7	
r_i, q_i	2.1055	1.972			
T_{kr}, P_{kr}, v_{kr}, ω	516.2	63.0	167.0	0.635	
t_m, Δh_m	−114.5	1200.			
Strukturgruppen (UNIFAC)	3 101 102 114				
CAS–Nr.	64–17–5				

DA– File LIT (Literaturstellen)

Record 2441 (Insgesamt 3410 Literaturstellen)

KOLBE,B. , THESIS DORTMUND 1983

Abbildung 3 Beispiele für Eintragungen im Reinstoffdatenfile und Literaturstellenfile

4. Schneller Datenzugriff

Da im Fall der Reinstoffdaten und Literaturstellen alle Eintragungen etwa die gleiche Länge aufweisen, konnten diese Daten in Form eines Direct-Access-Files gespeichert werden. Die Mischungsdatensätze weisen aber je nach Anzahl der Komponenten und Datenpunkte stark unterschiedliche Länge auf (etwa 40 bis 3000 Byte). Um den wahlfreien Zugriff auf beliebige Datensätze möglichst schnell zu gestalten, wurde ein Verfahren entwickelt, bei dem unter Umgehung des Betriebssystems direkt auf die physikalischen Speicherbereiche der Magnetplatte zugegriffen wird. Dieses Verfahren ist in Abbildung 4 näher erläutert.

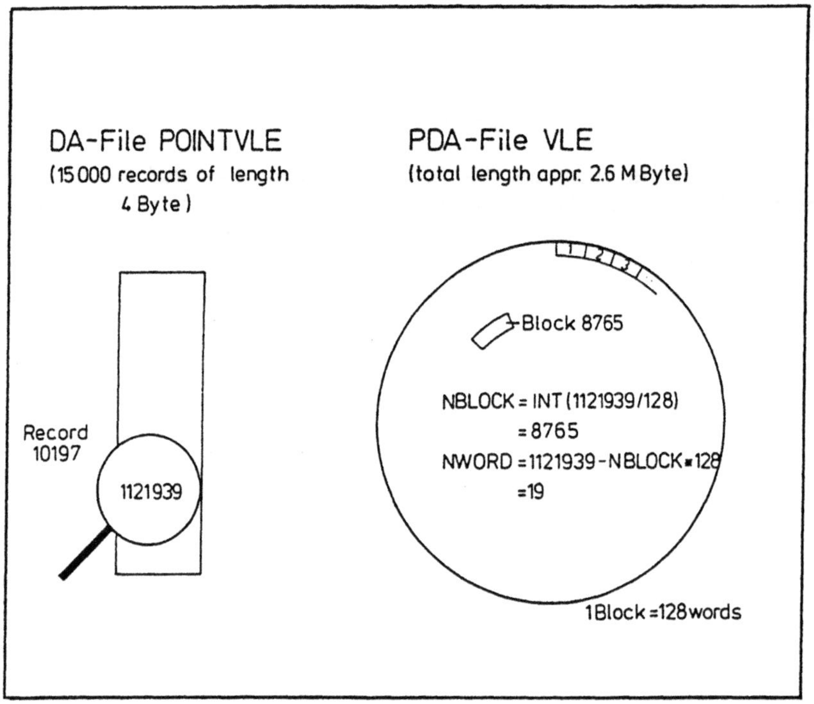

Abb. 4 Schneller Zugriff auf Datensätze unterschiedlicher Länge

In einem kurzen Direct-Access File wird die Position eines Datensatzes gespeichert. Benötigt man beispielsweise den Datensatz mit der Nummer 10197, so erhält man aus dem File POINTVLE die Angabe, daß dieser Datensatz im 1 121 939. Word (1 Word = 2 Byte) der VLE-Datensammlung beginnt. Die Speicherplatte ist in Blocks mit je 128 Words organisiert. Es läßt sich leicht berechnen (vgl. Abb. 4), daß der gewünschte Datensatz im 19. Word des 8765.

Blocks beginnt. Wird nur die Charakterisierungszeile benötigt, läßt sich diese aus einem gesonderten Direct-Access-File abrufen. Bei Verwendung dieses Verfahrens liegt die mittlere Zugriffszeit auf einen beliebigen Datensatz bei weniger als 100 ms. Tritt die Notwendigkeit einer Änderung einzelner Datenpunkte ein, so stehen zu diesem Zweck besondere Editor-Programme zur Verfügung. Die Änderungen werden interaktiv am Terminal durchgeführt und der komplette Datensatz an das Ende der Datensammlung angehängt. Die neue Position wird in POINTVLE eingetragen, die alte Position zusammen mit der Nummer des Datensatzes, dem Zeitpunkt der Änderung und dem Namen des jeweiligen Benutzers automatisch auf einem Protokollfile vermerkt. Mit Hilfe dieser Information läßt sich jede Änderung schnell feststellen und, falls nötig, in weniger als einer Minute rückgängig machen. Auf diese Art ist eine ausreichende Sicherheit der Daten gewährleistet.

5. Hardwarekonfiguration

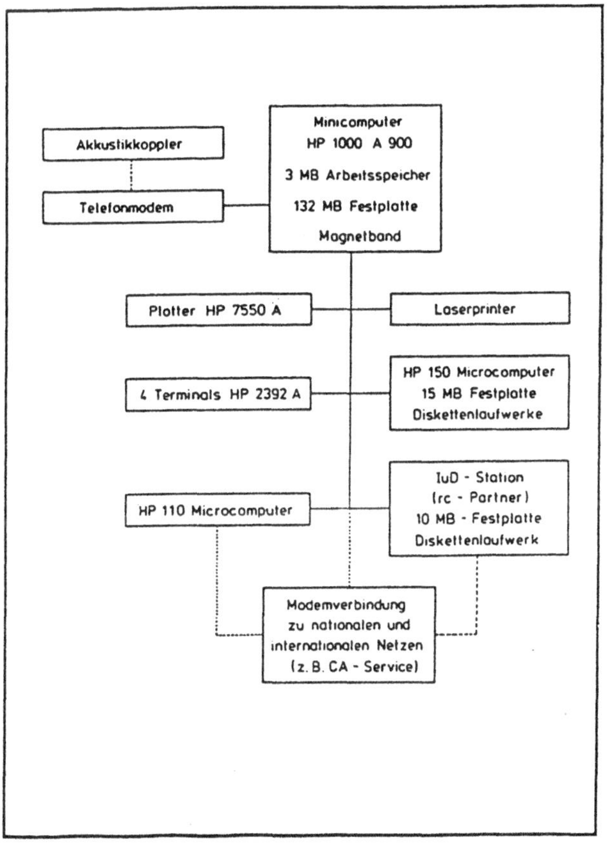

Abbildung 5 Hardwarekonfiguration der Dortmunder Datenbank

Das gesamte Datenbanksystem ist auf einem Rechner der Firma HP, Serie 1000 implementiert. Es handelt sich dabei um einen schnellen Minicomputer, der ausschließlich unserer Arbeitsgruppe zur Verfügung steht. Einen Überblick über die Hardwarekonfiguration gibt Abbildung 5. Im Mittelpunkt des Systems steht der Minirechner A900 mit 3 MB Arbeitsspeicher, einer 132 MB Festplatte und einem 1600 BPI Bandgerät. Daran angeschlossen sind neben mehreren Terminals verschiedene Mikrocomputer, ein Plotter und ein Laserdrucker. Neben dem Anschluß an internationale Datennetze über einen Datex- P-Hauptanschluß besteht für die Mitarbeiter die Möglichkeit, den Rechner abends oder am Wochenende über ein Telephonmodem zu erreichen.

6. Dateneingabeprozedur

Eine besondere Bedeutung beim Aufbau einer Datenbank kommt der Sorgfalt bei der Literaturrecherche und der Dateneingabe zu. Die Vorgehensweise erläutert Abbildung 6 für den Fall der VLE- Datensammlung. Die mit Hilfe des Chemical Abstracts Online Service oder der Bibliographie von Wichterle <8> erhaltenen Literaturstellen werden über die Hochschulbibliothek bestellt, die wichtigsten Zeitschriften werden zusätzlich direkt durchgesehen. Weiterhin werden Daten aus privaten Mitteilungen und eigenen Messungen aufgenommen. Die Literaturstellen werden, wenn nötig, übersetzt, kritisch begutachtet und in den Rechner eingegeben. Die Umrechnung der Einheiten, die Durchführung von Plausibilitäts- und Konsistenztests und die Anfertigung verschiedener graphischer Darstellungen zur weiteren Beurteilung erfolgt dann mit Hilfe von Programmen. Erst nach dieser sorgfältigen Prüfung erfolgt die Aufnahme der Daten in die Datenbank. Im Falle der Gaslöslichkeitsdaten ist dieses Verfahren noch umfangreicher.
Dabei werden die neuen Daten automatisch mit schon in der Datenbank vorhandenen Daten für die gleichen Stoffkombinationen verglichen und diesen in einer graphischen Darstellung gegenübergestellt. Außerdem werden die experimentellen Löslichkeiten mit den aus verschiedenen Vorausberechnungs- und Abschätzmethoden erhaltenen Werten verglichen.

7. Anwendungsprogramme

Zusätzlich zur Sammlung und Verwaltung der Daten, sowie der Programme für die UNIFAC-Methode, ist eine große Anzahl von Anwendungsprogrammen erstellt worden, die die benötigten Eingabedaten in den meisten Fällen direkt von den Datenbankfiles lesen und damit den benötigten Input auf ein Minimum reduzieren. Diese Programme umfassen neben Korrelation- und Berechnungspaketen für diverse g^E -Modelle und Zustandsgleichungen Möglichkeiten zur Auslegung von Trennanlagen (Rektifikation, Extraktion), Vorhersage von homogenen und heterogenen azeotropen Punkten in Vielstoffsystemen, Programme zur graphischen Darstellung thermodynamischer Zusammenhänge, usw. Um die Arbeit mit dem System zu erleichtern, wurde ein Menue- system erstellt, über das der größte Teil der Programme erreichbar ist. Die Menues sind weitgehend selbsterklärend und werden von allen Mitarbeitern ständig erweitert. Dabei wird

besonderer Wert darauf gelegt, daß statt individueller Problemlösungen, die außerhalb ihres speziellen Kontextes keinen Wert besitzen, allgemein verwendbare Programme erstellt werden, die allen anderen ohne komplizierte Erklärung zugänglich sind. Falls nötig, können Hilfstexte leicht abgerufen werden.
Wo für die Durchführung von Berechnungen mehrere Programme benötigt werden, wurden diese wenn möglich so organisiert, daß nur ein Minimum an Benutzereingaben erforderlich ist.
Beim Abruf eines VLE-Datensatzes wird dem Benutzer beispielsweise die Möglichkeit eines speziellen Ausdrucks oder der allgemeinen graphischen Darstellung angeboten. Im Falle des speziellen Ausdrucks werden automatisch ohne weitere Eingaben zwei verschiedene Konsistenztests aufgerufen, danach die Parameter von fünf verschiedenen Modellen an die Daten angepaßt, eine Graphik erstellt und diese zusammen mit den Abweichungen der Modelle ausgedruckt (siehe Abbildung 7). Sämtliche benötigten Daten werden dabei automatisch aus der Datenbank abgerufen. Ebenso leicht lassen sich Modellparameter an eine größere Anzahl von Datensätzen anpassen, wobei die Auswahl der Daten nur durch wenige Eingaben gesteuert wird. Für eine komplexe Aufgabe wie die Anpassung von Parametern der mod. UNIFAC- Methode steht ein System von 17 zusammenwirkenden Programmen zur Verfügung, mit Hilfe derer Auswahl und Beurteilung der experimentellen Daten, Anpassung und die statistische Auswertung der Ergebnisse übernommen wird.
Neben der laufenden Erweiterung und Aktualisierung der Dortmunder Datenbank werden ständig neue Programme für die Anwendung in der industriellen Trenntechnik sowie dem Arbeits- und Unfallschutz entwickelt.

8. Veröffentlichung der Daten

Aufgrund der Bedeutung von Phasengleichgewichtsdaten bei der Auslegung von Trennprozessen wurde ein großer Teil der Dortmunder Datenbank in Form einer umfangreichen Datensammlung veröffentlicht <9-12>. Die dort gewählte Darstellung der Daten ist weitgehend mit der Form in Abbildung 7 identisch. Einen Überblick über die bisher erschienenen Datensammlungen gibt Abbildung 8. Weiterhin sind die Daten der Dortmunder Datenbank über das Fachinformationszentrum Chemie (FIZ, DETHERM) in Karlsruhe abrufbar.

9. Zusammenfassung

Zusammenfassend läßt sich sagen, daß das für den Aufbau der Dortmunder Datenbank maßgebliche Ziel, nämlich die Entwicklung einer universell einsetzbaren Gruppenbeitragsmethode, erreicht wurde. Aufgrund der Erfolge dieses Modells ist eine Weiterarbeit in dieser Richtung erfolgversprechend und wünschenswert. Zusätzlich wird an der Entwicklung und Überprüfung weiterer Korrelationsmethoden (g^E -Modelle und Zustandsgleichungen gearbeitet.
Die DDB hat sich in ihrer Strukturmistry Data Series stieß auf ein breites Interesse, ebenso wie die nun bestehende Möglichkeit des Online-Zugriffs über FIZ-Chemie.

(1) ETHANOL C2H6O

(2) WATER H2O

+++++ ANTOINE CONSTANTS REGION +++++

						CONSISTENCY
(1)	8.11220	1592.864	226.184	20- 93 C	METHOD 1	+
(2)	8.07131	1730.630	233.426	1- 100 C	METHOD 2	+

PRESSURE= 760.00 MM HG (1.013 BAR)

LIT: KOJIMA K., TOCHIGI K., SEKI H., WATASE K.
KAGAKU KOGAKU 32,149(1968).

CONSTANTS:	A12	A21	α_{12}	γ_1^∞	γ_2^∞	OBJECTIVE FUNCTION	
MARGULES	1.6252	.8610		5.08	2.37	.0197	G
VAN LAAR	1.7693	.9409		5.87	2.36	.0024	G
WILSON	463.9027	926.1507		6.50	2.69	.0061	G
NRTL	-114.8438	1376.3536	.2983	5.44	2.54	.0036	G
UNIQUAC	-6.5974	319.8115		5.74	2.57	.0022	G

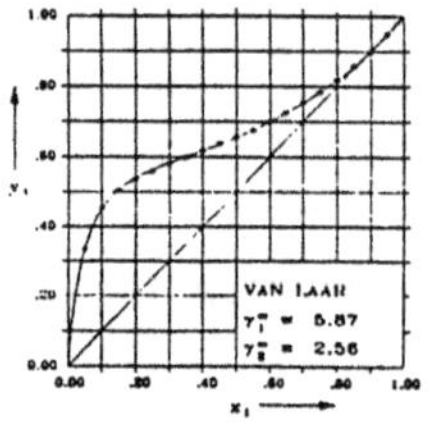

EXPERIMENTAL DATA			MARGULES		VAN LAAR		WILSON		NRTL		UNIQUAC	
T DEG C	X1	Y1	DIFF T	DIFF Y1	DIFF T	DIFF Y1	DIFF T	DIFF Y1	DIFF T	DIFF Y1	DIFF T	DIFF Y1
100.00	0.0000	0.0000	0.00	0.0000	0.00	0.0000	0.00	0.0000	0.00	0.0000	0.00	0.0000
90.00	.0500	.3372	-.65	.0141	-.03	-.0006	.22	-.0050	-.20	.0036	-.07	.0006
85.93	.1000	.4521	-.38	.0039	-.09	.0007	-.21	.0073	-.11	.0010	-.10	.0013
83.97	.1500	.5056	-.00	-.0064	-.02	-.0012	-.33	.0099	.02	-.0021	-.03	-.0005
82.90	.2000	.5359	.30	-.0138	.09	-.0041	-.24	.0070	.16	-.0051	.08	-.0033
82.14	.2500	.5589	.41	-.0158	.12	-.0047	-.16	.0046	.18	-.0051	.11	-.0038
81.52	.3000	.5794	.38	-.0138	.09	-.0034	-.11	.0032	.14	-.0031	.08	-.0024
80.99	.3500	.5987	.30	-.0100	.04	-.0016	-.08	.0021	.08	-.0006	.04	-.0006
80.52	.4000	.6177	.20	-.0054	.00	.0001	-.05	.0013	.03	.0016	.00	.0011
80.10	.4500	.6371	.11	-.0009	-.03	.0015	-.03	.0006	-.01	.0034	-.03	.0024
79.75	.5000	.6558	.06	.0015	-.02	.0008	.02	-.0015	-.01	.0031	-.02	.0017
79.42	.5500	.6765	.01	.0038	-.02	.0005	.05	-.0026	-.01	.0029	-.01	.0012
79.13	.6000	.6986	-.01	.0047	-.01	-.0006	.09	-.0038	-.00	.0017	.00	.0001
78.85	.6500	.7250	-.05	.0066	-.02	.0003	.09	-.0026	-.02	.0024	-.01	.0009
78.60	.7000	.7550	-.10	.0083	-.03	.0020	.08	-.0000	-.04	.0038	-.02	.0026
78.42	.7500	.7840	-.11	.0050	-.02	-.0002	.10	-.0011	-.03	.0011	-.01	.0002
78.30	.8000	.8167	-.11	.0011	-.00	-.0021	.12	-.0018	-.01	-.0014	.01	-.0018
78.22	.8500	.8591	-.11	.0028	.01	.0019	.12	.0033	-.01	.0022	.01	.0022
78.20	.9000	.8959	-.10	-.0052	.02	-.0039	.11	-.0018	.00	-.0040	.02	-.0037
78.24	.9500	.9474	-.06	-.0019	.02	.0002	.08	.0020	.01	-.0001	.02	.0003
78.33	1.0000	1.0000	.00	0.0000	.00	0.0000	.00	0.0000	.00	0.0000	.00	0.0000
MEAN DEVIATION:			.18	.0066	.04	.0016	.12	.0032	.06	.0025	.04	.0016
MAX. DEVIATION:			.65	.0158	.12	.0047	.33	.0099	.20	.0051	.11	.0038

THE FOLLOWING ANTOINE CONSTANT(S) A WERE USED FOR FITTING THE DATA:

COMPONENT 1 A= 8.11165

COMPONENT 2 A= 8.07126

Abbildung 7 Spezielle Ausgabe eines VLE-Datensatzes

<u>Vapor - Liquid Equilibrium (VLE)</u>

J. Gmehling, U. Onken, W. Arlt, U. Weidlich,
P. Grenzheuser, B. Kolbe
13 parts, 1977 - 84

<u>Liquid - Liquid Equilibrium (LLE)</u>

J.M. Sørensen, W. Arlt,
3 parts, 1979 - 80

<u>Heats of Mixing (h^E)</u>

C. Christensen, J. Gmehling,
P. Rasmussen, U. Weidlich
2 parts, 1984

<u>Activity Coefficients at Infinite Dilution (γ^∞)</u>

D. Tiegs, J. Gmehling, J. Bastos, A. Medina,
M. Soares, P. Alessi, I. Kikic
2 parts, 1986

Abbildung 8 Veröffentlichung der Dortmunder Datenbank im Rahmen der DECHEMA Chemistry Data Series

Danksagung

Die Autoren danken Herrn Prof. Dr. U. Onken für seine Anregungen und seine wohlwollende Unterstützung beim Aufbau der Datenbank und der Entwicklung thermodynamischer Modelle.
Weiterhin gilt unser Dank dem BMFT für die finanzielle Unterstützung bei der Erstellung der Datenbank für Gaslöslichkeiten und Exzeßmolwärmen.

Literatur

< 1 > U. Onken, J. Gmehling
Chem. Ing. Tech. 49, 404 (1977)

< 2 > U. Onken
Chem. Ing. Tech. 50, 760 (1978)

< 3 > J. Gmehling, U. Onken
Proceedings of the Sixth International CODATA Conference, S. 163
Editor: B. Dreyfus, Pergamon Press, Oxford 1979

< 4 > J. Gmehling
CODATA-Bulletin 58 "Thermodynamic Databases", November 1985

< 5 > A. Fredenslund, J. Gmehling, P. Rasmussen
Vapor-Liquid Equilibria Using UNIFAC
Elsevier, Amsterdam 1977

< 6 > A. Fredenslund, R.L. Jones, J.M. Prausnitz
AIChE J. 21,1086 (1975)

< 7 > U. Weidlich, J. Gmehling
Ind. Eng. Chem., Process Des. Dev. im Druck

< 8 > I. Wichterle, J. Linek, E. Hála
Vapor-Liquid Equilibrium Data Bibliography, 5 Bd.
Elsevier, Amsterdam ab 1973

< 9 > J. Gmehling, U. Onken, W. Arlt, P. Grenzheuser, B. Kolbe,
U. Weidlich
Vapor-Liquid Equilibrium Data Collection, Vol. I, 13 Bd.
DECHEMA Chemistry Data Series, Frankfurt, ab 1977

< 10 >J.M. Sørensen, W. Arlt
Liquid-Liquid Equilibrium Data Collection, Vol. V, 3 Bd.
DECHEMA Chemistry Data Series, Frankfurt, ab 1979

< 11 >C. Christensen, J. Gmehling, P. Rasmussen, U. Weidlich
Heats of Mixing Data Collection, Vol. III, 2 Bd.
DECHEMA Chemistry Data Series, Frankfurt, ab 1984

< 12 >D. Tiegs, J. Gmehling, A.G. Medina, J. Bastos, M. Soares,
P. Alessi, I. Kikić
τ^{∞} -Data Collection, Vol. IX, 2 Bd.
DECHEMA Chemistry Data Series, Frankfurt, ab 1986

Mustererkennung bei dynamischen Prozessen durch Simultanspektroskopie

G. Gauglitz

Institut für Physikalische und Theoretische Chemie
Universität Tübingen
Auf der Morgenstelle 8
D-7400 Tübingen

Zusammenfassung

Moderne lineare Diodenarrays eignen sich als Simultanspektrometer zur spektralen Beobachtung des Verlaufes dynamischer Prozesse im Bereich der Absorptions-, Fluoreszenz- und Reflexionsspektroskopie im UV/VIS bzw. als Detektoren in der Hochdruckflüssigkeitschromatographie bei reaktionskinetischen Untersuchungen. Darüberhinaus werden über Verfahren der Mustererkennung neue Detektionsmöglichkeiten in der Interferenzrefraktometrie und bei der ortsaufgelösten Beobachtung von Reaktionen photochromer Systeme in Polymerenblöcken erhalten.

J. Gasteiger (Hrsg.)
Software-Entwicklung in der Chemie

1. Einleitung

Bei der kinetischen Untersuchung thermischer und/oder photochemischer Reaktionen stehen drei Ziele im Vordergrund des wissenschaftlichen Interesses:

(1) die Ermittlung des Reaktionsmechanismus mit der Zahl der linear unabhängigen Teilschritte und der Stöchiometrie der an ihnen beteiligten Reaktanden,

(2) die Bestimmung der Reaktionskonstanten (für thermische Reaktionen die Reaktionsgeschwindigkeitskonstanten, für photochemische Reaktionen die partiellen photochemischen Quantenausbeuten) und

(3) die Identifizierung der an der Reaktion beteiligten Stoffe.

Der Reaktionsverlauf wird durch die Konzentrations-Zeit-Differentialgleichungen beschrieben. Dazu müssen die Konzentrationsabhängigkeiten aller an den verschiedenen Reaktionsschritten beteiligten Reaktanden in Abhängigkeit von der Zeit bekannt sein. Da die für die Identifizierung in der Chemie eingesetzten Verfahren, wie NMR oder Massenspektroskopie, entweder wegen ihrer zu geringen Meßgenauigkeit oder wegen ihres zu hohen Zeitaufwandes für kinetische Untersuchungen nicht geeignet sind, benutzt man üblicherweise für die Verfolgung eines Reaktionsablaufes die UV- bzw. VIS-spektroskopischen Methoden [1]. Diese gestatten zwar wegen ihrer hohen photometrischen Genauigkeit eine sehr genaue Verfolgung eines Reaktionsablaufes. Sie haben allerdings den Nachteil, daß wegen des Lambert-Beer'schen Gesetzes immer nur die gesamte Information aller an der Reaktion beteiligten Reaktanden erhalten wird. Es müssen also zusätzlich Methoden entwickelt werden, mit denen der Extinktions-Zeit- in den Konzentrations-Zeit-Raum transformiert werden kann.

Bei der Mehrkomponentenanalyse wird in der Analytik im zeitlich konstanten System von zwar bekannten Komponenten mit allerdings unbekannter Zusammensetzung ausgegangen. Nach dem Lambert-Beer'schen Gesetz werden durch Vergleich spektraler Muster die Einzelkonzentrationen berechnet. Dazu werden die reinen Komponenten einzeln vermessen und die Extinktionskoeffizienten bestimmt. Diese werden in das überbestimmte lineare Gleichungssystem zur Berechnung der unbekannten Konzentrationen in der Analysenlösung eingesetzt [2, 3]. Versucht man, die Verfahren der Mehrkomponentenanalyse auf die kinetische Analyse [4] zu übertragen, so ergeben sich folgende Probleme:

- der Rang des Systems, d. h. die Anzahl der Teilschritte und Reaktanden, ist zunächst unbekannt,
- es kann nicht mehr in einem stationären System mit beliebiger Genauigkeit

und Wiederholungszeit gemessen werden,

- eine erhöhte Integrationszeit zur Verbesserung des Signal/Rausch-Verhältnisses ist im dynamischen System nur begrenzt möglich,
- man ist wegen der Dynamik der Prozesse zum Teil auf sehr kurze Meßzeiten angewiesen,
- üblicherweise ist nur das Ausgangsprodukt bekannt, daher stehen die Extinktionskoeffizienten der Folgeprodukte für die Transformation nicht zur Verfügung.

Ziel einer dynamischen Mehrkomponentenanalyse muß also zunächst sein, aus einem überbestimmten Gleichungssystem (Untersuchung bei sehr vielen Wellenlängen zu sehr vielen Reaktionszeiten) die Reaktionskonstanten unabhängig von der Kenntnis der Reaktanden zu ermitteln [5] und anschließend die Einzelkomponenten im Reaktionsgemisch zumindestens spektral zu charakterisieren, so daß eine Transformation aus den Extinktions-Zeit-Kurven in Konzentrations-Zeit-Kurven möglich wird. Wenn dieses Vorhaben gelingt, wenn also die Extinktionskoeffizienten der einzelnen Partner bekannt sind, so wird es möglich, nicht nur die Reaktionskonstanten, sondern auch die sie verursachenden Größen, wie thermische Geschwindigkeitskonstanten bzw. partielle photochemische Quantenausbeuten, zu bestimmen. Diese Vorgehensweise wurde bei uns in der Vergangenheit mit Erfolg in einer großen Zahl von untersuchten Systemen im Hinblick auf mehrere physikalisch-chemische Problemstellungen eingesetzt. In Tab. 1 findet man eine Übersicht sowohl über die untersuchten Substanzen als auch über diese Problemstellungen.

Voraussetzung für die dynamische Mehrkomponentenanalyse ist die exakte Aufnahme entweder von Absorptions-, Fluoreszenz- oder auch Reflexionsspektren, und zwar zu sehr vielen Zeitpunkten und in unterschiedlichen Zeitbereichen. Können die einzelnen Wellenlängen im Reaktionsspektrum simultan aufgenommen werden, so entfällt in der dynamischen Absorptionsspektroskopie die Synchronisation auf gleiche Zeiten. Durch den Einsatz von optischen Vielkanalanalysatoren bzw. linearen Diodenarrays ist es uns möglich geworden, diese Zeitbereiche bis in den Millisekundenbereich zu verschieben bzw. auch während einzelner Laserblitze, die nur wenige Nanosekunden andauern, Spektren aufzunehmen [6]. Diese spektroskopischen Analysenverfahren haben wir mit chromatographischen Methoden, nämlich der HPLC [7] und der Dünnschichtchromatographie, kombiniert, um neben der zwar exakten, aber unselektiven Photometrie auch noch die Möglichkeit zu haben, die Reaktanden einzeln aufzutrennen und möglichst mit modernen Detektionsverfahren einzeln in ihrem Konzentrationsverhalten zu verfolgen.

Auch bei der Chromatographie erhöht sich der Informationsgehalt der Messung wesentlich, wenn z. B. mit einem Diodenarray (Simultanspektrometer) während des Chromatogramms nicht nur eine Wellenlänge, sondern das gesamte Spektrum beobachtet werden kann. Neben der Kontrolle auf Peakreinheit kann dadurch auch für die kinetischen Berechnungen das Gleichungssystem überbestimmt werden.

Tab. 1: Mit der dynamischen Mehrkomponentenanalyse untersuchte Systeme mit physikalisch-chemischen Problemstellungen:

untersuchte Systeme	Problemstellungen
Cumarine, Xanthene Stilben-3, Stilben-1	Laserphotochemie
Stilben, Azobenzol Zimtsäurederivate, Phenylpropen	Photoisomerisierung (trans/cis)
Diphenylpolyene	Medieneffekte (Tenside)
Azobenzol substituierte Diene	Photochemie in Polymeren und an Oberflächen
Heterocoerdianthron, Endoperoxide Mesodiphenylhelianthren, Azobenzol	Mechanistik und Aktinometrie
Dihydroindolizine	photochrome Systeme
Cytosin Arabinocytosin Thymidylyl-Thymin	biologische Systeme Immobilisierung Oligomerisierung
Phenacetin	in vivo Metabolismus
Metalloxide	Korrosion
Biopolymere	Streuphänomene

Vor allem für die Verwendung in den extremen Zeitbereichen (Millisekunden bzw. über Tage hinweg) war der Aufbau eines wissenschaftlichen modularen Rechnersystems mit zum Teil selbst entwickelten Platinen zur Prozeßsteuerung und automatischen schnellen Datenerfassung notwendig. Dieses Rechnersystem konnte allerdings nicht nur für diese Aufgaben eingesetzt werden, sondern auch zur graphischen und numerischen Auswertung. Dabei werden die Datensätze außerdem für verschiedene Methoden der Kurvenanpassung herangezogen. Durch Zusammenarbeit mit einer anderen Arbeitsgruppe können auch an einem Großrechner die Möglichkeiten der Parameterschätzung genutzt und mit unseren Ergebnissen verglichen werden.

Neben dem Einsatz der linearen Diodenarrays für die Beobachtung von Laserblitzen oder in der HPLC zur Aufnahme der spektralen Muster wurden von uns in neuerer Zeit Entwicklungen begonnen, spektral die Brechzahl zu bestimmen. Dadurch kann auch in Wellenlängenbereichen gemessen werden, in denen die Substanzen nicht absorbieren. Die nach dem Lambert-Beer'schen Gesetz notwendigen Schichtdicken begrenzen das Mindestvolumen einer Meßzelle. Dieses neue Detektionssystem ermöglicht über die Interferenzrefraktometrie jedoch sowohl Zellvolumina unter 100 nl als auch eine Bestimmung der Dispersionskurve außerhalb der Absorptionsbande.

2. Theoretische Grundlagen

Bei der statischen Mehrkomponentenanalyse geht man von der Gleichung

$$E_\lambda = d \cdot \sum \varepsilon_{\lambda i}\, a_i \tag{1}$$

aus, wobei d die Schichtdicke der Meßküvette, $\varepsilon_{\lambda i}$ die Extinktionskoeffizienten bei den Beobachtungswellenlängen λ der einzelnen Komponenten i sind, deren Konzentrationen a_i bestimmt werden sollen. Durch Messung bei vielen Wellenlängen bekommt man aus diesem überbestimmten Differentialgleichungssystem mit d = 1 cm

$$\underline{E} = \underline{\underline{\varepsilon}}\, \underline{a} \tag{1a}$$

den Rang einer Matrix oder, falls dieser Rang bekannt ist, auch die Einzelkonzentrationen bei bekannten $\varepsilon_{\lambda i}$. Da sowohl die Kalibrierungsspektren als auch die Meßwerte des Mehrkomponentensystems prinzipiell fehlerbehaftet sind, müssen über die Methode der kleinsten Fehlerquadrate die Eigenwerte dieser Gleichung mit ihren Standardabweichungen berechnet werden. Dazu wird die Koeffizientenmatrix transponiert und mit dem urspünglichen Gleichungssystem multipliziert. Man erhält die Normalengleichung [8)]

$$\underline{\underline{\varepsilon}}^T\, \underline{\underline{\varepsilon}}\, \underline{a} = \underline{\underline{N}}\, \underline{a} = \underline{\underline{\varepsilon}}^T\, \underline{\underline{E}} \tag{2}$$

Durch Multiplikation mit der inversen Normalenmatrix werden die Einzelkonzentrationen a_i erhalten

$$\underline{\underline{N}}^{-1}\, \underline{\underline{N}}\, \underline{a} = \underline{\underline{N}}^{-1}\, \underline{\underline{\varepsilon}}^T\, \underline{E}\,. \tag{3}$$

Aus den Diagonalelementen der Normalenmatrix können die Standardabweichungen der Konzentrationen berechnet werden.

Sind die Konzentrationen der beteiligten Komponenten zeitabhängige Größen, so muß dieses Gleichungssystem erweitert werden. Durch Transformation der allgemeinen Gleichung für den einfacheren Fall der thermischen Reaktionen

$$\dot{\underline{a}} = \underline{\underline{K}}\ \underline{a} \tag{4}$$

in die Extinktionsdomäne ergibt sich

$$\dot{\underline{E}}_{\lambda}(t) = \underline{\underline{Z}}' \cdot (E_{\lambda}(t) - E_{\lambda}(\infty)). \tag{4a}$$

Da die Matrizen $\underline{\underline{K}}$ und $\underline{\underline{Z}}'$ ähnlich sind, sind bei beiden Spur und Determinante gleich. Es handelt sich dabei um die Jacobi-Matrizen, die die thermischen Geschwindigkeitskonstanten enthalten. Dabei gilt

$$\underline{\underline{Z}}' = \underline{\underline{q}}^{-1}\ \underline{\underline{K}}\ \underline{\underline{q}}, \tag{5}$$

wobei die Matrix $\underline{\underline{q}}$ als Elemente die Kombinationen der Extinktionskoeffizienten bei den einzelnen Beobachtungswellenlängen der verschiedenen Stoffe enthält. Sind die Extinktionskoeffizienten aller Reaktanden meßbar, so läßt sich die eine Matrix ohne Schwierigkeiten in die andere überführen. In der Kinetik sind aber üblicherweise nicht alle Extinktionskoeffizienten bekannt. Deswegen entsteht im Gegensatz zur statischen bei dieser dynamischen Mehrkomponentenanalyse das Problem, zunächst ohne Kenntnis der Extinktionskoeffizienten über die Normalengleichung die Elemente der Jacobi-Matrix berechnen zu müssen, die durch die thermischen Reaktionsgeschwindigkeitskonstanten bestimmt werden.

Betrachtet man den komplizierteren Fall photochemischer Reaktionen, so kommt zu den aufgeführten Problemen noch hinzu, daß die Differentialgleichungen zur Berücksichtigung der absorbierten Lichtmenge noch den zeitabhängigen photokinetischen Faktor

$$F(t) = \frac{1 - 10^{E'}}{E'}$$

enthalten. Er gibt zusammen mit der Konzentration des die Photoreaktion einleitenden Stoffes und dessen Extinktionskoeffizient bei der Bestrahlungswellenlänge ε_i' das Verhältnis der von diesem Reaktanden absorbierten Lichtmenge zur Gesamtabsorption E' wieder. Dieser Anteil an der absorbierten Lichtmenge ist zusammen mit der partiellen photochemischen Quantenausbeute, die in der Matrix $\underline{\underline{\varphi}}$ [5] enthalten ist, für die Geschwindigkeit der Photoreaktion verantwortlich. Wegen der Zeitabhängigkeit des Faktors wird das photokinetische Zeitgesetz

$$\dot{\underline{a}} = I \cdot \underline{\underline{\varphi}} \cdot \underline{a} \cdot F(t) \qquad (6)$$

auch für die einfachste Reaktion nicht mehr geschlossen lösbar. Die eingestrahlte Lichtintensität I (Einstein cm l^{-1} s^{-1}) wird während der Reaktion als konstant angenommen. Diese Gleichung läßt sich in den Extinktions-Zeit-Raum transformieren

$$\dot{\underline{E}}_\lambda(t) = I\, \underline{\underline{Z}}\, (E_\lambda(t) - E_\lambda(\infty))\, F(t), \qquad (6a)$$

und die Matrizen $\underline{\underline{Z}}$ und $_=$ sind wieder ähnlich. Sie enthalten je nach Reaktionsmechanismus Kombinationen der Produkte von Extinktionskoeffizienten $\varepsilon_i^{'}$ bei der Bestrahlungswellenlänge λ' und der partiellen photochemischen Quantenausbeuten φ_k^i der einzelnen linear unabhängigen Reaktionsschritte k. Deren Zahl kann über sogenannte Extinktionsdiagramme (verschiedener Ordnung) durch Linearisieren der spektralen Abhängigkeiten graphisch ermittelt werden [4)].

Entscheidend für die gewonnenen Ergebnisse der Mehrkomponentenanlyse ist die Konditionierung [9, 10)] der Matrix der Extinktionskoeffizienten $\underline{\underline{\varepsilon}}$. Nach der Gl. (1a), wobei $\underline{\underline{\varepsilon}}\, \underline{a}' = \underline{E} + \delta\underline{E}$ den Fehler in der Extinktionsmessung wiedergibt, erhält man

$$\underline{\underline{\varepsilon}}\, (\underline{a}' - \underline{a}) = \delta\underline{E}. \qquad (7)$$

Mit dem allgemeinen Satz $\|a + b\| = \|a\| + \|b\|$ erhält man

$$\|a' - a\| = \|\underline{\underline{\varepsilon}}^{-1}\|\, \delta\underline{E}. \qquad (8)$$

Nach der Dreiecksgleichung gilt $\|\underline{E}\| = \|\underline{\underline{\varepsilon}}\, \underline{a}\| \leq \|\underline{\underline{\varepsilon}}\|\|\underline{a}\|$ und somit $\frac{1}{\|\underline{a}\|} = \frac{\|\underline{\underline{\varepsilon}}\|}{\|\underline{E}\|}$.

Aus

$$\frac{\|\underline{a}' - \underline{a}\|}{\|\underline{a}\|} = \|\underline{\underline{\varepsilon}}\|\, \|\underline{\underline{\varepsilon}}^{-1}\|\, \frac{\delta\underline{E}}{\underline{E}} \quad \text{mit } E \neq 0 \qquad (9)$$

zeigt sich, daß der Fehler $\frac{\|\underline{a}' - \underline{a}\|}{\|\underline{a}\|}$ nicht durch $\underline{\delta E}$, sondern durch $\|\underline{\underline{\varepsilon}}\|\|\underline{\underline{\varepsilon}}^{-1}\|$ bestimmt wird. Die Konditionszahl k (A) ergibt sich zu

$$k\,(A) = \|\underline{\underline{\varepsilon}}\|\, \|\underline{\underline{\varepsilon}}^{-1}\|\ . \qquad (10)$$

Man kennt zur Berechnung der Konditionszahl die Zeilensummennorm, die Spaltensummennorm und die Euklidische Norm, wobei z. B.

$$\alpha_i = \sqrt{\sum_{k=1}^{k=n} \varepsilon_{ik}^2} \quad \text{mit} \quad k\ (A) = \frac{\det \underline{\underline{\varepsilon}}}{\prod \alpha_i} \tag{11}$$

k (A) das Hadamardsche Konditionsmaß ist. Falls es ungefähr den Wert 1 annimmt, ist die $\underline{\underline{\varepsilon}}$ -Matrix gut konditioniert. In diesem Fall sind geringe Fehler in der Mehrkomponentenanalyse zu erwarten. Es muß also das Ziel aller Algorithmen sein, gut konditionierte Matrizen zu verwenden.

Das Ergebnis kann durch sogenannte Nachiterationen verbessert werden:

$$\underline{\underline{\varepsilon}}\ \underline{a} = \underline{E} \qquad \underline{f}^{(0)} = \underline{E} - \underline{\underline{\varepsilon}}\ \underline{a}^{(0)}$$

$$\underline{\underline{\varepsilon}}\ \underline{a} = \underline{\underline{\varepsilon}}\ \underline{a}^{(0)} + \underline{\underline{\varepsilon}}\ \underline{k}^{(1)} = \underline{E} \qquad \underline{\underline{\varepsilon}}\ \underline{k}^{(1)} = \underline{E} - \underline{\underline{\varepsilon}}\ \underline{a}^{(0)} = \underline{f}^{(0)}$$

$$\underline{\underline{\varepsilon}}\ \underline{k}^{(\nu+1)} = \underline{E} - \underline{\underline{\varepsilon}}\ \underline{a}^{(\nu)} = \underline{f}^{(\nu)} \qquad (\nu = 0,\ 1,\ 2\ \ldots). \tag{12}$$

Chromatographische Verfahren gestatten die Trennung von Gemischen in Einzelkomponenten. Aus diesem Grunde wurde versucht, über Dünnschicht- bzw. Hochdruckflüssigkeitschromatographie zusätzliche Informationen zu erhalten [11]. Dabei eignet sich die HPLC nicht nur besonders zur Verfolgung des Reaktionsmechanismus über die zeitliche Beobachtung der Peaks der aufgetrennten Komponenten. Vielmehr gelang uns durch Prozeßkontrolle auch eine quantitative Auswertung - auch bei unbekannten Extinktionskoeffizienten der Photoprodukte.

In einem HPLC-Chromatogramm ergibt sich die Extinktion eines Peakes als Peakfläche mal dem Fluß der Hochdruckpumpe I_F in ml s^{-1} dividiert durch das Einspritzvolumen V_E in ml:

$$E_i = A_i\ \frac{I_F}{V_E}\ . \tag{13}$$

Die Apparatekonstante

$$K_H = \frac{I_F}{d \cdot V_E} = \frac{a_{10}}{A_{10}}\ \varepsilon_1 \tag{14}$$

läßt sich aus der bekannten Edukt-Konzentration a_{10} und dessen Extinktionskoeffizienten sowie der zu Reaktionsbeginn gemessenen Peakfläche A_{10} ermitteln. Bleiben Fluß und Einspritzvolumen konstant, so kann die Konzentration jeder Komponente zu beliebigem Zeitpunkt aus der Peakfläche nach

$$a_i = \frac{E_i}{\varepsilon_i\, d} = \frac{A_i}{\varepsilon_i} \frac{I_F}{d\, V_E} = \frac{K_H}{\varepsilon_i} A_i \qquad (15)$$

berechnet werden [11]. Über die Stoffbilanzgleichung kann man mit Gl. (15) folgenden Zusammenhang ansetzen:

$$a_{10} = K_H \cdot \sum_{i=1}^{i=n} \frac{1}{\varepsilon_i} A_i \; . \qquad (16)$$

Unter der Annahme, daß alle Komponenten während der Reaktion im Chromatogramm detektiert werden, läßt sich für m Reaktionszeitpunkte und n Reaktanden ein inhomogenes lineares Gleichungssystem aufstellen:

$$\begin{aligned} \frac{1}{\varepsilon_1} A_{10} &= \sum_{i=1}^{n} \frac{1}{\varepsilon_i} A_i \\ \frac{1}{\varepsilon_1} A_{10} &= \frac{1}{\varepsilon_1} A_{11} + \ldots + \frac{1}{\varepsilon_n} A_{n1} \\ \vdots \quad & \quad \vdots \qquad\quad \vdots \qquad\quad \vdots \\ \frac{1}{\varepsilon_1} A_{10} &= \frac{1}{\varepsilon_1} A_{1m} + \ldots + \frac{1}{\varepsilon_n} A_{nm} \end{aligned} \qquad (17)$$

Aus diesem linearen Gleichungssystem können über die gemessenen Peakflächen bei bekannter Gerätekonstante und bekannter Ausgangskonzentration bzw. Peakfläche der ersten Komponente und der Kenntnis des Extinktionskoeffizienten des ersten Stoffes auch die Extinktionskoeffizienten aller anderen detektierten Reaktanden ermittelt werden. Es ist allerdings dabei zu berücksichtigen, daß während der Reaktion natürlich durch das Entnehmen einer auch sehr kleinen Probe und gleichzeitigem Auffüllen auf das ursprüngliche Reaktionsvolumen mit Eluent eine Verdünnung durchgeführt wird. Diese Verdünnung muß über die Gleichung [11]

$$A_{10}(j) = A_{10} \cdot \left(1 - \frac{V_E}{V}\right)^{(j-1)} \qquad j = 1 \ldots m \qquad (18)$$

korrigiert werden.

3. Kinetische Analyse

In Abb. 1 ist in einem Schema der prinzipielle Aufbau einer kinetischen Analyse dargestellt. Ausgehend vom Experiment wird über graphische Verfahren durch eine Matrix-Rang-Analyse die Zahl der linear unabhängigen Teilschritte der

Abb. 1 Schematische Darstellung des Ablaufs einer kinetischen Analyse mit Modellierung, Simulation sowie Vergleich experimenteller und simulierter Extinktions-Zeit-Kurven.

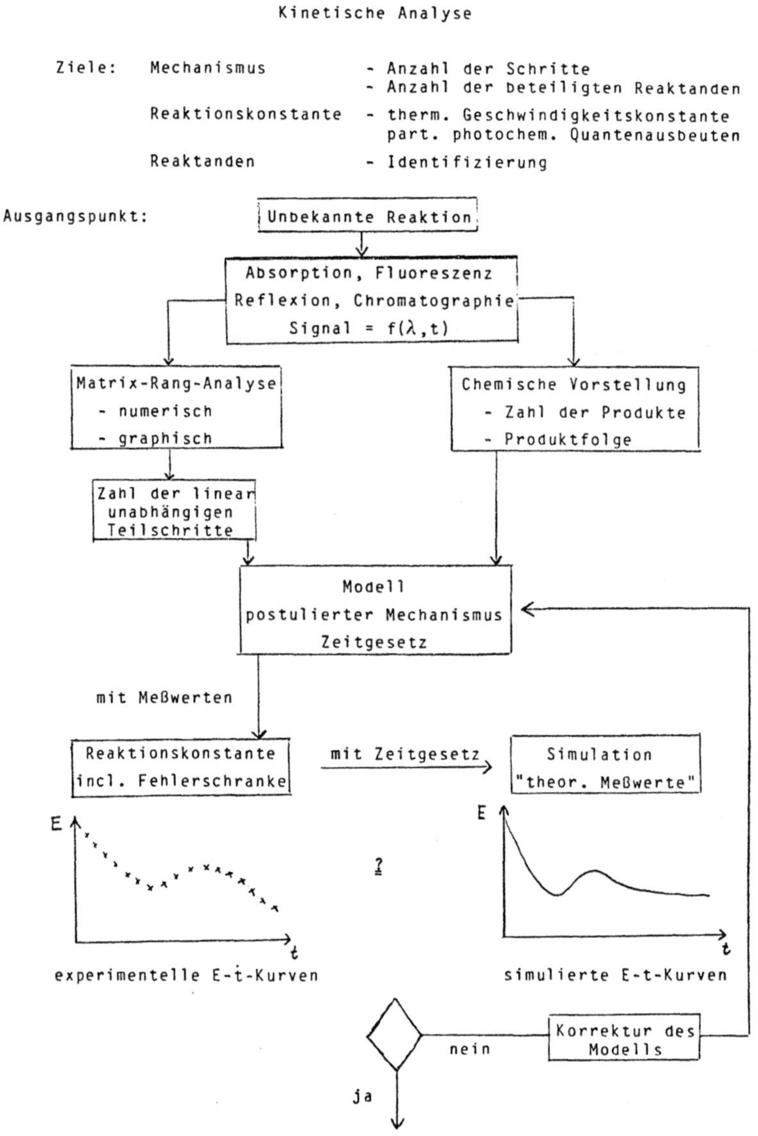

Mechanismus ist so lange gültig, bis ein besserer gefunden wird.

Reaktion ermittelt. Zusammen mit den Kenntnissen des Chemikers ergibt sich daraus ein Modell für den Reaktionsverlauf. Aus diesem Modell lassen sich die Extinktions-Zeit-Ratengleichungen aufstellen, und diese werden zusammen mit den Meßsignalen dazu verwendet, um Reaktionskonstante durch Lösen des überbestimmten Gleichungssystems zu ermitteln. In einem zweiten Schritt werden diese ermittelten Reaktionskonstanten eingesetzt, um nach Runge und Kutta bzw. mit einer automatischen Schrittweitensteuerung (Merson) theoretische "Daten" zu simulieren. Stimmen Modell und Experiment überein, so müssen diese simulierten theoretischen Datensätze den vorher gemessenen experimentellen Daten entsprechen. Da es aufwendig ist, zwischen einer systematischen bzw. einer statistischen Abweichung dieser beiden Vorstellungen rechnerisch zu unterscheiden, werden für die Beurteilung graphische Verfahren herangezogen [5].

Aus einem sogenannten Reaktionsspektrum, das in Abb. 2 für den Fall der Photo-

Abb. 2 Reaktionsspektrum des Laserfarbstoffs Stilben-1 in Ethylenglykol, gemessen in Absorption.

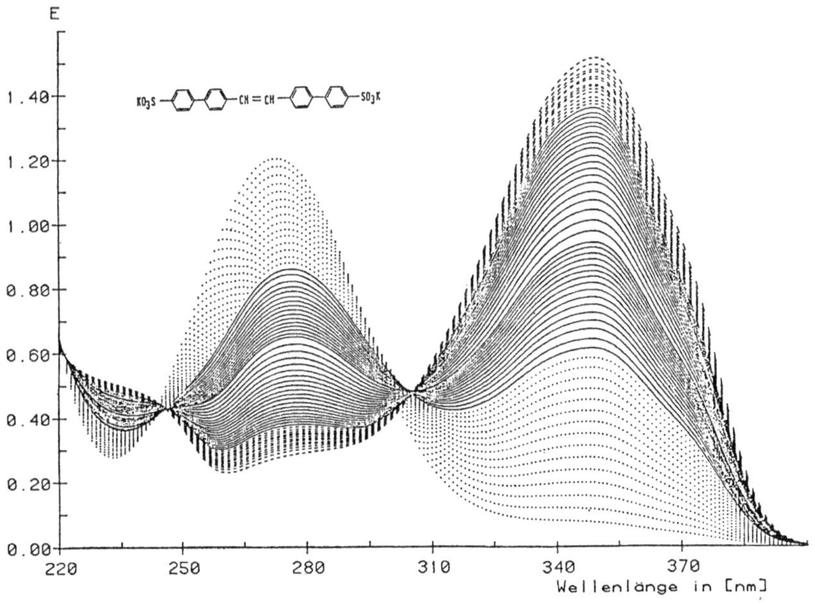

reaktion des Laserfarbstoffs Stilben-1 in Absorption wiedergegeben ist, werden für Wellenlängen, bei denen sich das Signal während der Reaktion deutlich ändert, die Extinktionen zu allen Reaktionszeiten entnommen.

In Abb. 3 sind schematisch als Punkte die Signal-Zeit-Kurven für verschiedene Fälle wiedergegeben. Ausgezogen eingezeichnet ist die Simulation mit den berechneten Reaktionskonstanten. Anhand der gleichzeitig mitberechneten Standardabweichungen bzw. Fehlerschranken werden nun diesen Reaktionskonstanten Grenzwerte positiv und negativ aufgeprägt. Für jeden dieser beiden Grenzwerte wird eine weitere Simulation durchgeführt. Dies erkennt man in Abb. 3 als zwei zusätzliche "Fehlertrompeten" um die eigentliche Simulation. Während in vielen

Abb. 3 Schematische Extinktions-Zeit-Kurven (....) für einen Reaktionsverlauf, (——) Simulation von Daten aus den berechneten Reaktionskonstanten, (_._._) Benutzung der Reaktionskonstanten mit aufgeprägten Standardabweichungen.

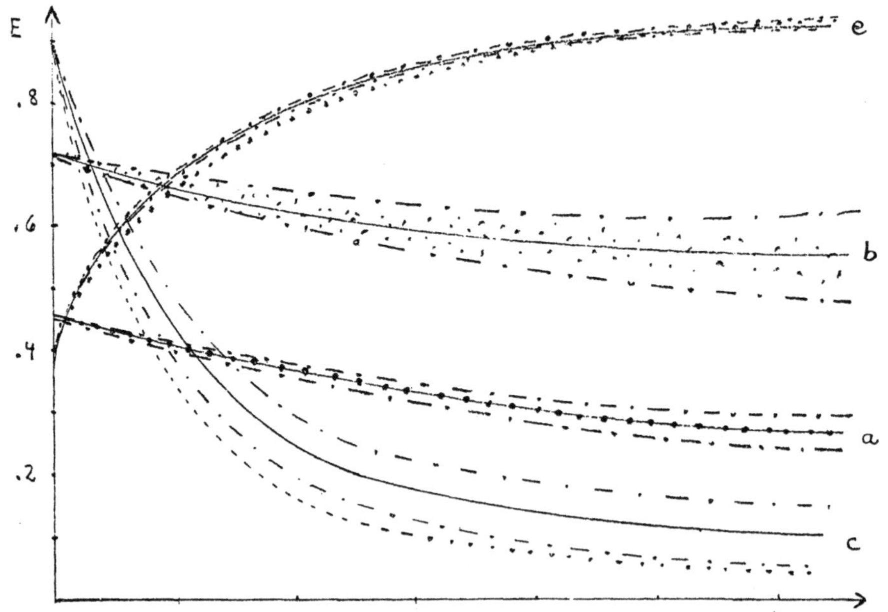

Fällen noch die Simulation mit den berechneten Reaktionskonstanten zu deckungsgleichen experimentellen Datensätzen führt, erkennt man an den beiden mit fehlerbehafteten Werten erhaltenen Simulationen die Genauigkeit der Messung durch die Breite der Fehlertrompete und in wieweit die Meßpunkte systematisch von den erhaltenen Simulationen abweichen. Kurve a zeigt eine sehr gute Simulation. Kurve b zeigt einen sehr stark verrauschten Meßdatensatz, allerdings auch gut simulierbar. Kurve c zeigt eine totale Abweichung zwischen Modell und Experiment. Kurve e scheint auf den ersten Blick eine sehr gute Wiedergabe der experimentellen Daten durch die simulierten Datensätze zu sein, bei genauerer Betrachtung erkennt man aber zu Reaktionsbeginn eine zwar geringe, aber deutliche systematische Abweichung. Gerade so eine Darstellung zeigt den Vorteil der graphischen Beurteilung der Datensätze, weil in der Vielzahl von Meßpunkten statistisch geringe systematische Abweichungen im Fehlerquadrat der Rechnung untergehen können. Nur die Kurven a bzw. b geben den Mechanismus richtig wieder. In Abb. 4 ist das Ergebnis der Simulation für die Photoreaktion von Stilben-1 als Folgereaktion im Anfangsbereich dargestellt.

Abb. 4 Simulation von Kurven aus den berechneten Reaktionskonstanten für die Photofolgereaktion von Stilben-1 in Ethylenglykol.

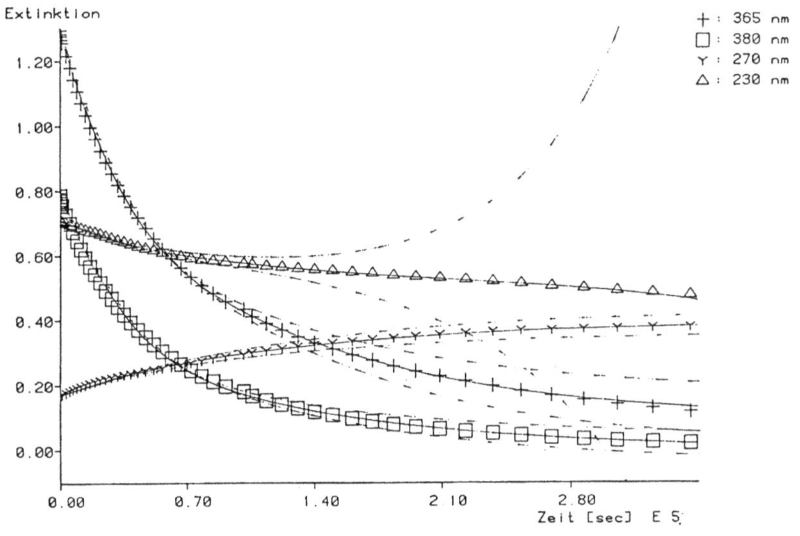

Will man bei einem dynamischen System eine Mehrkomponentenanalyse durchführen, so müssen zeitsynchron in sehr kurzen Zeiten die Signale gleichzeitig bei mehreren Wellenlängen gemessen werden. Bei Halbwertszeiten im Sekunden- bzw. Minutenbereich kommen dafür nur noch digitale Speicherplatten, d. h. Optische Vielkanalanalysatoren oder lineare Photodiodenarrays in Frage [12 - 14]. Die dabei sich ergebenden Möglichkeiten sollen hinsichtlich des experimentellen Aufwandes und der Ergebnisse an einigen ausgewählten Beispielen diskutiert werden.

3.1. Anwendung bei Fluoreszenzmessungen

Obwohl Laserfarbstoffen hohe Photostabilität nachgesagt wird, finden in vielen Fällen drastische Umsätze der Edukte bei den hohen Bestrahlungsintensitäten statt. Da nur der Ausgangsstoff im Reaktionsverlauf Laserleistung zeigt, ist es wichtig, sein Verhalten zu Reaktionsbeginn kennenzulernen. Stilben-1 wird in der Literatur als relativ photostabiler Laserfarbstoff beschrieben, der allerdings wenig Laserleistung zeigt. Durch kombinierte Laserleistungs- und Absorptionsmessungen ergab sich, daß diese Aussage nicht zutreffend ist, weil sich zu Reaktionsbeginn sehr schnell ein photostationärer Zustand zwischen der trans- und cis-Form einstellt, wobei nur die trans-Form fluoresziert bzw. Laserleistung zeigt. In Abb. 5 erkennt man das mit einem optischen Vielkanalanalysator aufgenommene Fluoreszenzreaktionsspektrum von Stilben-1 in Ethylenglykol [6]. Die Reaktion startet sofort beim Anschalten des Fluoreszenzerregungslichtes, das nicht nur die Fluoreszenzmessung ermöglicht, sondern auch für die Photoreaktion sorgt. Wegen der Trägheit des Schreibers bzw. des A/D-Wandlers sind die ersten Meßwerte nicht exakt. Zur Erhöhung der Dynamik wird

Abb. 5 Reaktionsspektrum des Laserfarbstoffs Stilben-1, gemessen in Fluoreszenz (entnommen [6]).

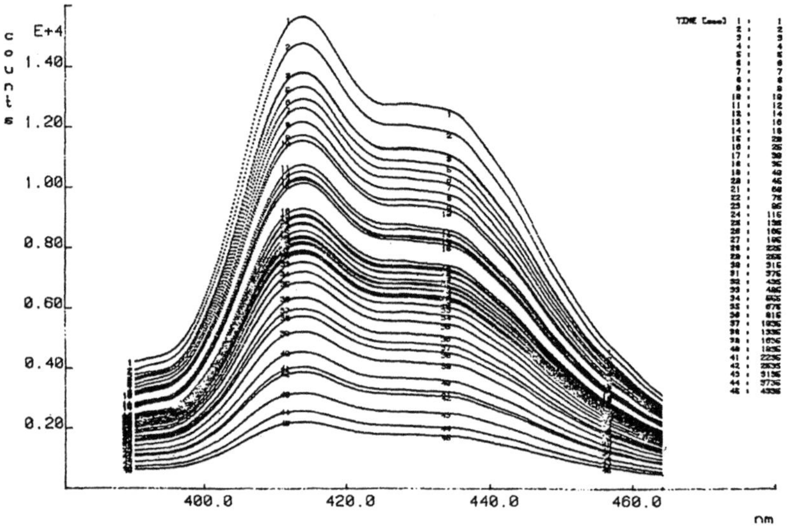

die Verstärkung so eingestellt, daß zu Reaktionsbeginn ca. 100% Fluoreszenzintensität in relativen Einheiten abgelesen werden kann. Dies dauert eine endliche Zeit, in der, bedingt durch die Photoreaktion, das Fluoreszenzsignal schon wieder abzunehmen beginnt. Aus diesem Grunde sind die ersten Meßwerte fehlerbehaftet. Durch eine neue Datenerfassungsanlage konnte dieser Zeitraum auf kleiner eine Sekunde beschränkt werden [15]. Dadurch wurde es möglich, den schnellen Abfall der Fluoreszenz von Stilben-1 im Anfangsbereich zu messen, bevor das cis-trans-Gleichgewicht erreicht ist.

Obwohl Fluoreszenzmessungen üblicherweise ungenauer als Absorptionsmessungen sind, gelang es mit einer automatisierten Meßeinrichtung auch in Fluoreszenz den Anforderungen der Simulation genügende Datensätze zu erhalten. Aus kombinierten spektroskopischen und chromatographischen Messungen ergibt sich der erste Reaktionsschritt als reversible Photoisomerisierung vom trans-Edukt zu einem photostationären Zustand zwischen trans- und cis-Stilben-1 (aus dem in einem dritten Schritt weitere Photozersetzungsprodukte gebildet werden) [16]. In Abhängigkeit vom Lösungsmittel stellt sich der photostationäre Zustand verschieden schnell und bei unterschiedlichem Anteil an trans-Stilben-1 ein. Wie aus Abb. 6 ersichtlich ist, kann dieser Zusammenhang nach Zeitgesetzen ausge-

Abb. 6 Anfangsphase der Photoreaktion von Stilben-1: Meßwerte und mit den Reaktionskonstanten simulierte Datensätze (einschließlich der aufgeprägten Standardabweichung); wegen der Trägheit der Meßwerteinstellung zu Beginn der Reaktion sind die ersten Intensitätswerte nicht berücksichtigt.

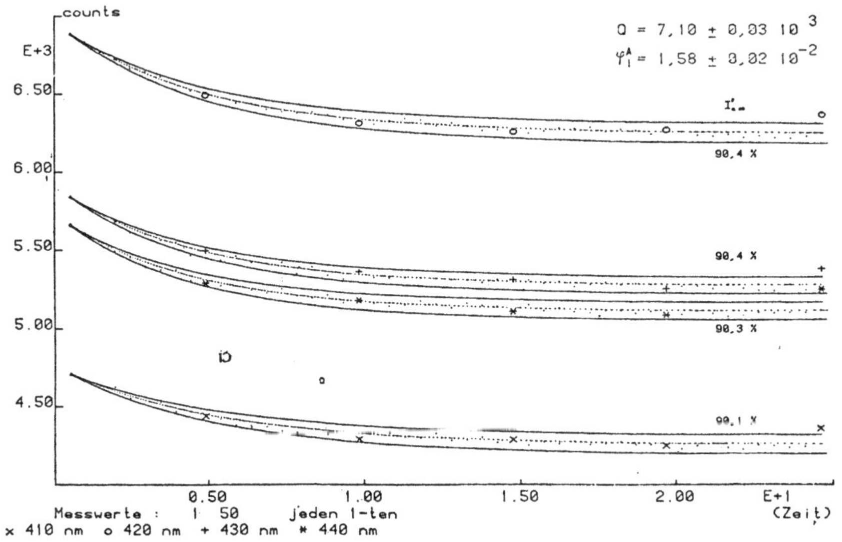

wertet werden, und man erhält unabhängig von der Beobachtungswellenlänge der Fluoreszenz innerhalb der Fehlergrenzen den gleichen Wert für die Intensität im photostationären Zustand. Rechnet man nämlich die als Lösungen der DGL erhaltenen Fluoreszenzintensitäten auf relative Werte - bezogen auf die Fluoreszenzintensität zu Reaktionsbeginn bei den verschiedenen Beobachtungswellenlängen - um, so erhält man innerhalb der Fehlergrenze den photostationären Zustand bei 90,2 ± 0,2% trans-Stilben-1. Außerdem kann die partielle Quantenausbeute des ersten Schrittes zu 1,56 ± 0,06 $\cdot$ 10^{-2} mit geringem Fehler bestimmt werden. Für diese Auswertungen wurde alle 32 msec mit dem optischen Vielkanalanalysator ein Fluoreszenzspektrum registriert.

3.2. Anwendung bei Laserleistungsmessungen

In Abb. 7 ist ein konventionelles Absorptionsreaktionsspektrum von Stilben-1 dargestellt, das während des Pumpens des Farbstoffs mit dem Laser über 10 Tage

Abb. 7 Absorptionsreaktionsspektrum von Stilben-1 in Ethylenglykol, aufgenommen während der Bestrahlung des Farbstoffes mit einem Laser.

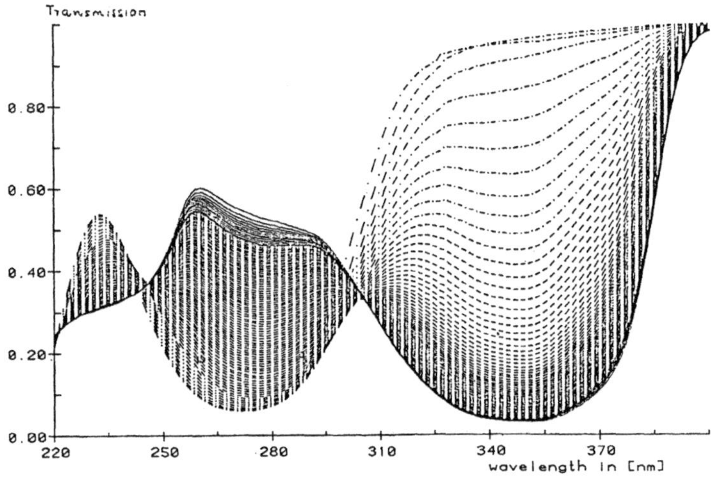

hinweg aufgenommen wurde. In Abb. 8 ist ein Blockschaltbild der heutigen Apparatur dargestellt, bestehend aus einem Excimerenlaser, der den früheren Stickstofflaser ersetzt hat, und einem optischen Vielkanalanalysator zur Aufnahme der spektralen Beobachtung der 8 nsec andauernden Laserpulse. Die Lösung wird aus der Resonatorküvette in das Spektrometer DMR 10 umgepumpt und dort zu ausgewählten Zeiten absorptionsspektroskopisch untersucht. Um die notwendige Laserkonzentration zu erhalten, muß die Extinktion 20 bzw. 50 Einheiten betragen, so daß zur Beobachtung im Spektrometer die Küvettenschichtdicke nicht

Abb. 8 Blockschaltbild der kombinierten Absorptions-, Laserbestrahlungs- und Laserfarbstoffleistungsmeßanlage.

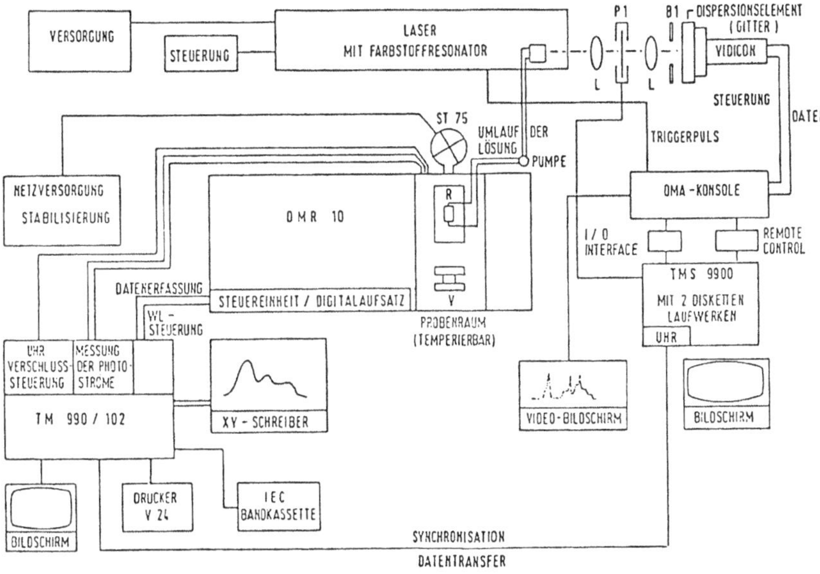

mehr als 0,2 bzw. 0,5 mm betragen darf. Dadurch ergeben sich experimentell große Probleme für Durchflußmessungen. Die beiden Prozeßrechner sind untereinander zum Datentransfer und zur Zeitsynchronisation verbunden. Dadurch wird es möglich, gleichzeitig zu dem in Abb. 7 wiedergegebenen Absorptionsreaktionsspektrum auch ein Laserleistungsreaktionsspektrum aufzunehmen (Abb. 9). Die Halbwertsbreite des Farbstofflaserpulses ist weniger als 1 nm. Man erkennt zunächst eine sehr steile, schnelle Abnahme der Laserleistung durch Umwandlung der lasenden trans- in die nichtlasende cis-Form. Schon mit wenigen Pulsen des Excimerenlasers stellt sich ein Leistungsplateau ein. Nach 10^5 - 10^6 Blitzen nimmt die Laserleistung stark ab. In der dreidimensionalen Darstellung zeigt sich, daß sich durch Änderung der Konzentration des Laserfarbstoffs auch die Geometrie im Laserresonator und somit auch die Lage des Maximums der Laserwellenlänge geometrisch auf dem optischen Vielkanalanalysator minimal ändert. Dies führt zu einer geringfügig unterschiedlichen Ausleuchtung der Diodenreihen bzw. der dazwischen liegenden nichtempfindlichen Bereiche. Dadurch entsteht der falsche Eindruck, als ob im Lauf der Reaktion zeitlich die Laserleistung wieder etwas zunehmen würde [17]. Außerdem ist die nach hinten verlaufende Zeitachse in der dritten Dimension nicht zeitproportional, sondern es

Abb. 9 Während des Pumpblitzes des Excimerenlasers aufgenommene Spektren des Farbstofflaserblitzes. Die Zeitachse läuft schräg nach hinten und ist gestaucht.

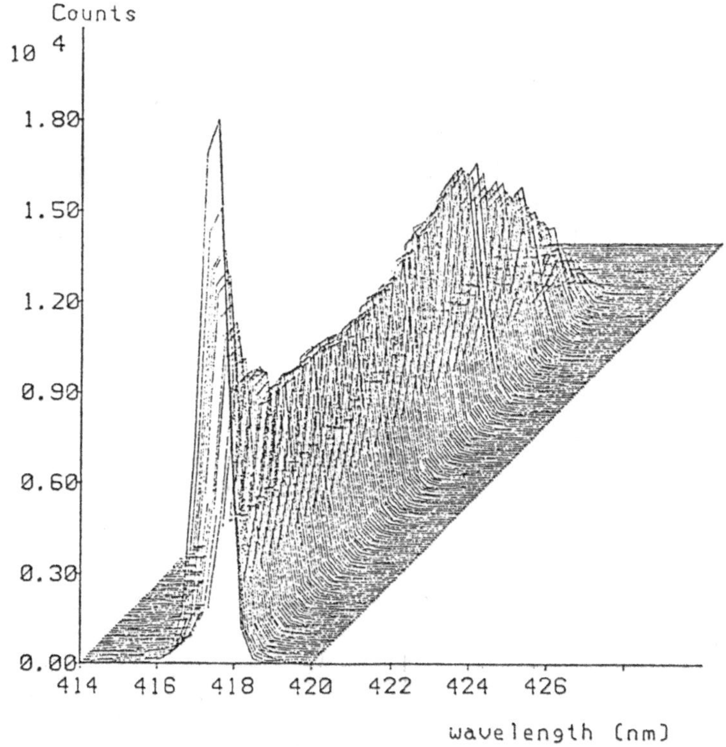

sind die einzelnen Messungen in gleichen Zeitabständen aufgetragen. Die Zeitachse ist also gestaucht.

3.3. Anwendung in der HPLC

Durch die Entwicklung der neuen linearen Photodiodenarraybausteine wurde es möglich, die Zeit zur Aufnahme eines Spektrums auf ca. 5 ms zu reduzieren. Die Erfassung des Spektrums ist damit nur noch durch den Zeitaufwand für das Auslesen der Information aus dem Spektrometerbaustein begrenzt. Ein von der Fa. Zeiss entwickelter, in einem Keramikblock eingebetteter Spektrometerbaustein [18] mit integriertem Gitter, der thermisch sehr stabil ist, ergibt die Möglichkeit, diesen Baustein sowohl in der HPLC zur spektralen Detektion während des Durchflusses eines Peaks als auch bei Reflexionsmessungen im zeitkritischen Bereich spektral einzusetzen. Durch den Einsatz eines neuen Betriebssystems, auf das später noch eingegangen werden wird, konnten die hohen Geschwindigkeiten der Erfassung von ca. 20 ms erzielt werden, die mit kommerziellen Geräten nicht erreichbar sind.

Bei der Hochdruckflüssigkeitschromatographie hat sich auch bei kommerziellen Geräten inzwischen der Einsatz von Diodenarrays eingebürgert [19]. Die Vorteile sind, daß während des Durchlaufs eines Peaks die Spektren mehrfach aufgenommen werden können und damit z. B. kontrolliert werden kann, ob der Peak rein ist. Durch die spektrale Aufnahme kann gleichzeitig eine Substanzidentifikation durchgeführt werden. Allerdings sind die Empfindlichkeiten der heutigen Diodenarrays noch um eine Größenordnung geringer als bei den konventionellen Detektoren [20]. Dabei muß allerdings berücksichtigt werden, daß bei den konventionellen Detektoren üblicherweise 10 bis 15 nm Bandbreite gewählt wird, während z. B. bei dem verwendeten Spektrometerbaustein nach dem Rayleigh-Kriterium die Bandbreite nur 2,3 nm beträgt (Diodenabstand 0,8 nm). Dieses Diodenarray ist mit einer Xenonlampe ausgerüstet. Es hat deswegen schon bei 254 nm nicht mehr eine besonders große Empfindlichkeit. Trotzdem gelingt es noch, Naphthalin in $5 \cdot 10^{-5}$-molaren Konzentrationen bei 260 bis 280 nm nachzuweisen, Anthracen sogar bei $1 \cdot 10^{-5}$-molaren Konzentrationen bei 350 bis 370 nm. Dies sind Konzentrationen, die üblicherweise in der Photokinetik eingesetzt werden.

In der Abb. 10 ist eine Konzentrationsreihe sowohl für Naphthalin als auch für Anthracen bei einer Durchflußmessung dargestellt. Es können mit dieser Anlage 40 Spektren pro Sekunde aufgenommen werden. Durch einen Algorithmus wird sichergestellt, daß nur während eines Peaks diese Spektrenfülle erreicht wird. Außerdem kann die maximale Zahl von Spektren/Peak eingegeben werden, da sonst die Speicherkapazität natürlich in kürzester Zeit überläuft bzw. während einem Chromatogramm riesige Datenmengen erzeugt werden. Diese Datenmengen sind überhaupt die Probleme bei einer Mustererkennung mit Diodenarrays der von uns erreichten hohen Wiederholrate. Üblicherweise dauert ein Chromatogramm ca. 20 Minuten, d. h. es würden in dieser Zeit ca. 50000 Spektren aufgenommen werden können, wobei jedes aus 500 spektralen Punkten mit je vier Byte besteht. D. h., ein solches Chromatogramm würde 100 Megabyte Daten ergeben. Dies ist natürlich nicht mehr sinnvoll und auch nicht notwendig. Entscheidend sind geeignete Algorithmen der Datenreduktion, die z. B. Peakerkennung und Datenreduktion während der Aufnahme des Chromatogramms gestatten. Für kinetische Untersuchungen kommt noch eine weitere Dimension dazu, daß nämlich üblicherweise während eines Reaktionsverlaufes 200 bis 300 Einzelchromatogramme aufgenommen werden müssen [21]. Ohne on-line Datenreduktion werden alle bisherigen Speicherkapazitäten überschritten.

Abb. 10 Konzentrationsreihe von Naphthalin (a) bzw. Anthracen (b), gemessen mit einem Spektrometerbaustein der Firma C. Zeiss, Oberkochen, im Durchfluß. Konzentrationen: 1 10^{-3}, 5 10^{-4}, 1 10^{-4}, 5 10^{-5}, 1 10^{-5} mol l^{-1} in Methanol.

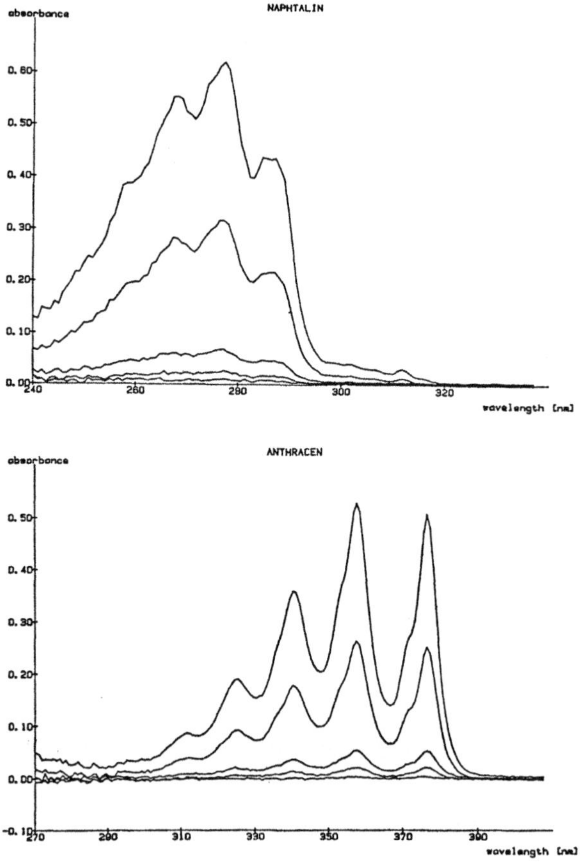

3.4. Reflexionsspektroskopie

Die Reflexionsspektroskopie hat inzwischen bei Oberflächenreaktionen (Katalyse, Korrosion) als Untersuchungsmethode große Bedeutung erlangt. Nach der Kubelka-Munk-Funktion können aus Messungen der diffusen Reflexion quantitative Aussagen über Vorgänge an Oberflächen erhalten werden [22]. Bisher konnten jedoch insbesondere bei dynamischen Prozessen keine spektralen Informationen erhalten werden. Durch den Einsatz des schon erwähnten Spektrometerbausteins werden jetzt sogar spektrale Messungen während elektrochemischer Untersuchungen möglich.

Abb. 11 Diffuse Reflexionsspektren, aufgenommen während eines Cyclovoltamogrammes in der Oxidations- und Reduktionsphase für Elektrolyt-Kupfer in 0,1 N NaOH. Buchstaben bezeichnen Zeitpunkte des Voltamogrammes.

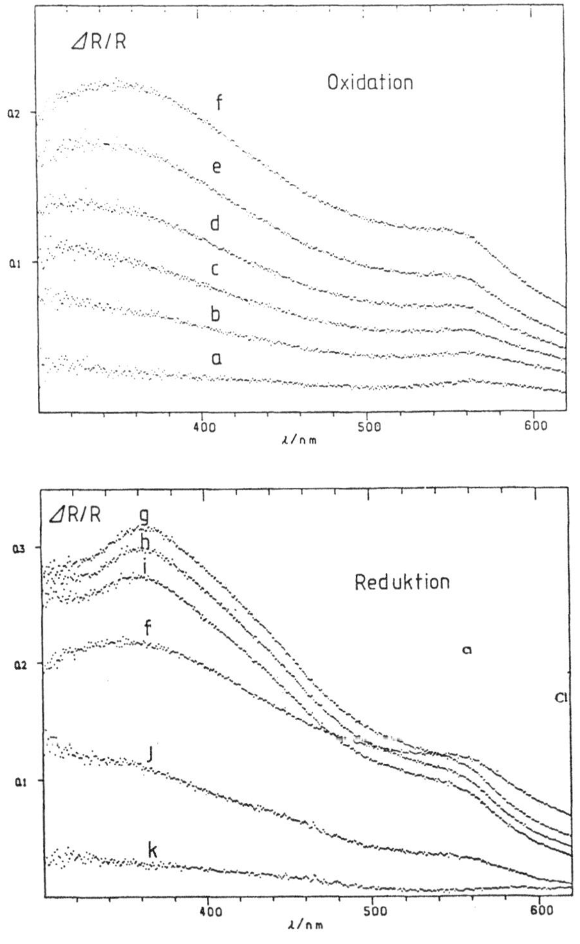

In Abb. 11 ist eine Anzahl von diffusen Reflexionsspektren wiedergegeben, die parallel zu einem Cyclovoltamogramm vom oxidativen und reduktiven Schritt erhalten wurden. Dadurch ist es möglich, die elektrochemischen Ergebnisse mit den Reflexionsspektren zu koordinieren. Mit der vorhandenen Anlage können maximal 40 Spektren pro Sekunde aufgenommen und insgesamt ca. 150 Spektren in den Kernspeicher des Rechners abgespeichert werden [23]. Anschließend müssen diese Daten mit einem etwas größeren Zeitaufwand auf eine Diskette oder auf eine Winchester übertragen werden. Dafür ist für die 150 Spektren zum Auslesen aus dem Kernspeicher und Übertragen auf die Winchester eine Zeit von ca. 3 bis 4 Minuten zu rechnen.

4. **Interferenzrefraktometrie**

Bei der Detektion in der HPLC ist man auf die Wellenlängenbereiche angewiesen, in denen die Substanzen absorbieren. Insbesondere bei den Diodenarrays hat sich gezeigt, daß im kurzwelligen Spektralbereich Probleme mit der Lampenintensität und Empfindlichkeit der Dioden auftreten. Gerade in diesem Bereich absorbieren aber die Substanzen. In Zusammenarbeit mit der Firma C. Zeiss wurde deswegen für die HPLC einen völlig neuer Detektortyp getestet, der Informationen im langwelligen Nichtabsorptionsbereich liefert. In Abb. 12 ist

Abb. 12 HPLC-Zelle für die Interferenzrefraktometrie.

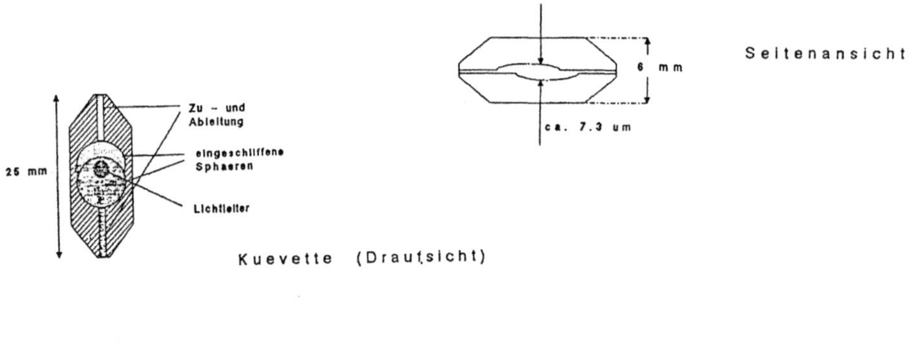

die von Zeiss neu entwickelte Meßzelle zu sehen, die nur noch einen Inhalt von 80 nl hat [24]. In der Seitenansicht erkennt man, daß zwei Kugelhälften in einem Saphir mit ca. 7,5 um Schichtdicke so gegeneinander verschoben werden, daß in dem Innenraum, wie aus der Aufsicht erkennbar wird, das Zellvolumen entsteht. Diese Zelle wird nun in eine Halterung für eine HPLC-Apparatur eingeklemmt.

Dabei muß dafür gesorgt werden, daß das Totvolumen vor der Zelle möglichst klein gehalten wird (Abb. 13)[25].

Abb. 13 Halterung für die HPLC-Zelle.

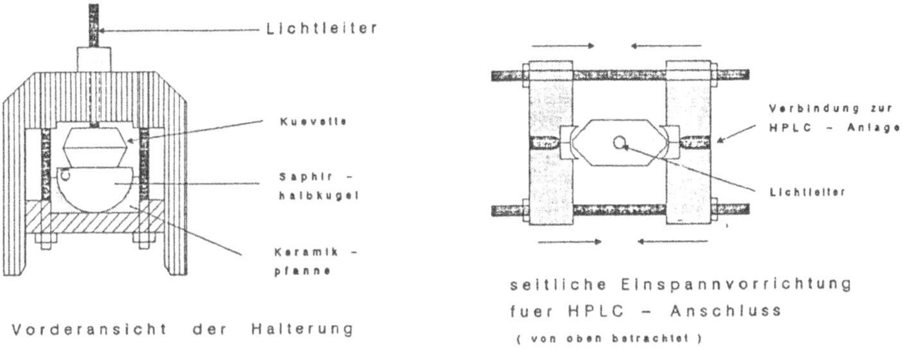

In Abb. 14 ist die Meßanordnung wiedergegeben. Das Licht einer Wolframlampe wird seitlich über einen Lichtleiter auf die Meßzelle geführt, in der es zu

Abb. 14 Meßanordnung bestehend aus Lampe, Spektrometerbaustein, Lichtleitern und Mikromeßzelle.

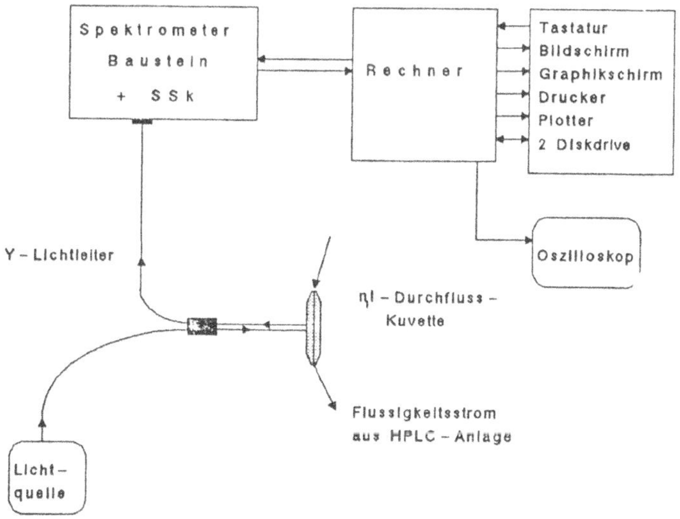

Interferenzen kommt. Die in Abhängigkeit von der Brechzahl des Mediums entstandenen Interferogramme werden durch den Lichtleiter beobachtet, spektral mit dem Spektrometerbaustein zerlegt und mit dem Diodenarray aufgenommen [25]. Ein schneller angeschlossener Addier- und Substraktionsbaustein (SSK) gestattet es, das "Spektrum" sofort mit einem Bezugsspektrum zu vergleichen und außerdem den Dunkelstrom für beide abzuziehen. Dabei werden pro Sekunde ca. 10^5 Rechenoperationen notwendig [18]. Um die Dioden sehr genau bezüglich der Wellenlänge zu eichen, wurden sowohl eine Quecksilberlinien- als auch eine Argonlinien-Testlampe benutzt (siehe Abb. 15). Dadurch wird es möglich, über das

Abb. 15 Spektrum einer Hg/Ar-Testlampe zur Kalibrierung der Wellenlängen des Spektrometerbausteins.

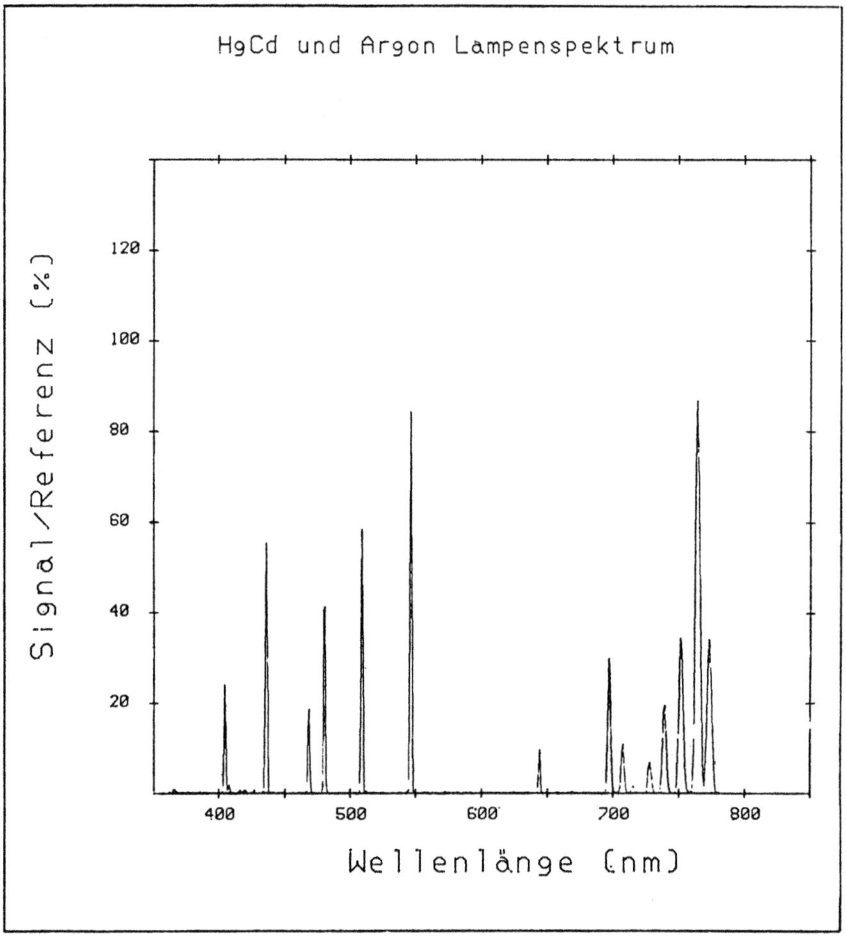

Interferogramm die Brechzahl in Abhängigkeit von der Wellenlänge zu berechnen,

d. h. das Interferogramm kann durch Transformation in die Dispersionskurve umgewandelt werden [25]. Abb. 16 zeigt das Interferogramm bei der Aufnahme von

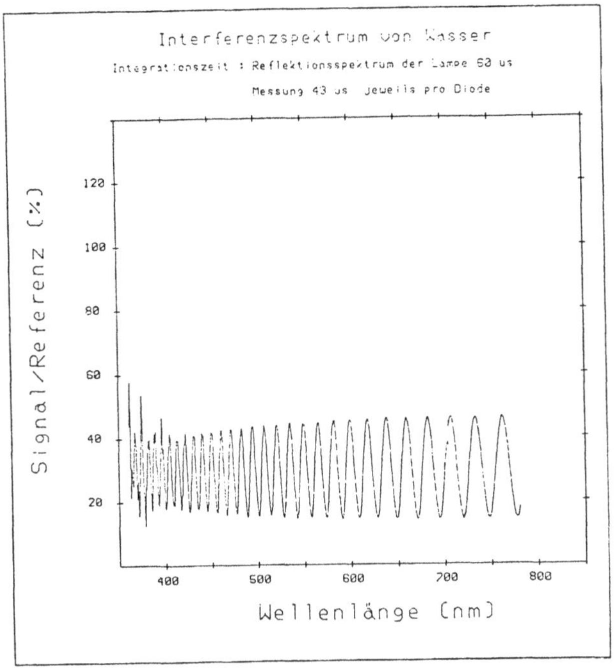

Abb. 16
Interferogramm von Wasser

Wasser in der Zelle, wobei die erhaltenen Rohdaten schon mit Splaus-Algorithmen geglättet wurden. Die durch Transformation entstehende Dispersionskurve im normalen Teil zeigt die Abb. 17. Da die Dispersionskurve auch außerhalb der Absorptionsbanden in ihrem realen Teil charakteristisch für die Substanzen ist, besteht auch bei einer Messung nur im langwelligen Bereich kein Informationsverlust, sondern erweitert die Anwendungsmöglichkeiten, da keine Absorption nötig ist.

Bei der HPLC muß im strömenden System gemessen werden; deswegen treten Probleme sowohl mit den Schwankungen der Pumpe als auch durch Temperatureffekte auf, da die Brechzahl sehr extrem von Druck und Temperatur abhängt. Sowohl beim Ein- und Ausschalten der Pumpe (Abb. 18) als auch im kontinuierlichen Betrieb (Abb. 19) kommt es zu Druckschwankungen bzw. Pulsationen. Beide Effekte beschränken die Nachweisgrenze der Interferenzrefraktometrie im strömenden System. Trotzdem wird es möglich, während eines Hochdruckflüssigkeitschromatogramms Proben im Mikrogrammbereich zu detektieren und aus dem Interferogramm on-line innerhalb von 1,6 s eine Dispersionskurve zu berechnen.

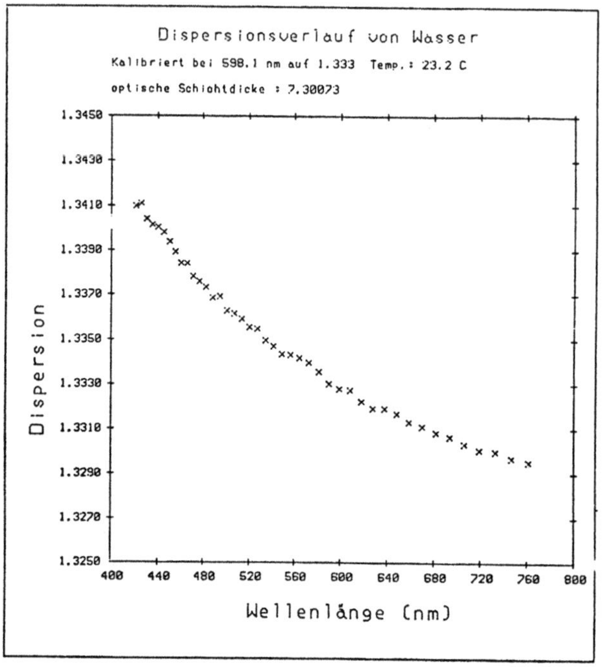

Abb. 17
Durch Transformation erhaltener normaler Bereich der Dispersionskurve von Wasser.

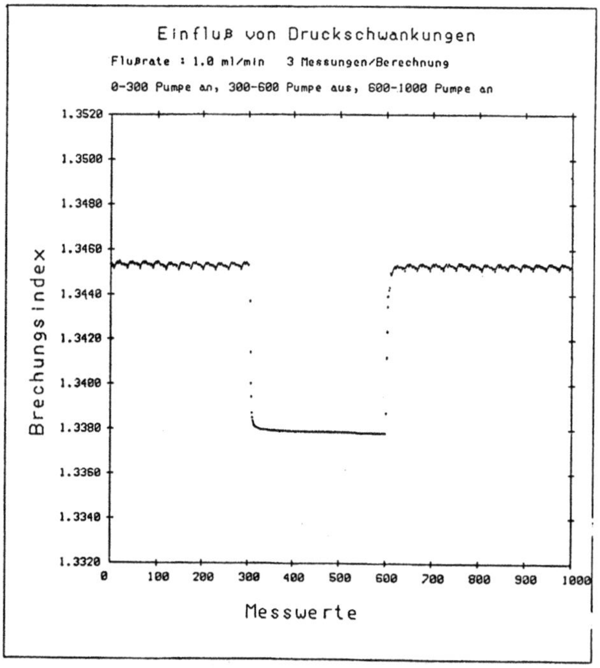

Abb. 18
Änderung der Brechzahl bei Ein- und Ausschalten einer HPLC-Pumpe.

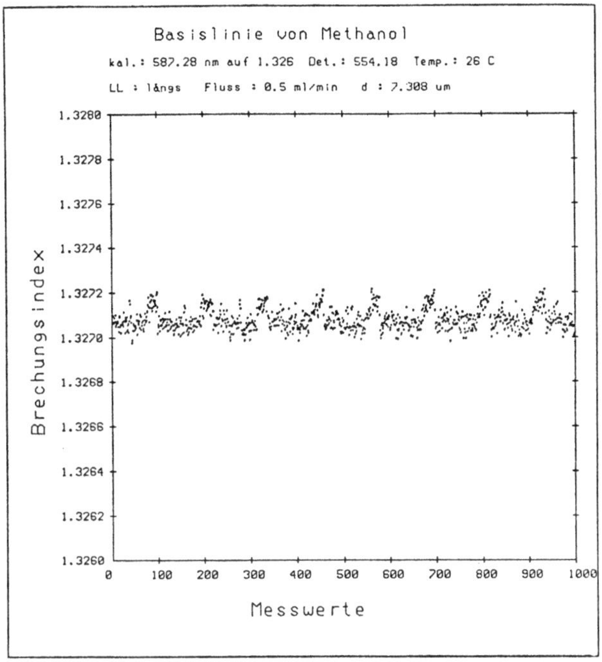

Abb. 19
Änderungen der Brechzahl durch Pulsationen der Pumpe im laufenden Betrieb.

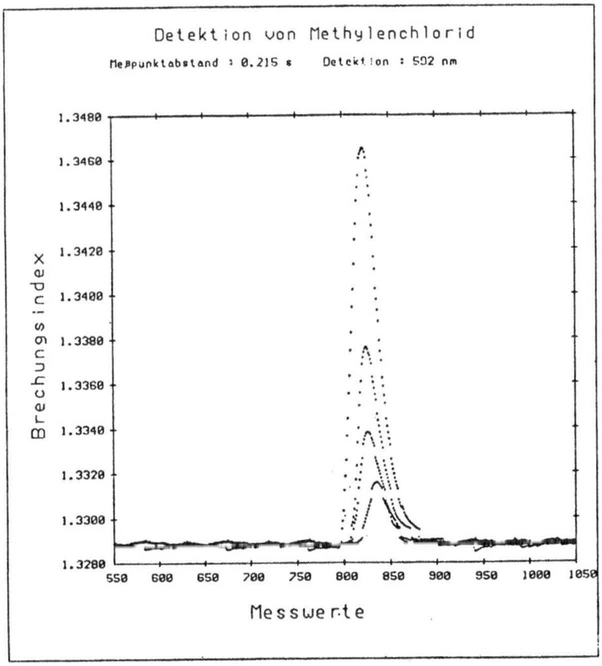

Abb. 20
Chromatogramme von Methylenchlorid in Methanol, gemessen mit dem Interferenzrefraktometer für verschiedene Konzentrationen.

In Abb. 20 sind die auf diese Weise aufgenommenen Chromatogramme für Methylenchlorid für verschiedene Konzentrationen übereinander gezeichnet. Daraus ergibt sich nach Abb. 21 ein linearer Zusammenhang zwischen den Konzentrationen und den Chromatogrammpeaks. Die Fehlerbalken rühren von der Temperaturabhängigkeit der Brechzahl her. Da für die Kalibrierung verschiedene Ansätze gefahren werden mußten, ist eine definierte Temperatur experimentell nur schwieriger zu erhalten. Im laufenden Betrieb werden Temperatureffekte vor allem durch unterschiedliches Strömungsverhalten und Reibungskräfte der Flüssigkeit auf der Säule erzeugt werden. Die relativen Peakflächen während eines Versuchs dürften jedoch weniger beeinflußt werden. Insgesamt ist zu erwarten, daß die Messung

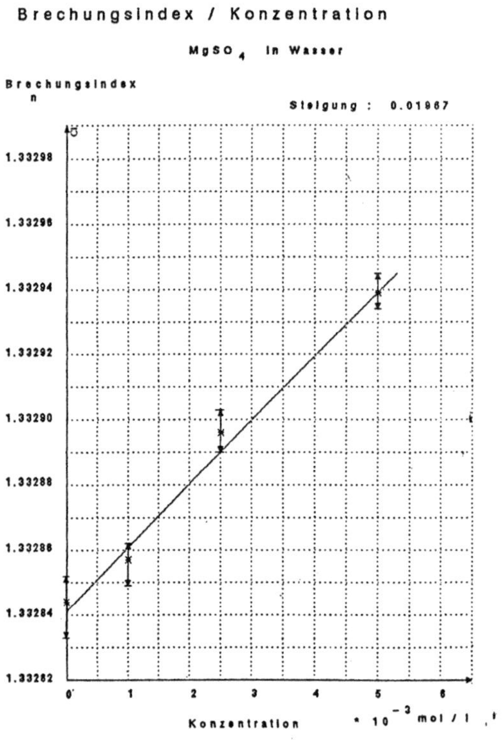

Abb. 21
Die in Abb. 19 gemessenen Konzentrationen dargestellt in Abhängigkeit von der gemessenen Brechzahl. Die Fehlerbalken stellen die Temperaturabhängigkeit dar.

des anomalen Teils der Dispersionskurve, eine exakte Temperaturkontrolle und eine reproduzierbare Pumpenpulsation zu einer Verbesserung der Nachweisgrenze führen werden. Vor- und Nachteil der Interferenzrefraktometrie sind in der Tab. 2 zusammenfassend dargestellt.

Tab. 2 Vor- und Nachteile der Interferenzrefraktometrie

Methode:	Über Interferogramm Berechnung des spektralen Dispersionsverlaufes
Probleme:	im dynamischen System - Druckempfindlichkeit - Temperatureinfluß Empfindlichkeit Nachweisgrenze Linearität
Vorteile:	unselektiv nicht nur auf Absorptionsbande beschränkt spektrale Auflösung kleines Probevolumen günstige Strömungsbedingungen in der Zelle keine Referenzzelle

5. Photochrome Systeme in Polymeren

Photochrome Systeme, wie Azobenzol [26] oder Dihydroindolizine [27], können in Polymere [28] (SilGel) sehr gut eingelagert werden. Solche Polymerenblöcke sind gut geeignet als Dosimeter bzw. zu einer quasidreidimensionalen Photographie, da die Intensitätsverteilung der Lichtquelle auf der Fläche und über die Eindringtiefe sehr genau festgehalten werden kann. Dies wird insbesondere bei den in Silgele eingebetteten Dihydroindolizinen möglich [27, 29]. Nachdem in Lösung die Probleme der reversiblen Photoisomerisierung mit einer überlagerten thermischen Reaktion gelöst sind [30], sollte nun auch die Photoreaktion von Azobenzol im Polymerenblock detailkinetisch beschrieben werden [27, 31]. Bei den üblichen photokinetischen Differentialgleichungen wird davon ausgegangen, daß die Bestrahlung nicht nur homogen ist, sondern auch im Reaktor während der Bestrahlung für Homogenisierung der Konzentrationen gesorgt wird. Da ein Polymerenblock als zähes Medium betrachtet werden muß, gelten die Voraussetzungen nicht mehr. Dadurch wird die Konzentration im Polymerenblock nicht nur zeit-, sondern auch noch ortsabhängig. Diese Zeit- und Ortsabhängigkeit muß zusätzlich im photokinetischen Faktor berücksichtigt werden. Wird die Zeitachse hinsichtlich der Orts- und Zeitabhängigkeit des photokinetischen Faktors transformiert, kann ein pseudolineares Differentialgleichungssystem aufgestellt werden [32].

In Abb. 22 sind die bei 308 nm gemessenen Extinktionen von im Polymerenblock gelösten Azobenzol in Abhängigkeit von der Pulszahl eines Lasers dargestellt.

Abb. 22 Azobenzol in SilGel 604, bestrahlt mit einem Excimerenlaser bei 308 nm. (◊) Extinktionsmeßwerte nach verschiedenen Bestrahlungszeiten; (□) entsprechende Simulationskurve, berechnet für den Fall, daß nicht gerührt werden kann.

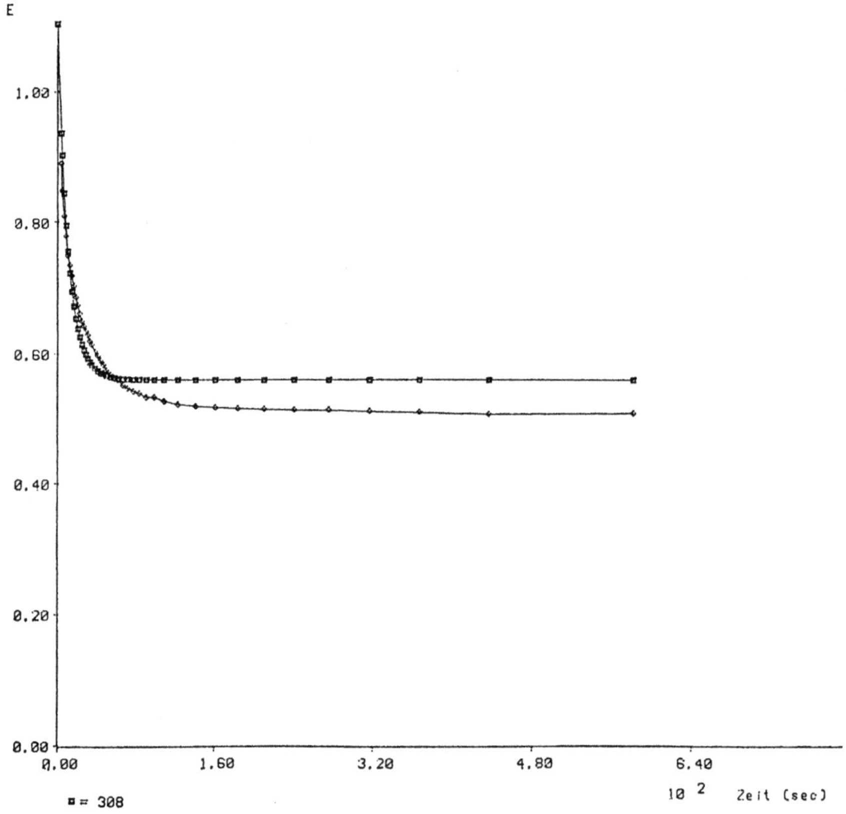

Versucht man, mit dem pseudolinearen Gleichungssystem diese Meßwerte zu simulieren, so bekommt man die in Abb. 22 als Quadrate dargestellten Ergebnisse für die "theoretischen Daten" und eine Abweichung von den durch Rauten dargestellten experimentellen Daten. Diese Abweichung läßt sich zunächst nur durch einen Mechanismus erklären, nach dem im Polymerenblock die Photoreaktion anders als in Lösung abläuft.

Untersuchungen ergaben jedoch, daß Azobenzol im Polymerenblock diffundiert, und zwar die trans- und die cis-Formen unterschiedlich schnell. Dazu wurden zwei Polymerenblöcke in Kontakt gebracht, von denen einer eine hohe Konzentration an trans-Azobenzol eingelagert hatte. Der zweite azobenzolfreie Block wurde zunächst stundenweise -später in größeren Zeitabständen- mit einem Dünnschichtscanner vermessen [33]. Die beiden Blöcke und der experimentelle Aufbau sind in Abb. 23 dargestellt. Beobachtet man ortsaufgelöst die Durchlässigkeit des zweiten Polymerenblocks, so stellt man fest, daß innerhalb von zwei Tagen praktisch ein ortsunabhängiger Konzentrationsausgleich von trans- und cis-Azobenzol stattgefunden hat, wobei das cis-Azobenzol durch die Lichtintensität

Abb. 23 Zwei aneinanderstoßende Polymerenblöcke, der eine mit hoher Azobenzolkonzentration. In Richtung des gestrichelten Pfeiles wird mit einem DC-Scanner in Durchsicht die Extinktion nach verschiedenen Zeitpunkten gemessen.

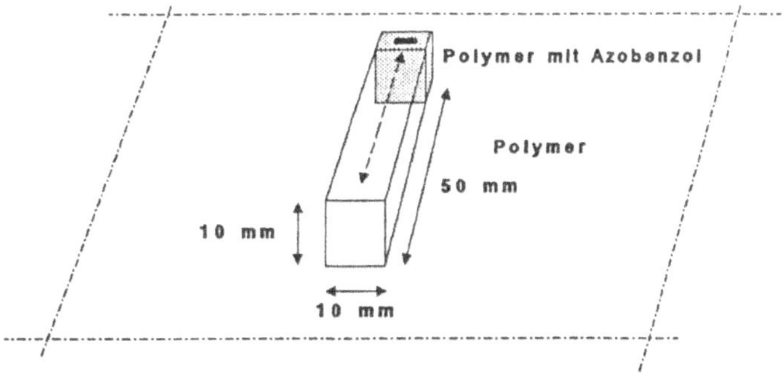

der Lampe des Scanners entsteht. In Abb. 24 ist dieses Extinktions-Weg-Profil für verschiedene Zeiten aufgetragen. Man sieht deutlich, daß das Azobenzol nach rechts in den Block (Weg) hineindiffundiert und dabei die Extinktion bis zur Sättigung in Abhängigkeit vom Ort zunimmt. Durch dieses Diffusionsverhalten läßt sich die Abweichung der Simulationskurve von den oben gefundenen experimentellen Daten erklären. Der während der Photoreaktion erzeugte Konzentrationsgradient in den verschiedenen Volumenelementen wird durch Diffusion wieder ausgeglichen. Dies wurde zunächst im rechnerischen Ansatz der Simulation in den Differentialgleichungen nicht berücksichtigt. Die zunächst off-line durchgeführten geometrischen Messungen sollen in nächster Zeit on-line mit einem Diodenarray über Mustererkennungsverfahren direkt weitergeführt werden.

Abb. 24 Messung der Durchlässigkeit des Polymerenblocks in Abhängigkeit vom Ort nach verschiedenen Zeiten. Wegen des intensiven Scanner-Lichtes kommt es zu einer unerwünschten photochemischen Reaktion, daher tritt eine sich im Polymerenblock räumlich mit der Zeit verschiebende Überlagerung von zwei Absorptionskurven auf.

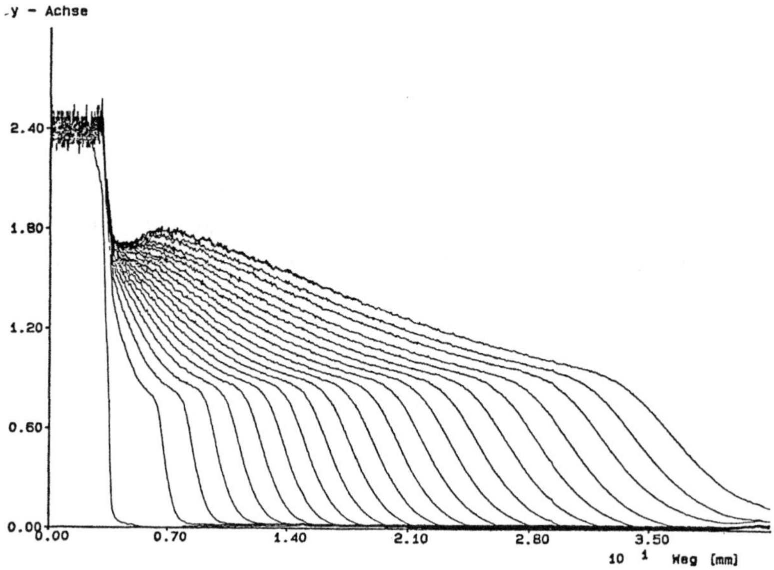

Ziel des Rechnereinsatzes in der Analytik

Die dargestellten Beispiele zeigen die Möglichkeiten, die sich heute durch den Einsatz moderner Spektrometerbausteine, die aus einem integrierten Gitter und linearen Photodiodenarray bestehen, ergeben. Dabei wird die Auslesezeit nur noch durch die Rechner begrenzt. Es sind bei uns Entwicklungen im Gange, diese Auslesezeiten auf unter 10 ms zu drücken. Dadurch wird es möglich, auch bei schnellen Prozessen spektral in sehr kurzen Zeitintervallen eine Vielzahl von Beobachtungen während des Reaktionsverlaufes durchzuführen. Insbesondere bei den in Polymerenblöcken beobachteten Photoreaktionen lassen ortsauflösende Empfänger Vorteile beim Einsatz von Mustererkennungsverfahren erwarten.

Darüberhinaus zeigt die Entwicklung neuer Detektionsverfahren, daß es auch möglich wird, den Informationsgehalt des Realteiles der Dispersionskurve heranzuziehen und somit auch in Bereichen detektieren zu können, die bisher nicht erschlossen waren, bzw. durch die konventionelle Refraktometrie nur bei einzelnen Wellenlängen gemessen werden konnten.

Abb. 25 Konfigurator des multiuser, multitasking Echtzeitbetriebssystems der Firma Eyring research (Utah, USA) (entnommen [15]).

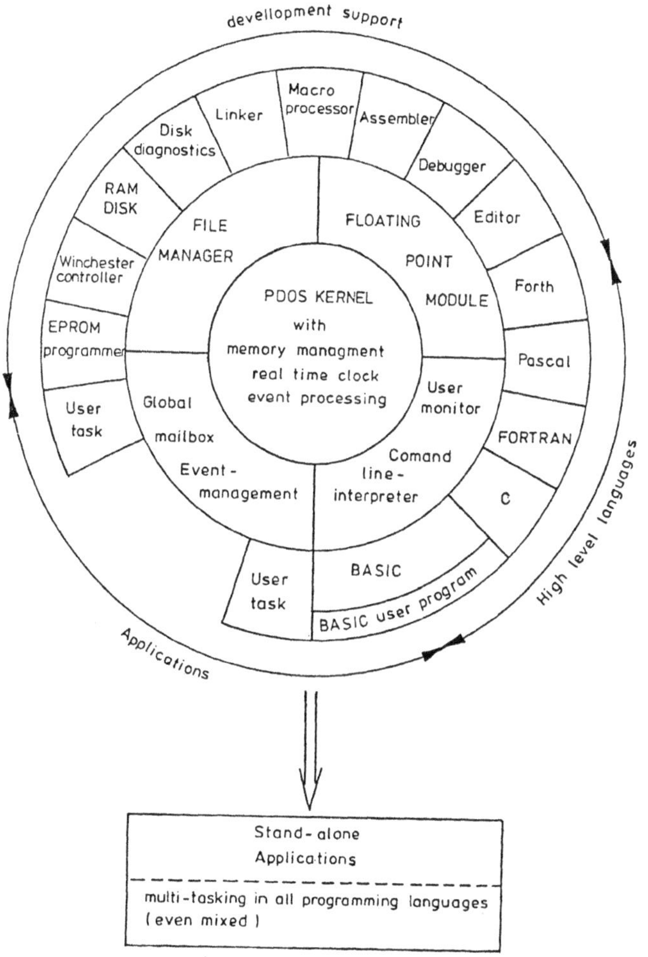

Voraussetzung für die geschilderten Echtzeitapplikationen war ein optimales Betriebssystem, das in PDOS von Eyring Research gefunden wurde. PDOS ist ein Echtzeit-Multiuser-Multitasking-Betriebssystem in engerem Sinne. Es wird sonst üblicherweise zur Robotersteurung, in Raketen oder von den Maschinenbauern verwendet. Sein Konfigurator ist in Abb. 25 wiedergegeben.

Durch die Vorzüge dieses Betriebssystems können die Vorteile der Datenverarbeitung konsequent im analytischen Labor genutzt werden. Der Einsatz eines solchen Echtzeitbetriebssystem entspricht dem in Tab. 3 dargestellten Konzept der

Tab. 3 Anforderungen an ein Rechnersystem im analytischen Labor.

Aufgabenstellung		Steuerung	Echtzeit
		Datenerfassung	schnell
		Datenspeicherung	viel
		Datenauswertung	hohe Genauigkeit
		Datenpräsentation	Hochauflösungsgraphik
		Datenverarbeitung	numerisch
			Text
			Datenbank
Konzept	software	Betriebsystem	Echtzeit
			multi-user
			multi-tasking
		Sprachumfang	
		Menueführung	Benutzerfreundlich
			Fehlersicherheit
	hardware	modular	kommerzielle
		schnell	Platinen
		ausbaufähig	16/32 Bit
		Peripherie	
Auswahlkriterien		kommerzielles Betriebssystem mit guter Dokumentation	Eyring PDOS
		- Assembler	- interrupt
		- Debugger	- Echtzeit
		- Forth	- events
		- BASIC	- global arrays
		- Pascal	- mailbox
		- FORTRAN	
		- C	

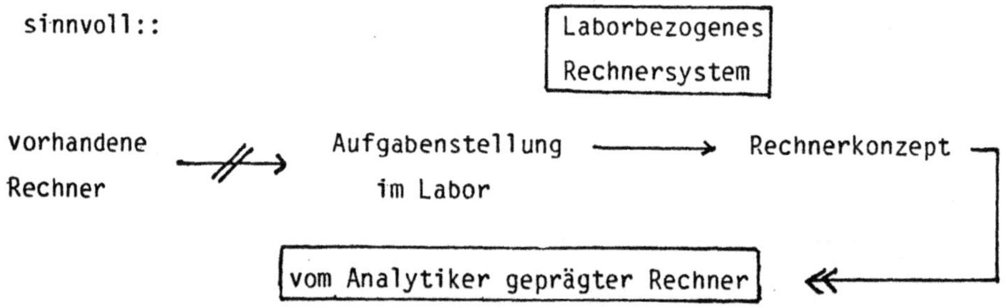

Datenverarbeitung im analytischen Labor. Das Ziel muß es sein, Prozeßsteuerung, Datenerfassung und Auswertung auch in einem Labor ohne große Rechnersysteme und der damit verbundenen Abhängigkeiten durchzuführen. D. h. der Kleinrechner muß eine Labordatenstation sein, die die Möglichkeiten bietet, Versuche zu steuern, Daten zu erfassen, sie zu protokollieren, sie mit Hochauflösungsgraphik darzustellen und auf Datenbanken zuzugreifen.

Im analytischen Labor wird ein laborbezogenes, vom Analytiker geprägtes Rechnersystem benötigt. Es erscheint sinnlos, einen vorhandenen Rechner zu nehmen und die Aufgabenstellungen des Labors an die Möglichkeiten dieser Rechner anzupassen. Vielmehr ist aus der Sicht des Analytikers der umgekehrte Weg zu gehen. Nämlich anhand der Erfordernisse des Labors ein Rechnersystem entweder auszuwählen oder aufzubauen. Nur bei dieser Vorgehensweise ergeben sich die oben dargestellten Möglichkeiten, im modernen Labor durch Prozeßsteuerung schnelle Datenerfassung durchzuführen und über graphische sowie numerische Auswertemethoden auch problematische Aufgabenstellungen zu lösen.

Literatur

1) G. Gauglitz, "Praktische UV/VIS-Spektroskopie", Attempto-Verlag Tübingen 1983
2) S. Ebel, E. Glaser, Z. Anal. Chem. 313, 24 (1982)
3) A. Junker, G. Bergmann, Anal. Chem. 272, 267 (1974)
4) H. Mauser, "Formale Kinetik", Vieweg Verlag, Düsseldorf 1974
5) G. Gauglitz, GIT Fachz. Lab., 26, 205 (1982); 26, 597 (1982); 29, 186 (1985)
6) E. Friz, G. Gauglitz, T. Klink, A. Lorch, Comp. Enhanced Spectrosc. 1, 49 (1983)
7) G. Gauglitz, T. Klink, W. Schmid, J. Photochem. 22, 285 (1983)
8) J. Sustek, Anal. Chem. 46, 1976 (1974)
9) J. Stoer, "Einführung in die numerische Mathematik I", Springer Verlag 1979
10) Björck/Dahlquist, "Numerische Methoden", R. Oldenburg Verlag 1979
11) T. Klink, Doktorarbeit, Tubingen 1984
12) Y. Talmi, "Multichannel Image Detectors", ACS Symposium, 102 (1979)
13) D. G. Jones, Anal. Chem. 57, 1057A, 1207A (1985)

14) A. E. McDowell, R. S. Harner, H. L. Pardue, Clin. Chem. 22, 1862 (1976)

15) G. Gauglitz, R. Goes, Comp. Enhanced Spectrosc. 2, 159 (1984)

16) G. Gauglitz, R. Goes, W. Schmid, J. Photochem. 34, 339 (1986)

17) W. Stooß, geplante Dissertation, Tübingen 1987

18) H. Schlemmer, M. Mächler, J. Phys. E.: Sci. Instrum. 18 (1985)

19) J. Emmert, P. Quick, Laborpraxis 6, 710 (1986)

20) Diskussion bei der DASp-Tagung, Dortmund, Sept. 1986

21) W. Schmid, geplante Dissertation, Tübingen 1987

22) G. Kortüm, "Reflexionsspektroskopie", Springer Verlag, Berlin 1968

23) G. Gauglitz, R. Mauser, D. Oelkrug, 4. Arbeitstagung Oberflächenanalytik, Kaiserslautern, Juli 1986

24) M. Mächler, R. Sachse, H. Schlemmer, Ger. Offen. DE 3 414 260 vom 24. Oktober 1984

25) J. Krause-Bonte, Diplomarbeit, Tübingen 1986

26) S. Hubig, Dissertation, Tübingen 1984

27) R. Bär, geplante Dissertation, Tübingen 1987

28) Wacker Silicone, SilGel 601, 604, Wacker-Chemie GmbH, Sparte S, Postfach, 8000 München 22

29) H. Dürr, P. Spang, Angew. Chem. 96, 227 (1984)

30) R. Bär et al., Z. Naturforsch. 39a, 662 (1984)

31) D. Fröhlich, Diplomarbeit, Tübingen 1986

32) G. Gauglitz, M. Guther, T. Klink, in Vorbereitung

33) S. Bayerbach, Diplomarbeit, Tübingen 1986

Rechnernetze in der instrumentellen Analytik

H. Armitage, W. Bartelt (*), P.C. Gentz, A. Khuen, E.P. Resewitz, S. Schindler (*), D. Ziessow

I.-N.-Stranski-Institut für Physikalische Chemie
Technische Universität Berlin
D-1000 Berlin 12

***) Institut für Software und Theoretische Informatik**
Technische Universität Berlin
D-1000 Berlin 12

1. Einleitung

Rechner und rechnergesteuerte Meßgeräte sind heute wichtige Arbeitsmittel des Chemikers. Meßdaten und Spektren werden in digitaler Form erzeugt und im Rechner weiter analysiert. Der Einsatz von automatischen und intelligenten Auswerteverfahren nimmt zu und ist bei hohem Probenaufkommen unumgänglich. Dies trifft besonders für die Strukturanalyse zu. Hier werden zur Zeit leistungsfähige Programme entwickelt, die die Ergebnisse verschiedener spektroskopischer Methoden vereint auswerten, gegebenenfalls auch mit Hilfe spektraler Information aus Datenbanken.

Notwendige Voraussetzung solcher Verfahren sind:

- ein lokales Kommunikationssystem
- Anschluß an ein überregionales Kommunikationsnetz
- Zugriffsmöglichkeit auf Datenbanken

Andere rechnergestützte Arbeitsbereiche der Chemie, wie die Syntheseplanung, Molekülmodellierung und Simulation technischer Verfahren werden durch den Einsatz dieser Kommunikationstechniken in ihren Möglichkeiten ebenfalls erheblich erweitert.

In diesem Beitrag wird eine kostengünstige Lösung für eine lokale, nationale und weltweite Kommunikation beschrieben, die sich an den instrumentellen Gegebenheiten und finanziellen Möglichkeiten des Hochschul-

J. Gasteiger (Hrsg.)
Software-Entwicklung in der Chemie

labors orientiert. Sie entstand 1983- 86 im NMR-Labor des I.-N.-Stranski-Instituts (INSI) der TU Berlin in Zusammenarbeit mit dem Fachbereich für Informatik (INSInet). Technische Grundlage ist lokal die asynchrone, serielle Leitung, andere Verbindungen sind aber nachrüstbar. Für die Fernübertragung dient seit 1985 das Paket-Vermittlung-Netz (Datex-P) der Bundespost. Die Entwicklung und Erprobung der Kommunikation erfolgt hier im Rahmen der Nutzergruppe Chemie im Verein zur Förderung eines Deutschen Forschungsnetzes (DFN), die im November 1985 mit Unterstützung durch das BMFT gegründet wurde.

2. Datenkommunikation in der Chemie

In diesem Kapitel wird eine Lösung zur Rechnerkommunikation in der Chemie beschrieben, die seit Januar 1986 bundesweit betrieben wird.

2.1. Das INSI-Sternnetz

Das INSI-Netz ist ein lokales Netz mit Sternkonfiguration, d.h. Datensichtgeräte und Rechner sind an einen zentralen Vermittlungsrechner angeschlossen. Die Daten werden über Punkt-zu-Punkt-Verbindungen übertragen. Die Eigenschaften eines solchen Netzes lassen sich wie folgt zusammenfassen:

Vorteile:

- Es wird der Standard der seriellen, asynchronen Verbindungen benutzt. Der Anschluß unterschiedlichster Geräte und Rechner meist ohne größere Probleme möglich.

- Der Sternrechner verfügt über ein leistungsfähiges Betriebssystem (UNIX).

- Kommunikationssoftware für Punkt-zu-Punkt-Verbindungen ist vorhanden: ONLINE- (Eigenentwicklung), KERMIT- und UUCP-Programm.

- Der Sternrechner kann als "Gateway" für andere Netze genutzt werden.

Nachteile:

- Der Durchsatz hängt ab von der Zahl der seriellen Ports und von der Fähigkeit des Sternrechners, seine seriellen Schnittstellen effizient bedienen zu können.

- Bei Ausfall des Sternrechners bricht das Netz zusammen.

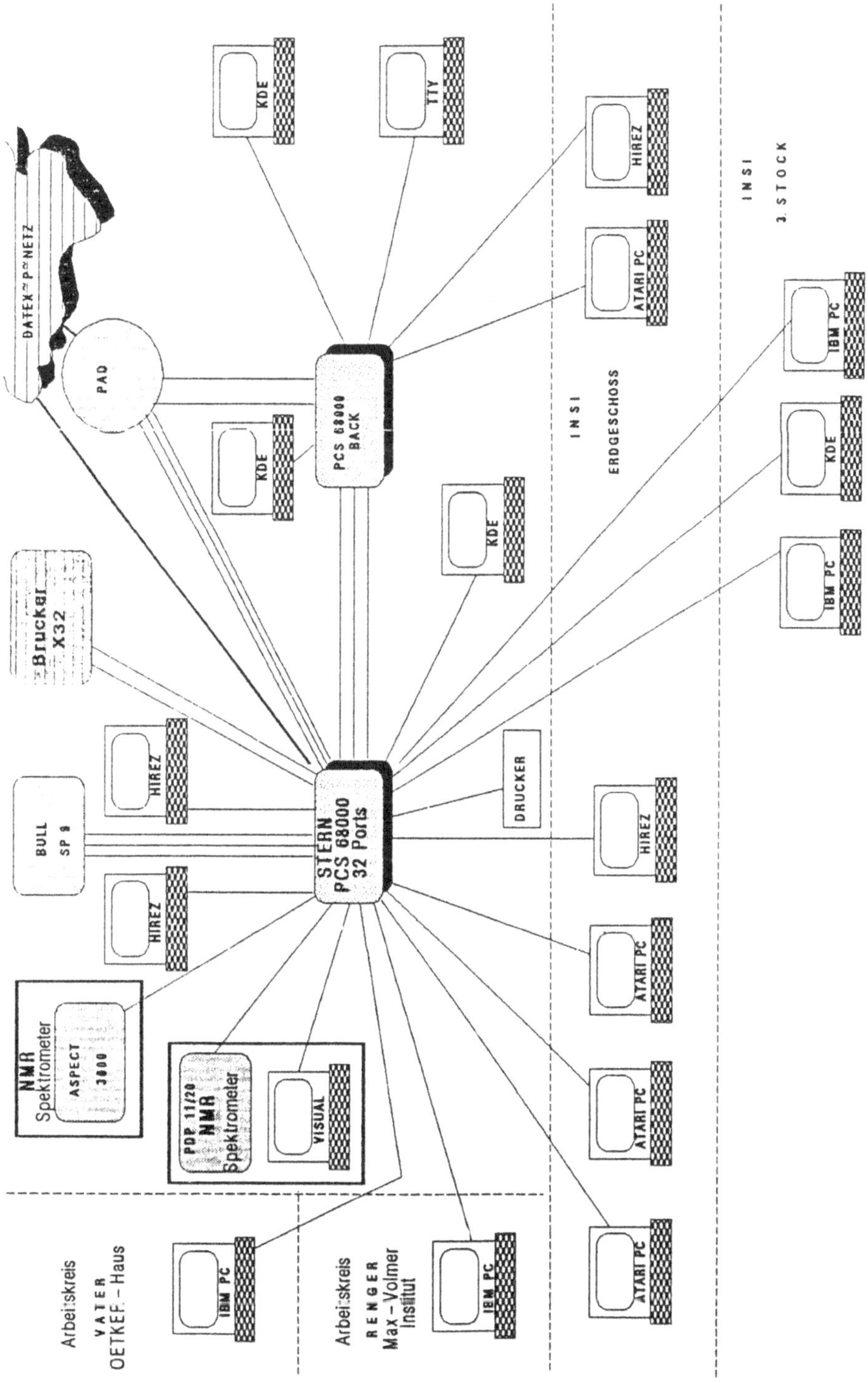

------ Abb. 1 Blockdiagramm des INSI-Sternnetzes ------

Datenübertragung:
Da die Störsicherheit einer Datenübertragung nach der RS-232- Spezifikation nur bis Entfernungen von 30 m gewährleistet ist, wird für längere Übertragungsstrecken der RS-422-Standard befolgt. Er erlaubt bei hohen Baudraten (9600 Baud) störungsfreie Übertragungen bis Entfernungen von 1 km, da das Signal als Differenzspannung übertragen und daher hohe Gleichtaktunterdrückung erreicht wird. Eine erdfreie Verbindung ist über Optokoppler erreichbar, die allerdings eine Übertragung mit hohen Baudraten (>4800) nicht gewährleisten.

Elektrische Standards fuer den Datentransfer:

Standard	log. Pegel	Spannung od. Strom	Eigen-schft.
V24/RS232 3 Leiter	1 0	-15V < U < -3V 3V < U < 15V	30m 30k Baud
20 mA Stromschleife 4 Leiter	1 0	I > 12 mA I < 5mA	
RS-422 4 Leiter	1 0	0.2V < DU < 5V -5V < DU < -.2V	1km 10 mega Baud
RS-423 3 Leiter	1 0	0.2V < U < 5V -5V < U < -0.2V	700m 300k Baud

--------- Tabelle 1 Elektrische Standards für den Datentransfer ---------

Zur Flußkontrolle dient standardmäßig das XOFF/ON-Protokoll. Für den Anschluß von Laborgeräten wurden einfache Pegelumsetzer (RS- 232 <-> RS-422) und intelligente Protokollumsetzer entworfen und gebaut.

Alternativen:
Netz (Bus- oder Ringtopologie) mit intelligenten Knoten, die das Bus-Protokoll in einen seriellen, asynchronen Datenstrom umsetzen (vergl. PAD weiter unten). Auf diese Weise können Rechner, für die es keine Netz- schnittstelle gibt, an ein Busnetz angeschlossen werden.

Obwohl das Sternnetz Nachteile aufweist, so zeigt doch die gegenwärtige Situation, daß es für den Aufbau einer Datenkommunikation in der heterogenen Rechnerwelt eines Labors z. Z. kaum eine andere preisgünstige

Lösung gibt. Es ist auch zu berücksichtigen, daß bei einem Sternnetz mit leistungsfähigem Zentralrechner viele Soft- und Hardware-Arbeiten mit den Mitteln eines Labors erledigt werden können.

2.2. Anschluß an das DATEX-P-Netz der Bundespost

Bei der Entwicklung des INSI-Netzes wurde von Beginn an berücksichtigt, die Datenkommunikation auch nach außen zu ermöglichen, und zwar gemäß der Kriterien
- Benutzer können nach außen gehen (Arbeitsgruppe, Institut, etc)
- offenes Netz (jeder kann zu jedem, sofern er die "Adresse" kennt)
- Zugang von außen auf lokale Resourcen
- möglichst geringe Kosten

Das im Bereich der Forschung bereits weit eingesetzte, von der Firma IBM bereitgestellte Netz EARN kam deswegen vorerst nicht in Betracht.

Die Basis für die externe Kommunikation bildet das Paket-Vermittlungs-Netz (DATEX-P) der Bundespost, das den internationalen Kommunikationsstandard mit der Bezeichnung X.25 befolgt. Der Zugang ist zur Zeit wie folgt möglich:

- P-10-Hauptanschluß:
  Die Station (PC, Laborrechner) kann nach außen wählen oder angerufen werden.

- P-20-Anschluß:
  Es wird mit einem Akustikkoppler (oder Modem) über einen bestehenden Telefonanschluß ein Post-Rechner angerufen. Dieser übernimmt die Umformung der eingehenden Daten in die Paketform der X.25-Norm (Post-PAD, Packet Assembly Dissassembly). Mit diesem Anschluß gelangt man nur in das Datex-P-Netz hinein, die Anwahl von außen ist nicht möglich.

- Bildschirm-Text (BTX):
  Hier gibt es über einen Vermittlungsrechner einen Zugang zu bestimmten Rechnern des DATEX-P-Netzes.

Der DATEX-P-Hauptanschluß (X.25-Protokoll) gestattet die Verwirklichung einer großen Zahl von Diensten (Schichten 4-7 des OSI-Modells). Bei den beiden letzten Zugangswegen ist man im wesentlichen auf den Dialog nach außen beschränkt, z.B. bei der Anwahl einer Datenbank. Ein Primitiv-Dateitransfer ist mit dem Protokolldienst des Kommunikationsprogramms durchführbar.

Das INSI-Netz ist über zwei P-10-Hauptanschlüsse (9600 Baud) an die X.25-Untervermittlung des TU-Rechenzentrums angeschlossen. Ein Anschluß bedient ein PAD-Gerät (Paket Assembly Dissassembly), der andere die

X.25-Schnittstelle des Sternrechners.

3. Kommunikationssoftware

Das Netz wird mit Kommunikationsprogrammen betrieben. Sie stellen dem Nutzer folgende Dienste bereit.

- Dialog:
  Direkter vom lokalen Sichtgerät zu einem entfernten Rechner. Problematik: Steuersequenzen und Funktionen der Terminals sind nicht standardisiert. In diesem Sinne sind Terminals nicht netzwerkfähig. Die Dialogfunktion ist häufig durch die beiden folgenden Dienste erweitert.

  = Protokoll: Während einer Dialogsitzung werden alle Daten,die vom externen Rechner gesandt werden, auf eine Datei geschrieben.

  = Send: Ausgabe einer Datei auf die Datenleitung.

  Mit mit diesen beiden Funktionen kann ein primitiver, nicht Fehler gesicherter Dateitransfer realisiert werden.

- Dateitransfer:
  Übertragung von Dateien zwischen Rechnern. Problematik: Standardisierung von Datenkodierung und Dateiformat, insbesondere der Kodierung chem. Meßdaten.

- RJE:
  Kürzel für Remote Job Entry. Gemeint ist die Abarbeitung eines Rechenauftrages beim externen Großrechner, wobei der Auftrag von der lokalen Station abgesandt wird, die danach automatisch die Ergebnisse erhält. Dieser Dienst wird auch durch die Funktion Dialog und Dateitransfer (Protokoll) abgedeckt.

- "Electronic Mail":
  Austausch von Briefen und Nachrichten zwischen Nutzern des Datenverbundes.

Die oben beschriebenen Funktionen werden im INSI-Netz durch die Programme ONLINE (Eingabe onl), KERMIT, UUCP und verschiedene Terminalemulatoren verwirklicht.

3.1. Die Kommunikationsprogramme ONLINE und KERMIT

Das UNIX-Betriebssystems kann mehrere Benutzer praktisch gleichzeitig bedienen (Mehrbenutzer-Betrieb). Im üblichen Mehrplatzbetrieb sind am Rechner nur Terminals und Drucker angeschlossen, im Netz ist ein Teil durch Rechner ersetzt, z.B. jenem eines Spektrometers. Beim Aufruf des ONLINE- Programms onl R1 wird eine Verbindung vom Terminal zum Rechner R1 aufgebaut.

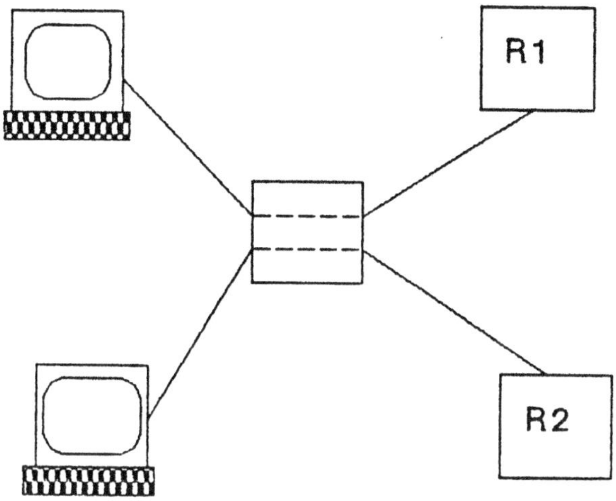

------- Abb. 2: Schalten einer virtuellen Verbindung -------

Jede virtuelle Verbindung (eine hin, eine zurück) entspricht gemäß in UNIX einem Prozeß. Auf Grund der "Multiuser/Multitasking"-Fähigkeit von UNIX können mehrere Verbindungen nebeneinander aufgebaut werden. Allerdings können niemals zwei Nutzer über die gleiche physische Leitung zum selben Rechner zugreifen. Ist der angesprochene Rechner ein UNIX-Rechner, so läßt sich der benutzte Terminaltyp beim Betriebssystem anmelden. Es sind dann Programme wie Bildschirm- Editoren nutzbar, die spezielle Terminalfunktionen benötigen.

Beim Aufruf von ONLINE wird automatisch die Dialogfunktion aktiviert, mit Eingabe von CTRL-A gelangt man in die Menü-Ebene des Programms, von der aus Funktionen wie Protokoll, Send (Type) und Terminalstatus aufrufbar sind oder das Programm mit Quit verlassen wird.

Das KERMIT-Programm (C-Kermit unter UNIX) besitzt ein ganz ähnliches Funktionsspektrum wie das ONLINE-Programm. Es wurde an der Columbia-Universität in den USA mit dem Ziel entwickelt, einen sicheren Dateitransfer zwischen Rechnern zu ermöglichen. Zum Dateitransfer wird ein fehlergesichertes Blockprotokoll verwendet. Die Bedeutung dieses Programms liegt darin, daß für nahezu alle Rechnertypen eine Kermit-Version existiert. Es ist deswegen recht weit verbreitet. Damit kann beim Aufbau von Netzen, die Punkt-zu- Punkt-Verbindungen herstellen, auf ein erprobtes Softwarepaket zurückgegriffen werden. Zum Dateitransfer mit KERMIT ist auf beiden Rechnern der "Server" aufzurufen. Er besitzt zwei Seiten: Einerseits kann er auf das Dateisystem des jeweiligen Rechners zugreifen, andererseits kooperiert er mit dem Server des anderen Rechners. Die beiden "Server" bilden ein logische Schnittstelle zwischen den Datei-systemen beider Rechner und erlauben somit einen bequemen Datei-transfer, zumindest für ASCII-Dateien.

3.2. Terminalemulatoren für Dialog und Grafik

Microcomputer erreichen heute ein hohes Preis/Leistungsverhältnis. Unsere Erfahrungen betreffen die Typen Apple IIe, IBM-PC und Atari 520 ST+ (1040 ST) gesammelt. Beachtenswert sind dabei die graphischen Fähigkeiten dieser Rechner: 640x400 beim IBM-PC und beim Atari. Damit erreichen diese Rechner fast die Auflösung von Graphikterminals (1024x768). Mit Hilfe geeigneter Programme (Terminalemulatoren) können die Microcomputer in Terminals (z. B. VT52) oder Graphik-Terminals verwandelt werden. Dabei verfügen solche Programme noch über eine Anzahl weiterer nützlicher Funktionen, wie den Protokoll- und Send-Funktionen (Dateitransfer). KERMIT auf Microcomputern enthält in der Regel eine Terminalemulatorfunktion, die aus der Kommando-Ebene mit connect aufgerufen wird.

In der Chemie ist die graphische Ausgabe (Spektren, Molekülstrukturen) unerläßlich. Graphikfähige Terminalemulatoren für Microcomputer sind des wegen äußerst wichtig. Viele kommerziell erhältliche Graphikterminals folgen dem Tektronix- 4010-(1024x1024) oder dem -4014-(4096x4096)-Standard. Er muß deswegen bei der Entwicklung von Terminalemulatoren zu Grunde gelegt werden.

Im INSI entstanden Graphikterminalemulatoren für den Apple und für den Atari, für die der Tektronix-Standard bis auf die Textdarstellung implementiert wurde. An anderer Stelle entstanden ähnliche Programme, so daß jetzt eine Reihe leistungsfähiger Emulatoren für den Atari existieren. Die etwas geringere Auflösung gegenüber Graphikterminals erwies sich in der Praxis nicht als gravierend.

Anzumerken ist, daß sich durch die neuen, sehr leistungsfähigen und preisgünstigen Microcomputer neue Aspekte bezüglich der "Netzwerkfähigkeit" von Terminals eröffnen. Ein solcher Microcomputer kann die unterschiedlichsten Terminaltypen emulieren und sich so verschiedenen Rechnern anpassen.

3.3. DFN-Dienste - Die Nutzergruppe Chemie

Für die Standardisierung, Entwicklung und Verbreitung von Kommunikationssoftware für den wissenschaftlich-technischen Bereich sorgt der Verein "Deutsches Forschungsnetz". Für die wichtigsten Rechner und Betriebssysteme bietet er bereits eine Reihe von Diensten an.

Um den Einsatz von Kommunikationstechniken in der chemischen Forschung zu entwickeln und zu erproben, haben sich die folgenden Arbeitsgruppen in der DFN-Nutzergruppe Chemie zusammengefunden:

1. Berlin, I.-N.-Stranski-Institut (INSI) für physikalische Chemie, TU
2. Bochum, Lehrst. für analytische Chemie, Ruhr-Universität
3. Düsseldorf, Inst. für anorganische und Strukturchemie, Universität
4. Frankfurt, Inst. für organische Chemie, Universität
5. Karlsruhe, Fa. Bruker Analytische Meßtechnik, GmbH
6. München, Inst. für organische Chemie, TU München
7. Tübingen, Institute für physikalische organische Chemie, Universität

Die einzelnen Gruppen besitzen als lokale Infrastruktur einen Vermittlungsrechner mit UNIX-Betriebssystem. Der zentrale Rechner dient gleichzeitig als "Kommunikations-Server" für die Verbindung zu überregionalen Datennetzen.

Die NG Chemie setzt derzeit folgende DFN-Dienste ein:

- Dialog ,"Software Pad" (X.3,X.28,X.29)
- Dateitransfer (T.70)
- EAN-Programm, Mitteilungs-Hantierungs-System (MHS, gemäß internationaler X.400-Norm)

So können mit jedem Rechner, der am DATEX-P-Netz angeschlossen ist und die DFN-Software einsetzt, Meßdateien ausgetauscht werden. Der Transfer eines Spektrums vom Spektrometer zu einem Auswerteprogramm auf einem Höchstleistungsrechner wie einer CRAY- X MP ist damit schnell möglich.

Mit dem EAN-Programm lassen sich Briefe (und ebenso Meßdaten) an Nutzer anderer Rechner senden oder von ihnen empfangen, wenn auf den respektiven Rechner Software gemäß der X.400-Norm für MHS- Systeme installiert ist. Im Gegensatz zur Telebox der Bundespost, die auf einem zentralen Rechnern in Mannheim installiert ist, ist das EAN-System ein "verteiltes" Mailsystem. Die Programme befinden sich weltweit auf verschiedenen Rechnern. Der Benutzer gibt lediglich den Adressaten an, die Verbindungsherstellung und der eigentliche Versand geschehen automatisch.

EAN bietet folgende Funktionen:

- Es stellt ein Ablagesystem für Briefe und Daten bereit.

- Es bietet Werkzeuge zum Schreiben von Mitteilungen.

- Es sendet Mitteilungen gemäß ihrer Adresse an andere X.400-Systeme.

- Es empfängt Mitteilungen und stellt sie dem Adressaten zu, wenn er sich auf seinem Rechner "einloggt".

- Es bietet u.a. die Dienste Verteilerliste, automatische Beantwortung, Weiterleitung, Bestätigung des Empfangs.

Die Mitteilungen können mit Attributen versehen werden, wie z. B. mit der Eigenschaft "Confirm". Sie bewirkt, daß der Sender benachrichtigt wird, wenn der Empfänger den abgeschickten Brief auf dem Bildschirm ausgeschrieben (und damit auch gelesen) gelesen hat. In der Praxis hat sich das EAN-System im Gegensatz zur Mailbox der Bundespost als ein einfach zu handhabendes Mitteilungssystem erwiesen, so daß es auch im lokalen Bereich rege verwendet wird, trotz des des von UNIX angebotenen Dienst "mail".

3.4. Dateitransfer - Kodierung von Meßdaten

Die Übertragung von ASCII-Dateien ist am einfachsten. Quelltexte von Programmen oder Manuskripte können meist ohne Schwierigkeiten zwischen Rechnern ausgetauscht werden. Die Funktion und Bedeutung des Textes erklärt sich aus ihm selbst.

Anders ist die Situation bei Meßdateien. Auch wenn diese in lesbarer ASCII-Form vorliegen, so benötigt der Empfänger noch zusätzliche Information über die Bedeutung der Daten. Außerdem verwenden verschiedene Rechner oft nicht das gleiche Binärformat zur Darstellung ganzer und Gleitkomma-Zahlen .

Neben den eigentlichen Zahlen müssen also Angaben über ihre Bedeutung und Herkunft (Spektrenart, Meßparameter und -methode) übertragen werden. Ein Dateistandard ist deswegen für den Dateitransfer in offenen Rechnernetzen eine Bedingung. Entsprechende Interpreter und Konversionsprogramme sind daher in den Rechnern anzulegen. Der Zentralrechner eines Sternnetzes bietet sich hier besonders an. Die DFN-Nutzergruppe Chemie hat sich darauf verständigt, den in den USA vorgeschlagenen Standard JCAMP-DX (Joint Committee Atomic Molecular Phys ics, Data Exchange) allgemein als externes Dateiformat vorzusehen. Obwohl für IR-Spektren konzipiert, ist es allgemein für Dateien in der instrumentellen Analytik sehr geeignet. Es werden nur ASCII-
Zeichen verwendet. Die Datei besteht aus Datenfelder variabler Länge, die entsprechend ihrer Bedeutung einen Namen tragen (labeled data fields). Die Bedeutung der Felder hängt vom Spektrentyp ab und ist als globaler Name festgelegt. Dem Nutzer steht aber die Möglichkeit offen, lokale Namenfelder zu definieren.

Weiter ist vorgesehen, die eigentlichen Meßdaten (Spektren, Chromatogramme, Zeitserien) in komprimierter Form im Datenfeld ablegen zu können, um den Speicherbedarf und Transferkosten zu reduzieren. Gegenwärtig werden in der DFN-NG Chemie entsprechende Konversionsroutinen entwickelt und der Datei transfer zwischen den einzelnen Städten erprobt.

4. Kommunikation über Bildschirmtext (BTX)

Bildschirm-Text (BTX) ist ein schon länger eingesetzter Kommunikationsdienst der Bundespost. Seine jetzige Verbreitung und die steigende Zahl der Benutzer erklärt sich durch folgende Punkte:

- Benutzung von vorhandenen und allgemein beliebten Geräten.
- Sofortige Antwort des Systems auf Anfragen.
- Die Information läßt sich mit farbigen Bildern ansprechend gestalten.
- Die Kosten halten sich in vernünftigen Grenzen.
- Die BTX-Datenbank kann sowohl als Anzeige- als auch Auskunftssystem genutzt werden.
- Der Umgang mit dem System ist einfach.

BTX stellt ein seitenorientiertes Informationssystem dar, wobei der Informationsfluß vom Anbieter zum Abrufer geht. Diese Art der Kommunikation kann im wissenschaftlich-technischen Bereich schon heute, ohne neue Geräte und zusätzliche Verbindungen, als global zugängliche Informations- und Publikationsdatenbank genutzt werden.

Dadurch, daß verschiedene Gruppen ihre Seiten im System ablegen und diese dann sofort abrufbar sind, ist schon mit dem Grunddienst ein schneller gegenseitiger Informationsaustausch möglich, ähnlich wie bei "Mailbox"-Nachrichtensystemen. Ein Informationsdienst mit gezielter Adressierung wird von der Post ebenfalls angeboten (Mitteilungsdienst), mit dem sich Kurzmitteilungen schnell und sicher austauschen lassen. Die Post zeichnet die Mitteilungen auf, der Adressierte kann von jedem beliebigen Ort in Deutschland diese Informationen abrufen.

Desweiteren bietet der Basisdienst der Post die Möglichkeit, Seiten von Informationsabrufern in einem festen Format ausfüllen zu lassen (Dialog seiten) und diese Informationen an den Informationsanbieter zurückzugeben. Das können z.B. Publikationsbestellungen oder Tagungsanmeldungen sein.

Die genannten Möglichkeiten sind im BTX-Basisdienst enthalten. Der Informationsabrufer benötigt ein Telefon mit einem zusätzlichen Post-Modem, das den Zugang zum BTX-Netz herstellt, sowie ein Abrufgerät, im einfachsten Fall ein Fernsehgerät mit einem BTX-(Videotext)-Dekoder und einer Tastatur. Mit diesen Geräten können alle Seiten des BTX-Systems abgerufen werden. Auch für den Informationsanbieter ist keine weitere Hardware erforderlich. Er muß bei der Post lediglich als Anbieter eingetragen sein und kann dann unter seiner Leitseite beliebig viele weitere Seiten ablegen.

Die Abrufstruktur des BTX-Systems ist baumartig strukturiert, Querverweise oder direktes Abrufen einer Seite sind aber möglich. Um Seiten einfach und schnell im System zu verändern oder zu ergänzen, benutzt der Anbieter eine eigene Editierstation mit lokaler (Seiten-) Datenbank. Diese Stationen existieren heute als Rechner mit entsprechender Software auf der Basis der PC- Technologie.

Darüberhinaus gibt es die Möglichkeit, andere als die von der Post benutzten Rechner in das BTX-System zu integrieren und als Benutzer des Systems anzusprechen. Diese Rechner, als externe Rechner (ER) bezeichnet, erweitern die Möglichkeiten des BTX- Dienstes. Sie verhalten sich für den Benutzer im Prinzip wie die Postdatenbank. Es findet ebenfalls ein seitenorientierter Dialog statt, allerdings nicht mehr starr nach dem abgelegten Schema für den Abruf aus der Postdatenbank. Der Dialog ist flexibel steuerbar von einem Programm auf dem ER.

Durch den Einsatz eines ERs lassen sich über das BTX-System nicht nur Informationen austauschen, sondern auch komplexe Programme starten, kontrollieren und steuern. Dabei sind zwei Arten der Anwendungen zu unter scheiden: Solche, die dem BTX-ER-Dialog angepaßt sind, d.h. die direkt und selbständig die Seiten für den BTX-Benutzer aufbauen, ausgeben und den Dialog steuern und andere, die über ein Umsetzprogramm (Filter) am BTX-ER-Rechner- Dialog teilnehmen. Letztere dürften im wissenschaftlich- technischen Bereich dominieren. Das Filter simuliert auf der Benutzerseite ein normales Terminal und auf der anderen den Dialog mit dem Postrechner. Dabei ergeben sich aus der Dialogart mit der Post (seitenorientiert) und mit dem Terminal (zeichenorientiert) einige Umsetzprobleme, so daß nicht alle Anwendungen von einem universellen Umsetzprogramm unterstützt werden können.

Für das INSI-Netz wurde ein BTX-Zugang geschaffen, der von jedem BTX- Terminal aus ansprechbar ist. Damit können Nutzer von außen an den Rechnern des Systems u arbeiten, und zwar wie mit einem Terminal vor Ort. Die notwendige Ausrüstung ist ein Telefon, BTX- Modem und das BTX-Abrufgerät (Fernsehgerät mit BTX/Videotext- Dekoder, BTX-Abrufgerät oder Rechner mit entsprechendem Monitor und Dekoder)

Empfehlenswert ist ein Dekoder und Monitor, der auch 80 Zeichen pro Zeile verarbeiten und darstellen kann, da die meisten Anwendungen ein Terminal mit diesem Format erwarten. Das erstellte System für den Zugang als ER ist wie folgt aufgebaut:

- PC/AT oder PC/XT mit 10 MB-Winchester, 640 KB-Hauptspeicher

- QNX-Betriebssystem (mit QNX-C-Entwicklungssystem)

- Teles-BTX-ER-Startersystem (mit lokaler Datenbank), das die Hard- und Software für die X.25-Schnittstelle für den Anschluß an das Datex-P-Netz einschließt.

Aufbauend auf diesem System wurde eine Anwendung für den ER entwickelt, die einen universellen Zugang zum INSI-Netz bietet. Alternativ zum Betriebssystem QNX kann auch das im Fachbereich 20 der TU Berlin entwickelte Betriebssystem AX benutzt werden. An das Postrechnernetz ist der ER über das Datex- P-Netz (X.25) angeschlossen. Der Zugang zum INSI-Netz erfolgt als "Terminal" des Knotenrechners über eine Leitung mit der RS-232-Schnittstelle.

Danksagungen

Die berichteten Arbeiten wurden im Rahmen des interdisziplinären Forschungsprojekts IFP 6/2 der TU Berlin und vom BMFT gefördert.

Sprachverwirrungen bei integrierten Mikro-Mainframe Entwicklungen

Helmut Grotz

Beilstein Institut
Varrentrappstr. 40-42
D-6000 Frankfurt/Main 90

Das "Beilstein Handbuch für organische Chemie" ist heute die wohl größte Sammlung von Faktendaten. In Kürze werden diese Daten auch in maschinenlesbarer Form verfügbar sein und als *Beilstein Online* weltweit recherchierbar sein. Das gesamte Projekt läßt sich folgendermaßen darstellen (Abb. 1):

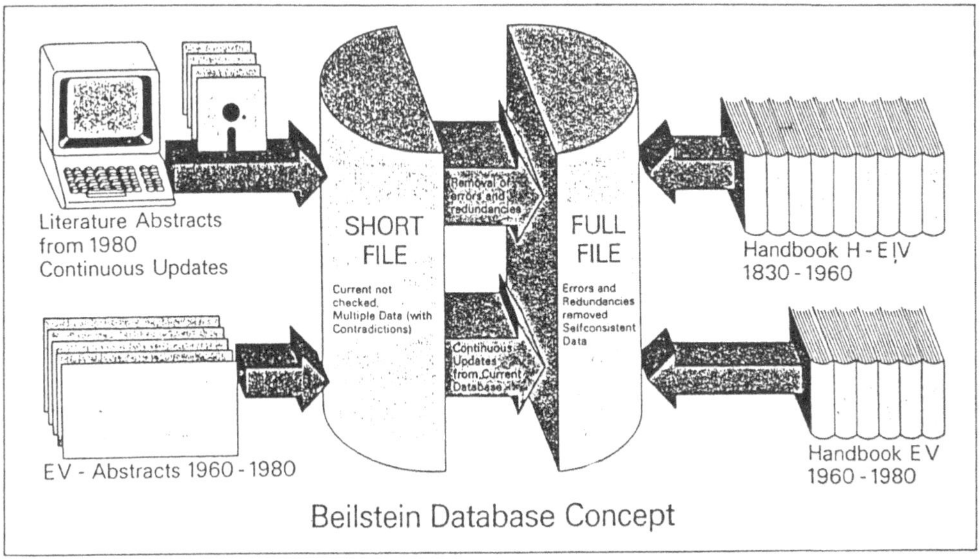

Abbildung 1

Die Daten aus dem gedruckten Werk und die Daten, die noch in Form von Literaturexcerpten vorliegen, werden dezentral auf PC's erfaßt, anschließend kontrolliert und in ein Datenbankmanagementsystem (DBMS) auf dem Großrechner geladen. Hier müssen sie nochmals kontrolliert und eventuell verändert werden. Über eine Benutzeroberfläche auf dem PC sind die Daten dann Online recherchierbar.

J. Gasteiger (Hrsg.)
Software-Entwicklung in der Chemie

Als PC's setzen wir IBM kompatible PC's ein, als Groβrechner eine IBM 3090 unter MVS mit TSO und CICS als TP Monitore. Als DBMS wird ADABAS eingesetzt.

Der mehrfache Wechsel von PC zum Groβrechner macht es wünschenswert, Software, die auf beiden Systemen lauffähig sein soll, auch nur einmal zu entwickeln. Über die Schwierigkeiten dieser *integrierten Mikro-Mainframe* Entwicklungen soll hier berichtet werden.

Wenn der Wechsel der Systeme Schwierigkeiten bereitet, ergibt sich die Frage: Warum beide Systeme einsetzen? Warum entscheidet man sich nicht für eines der beiden Systeme und entwickelt alles auf dem Host oder dem PC?

Abbildung 2 stellt die wesentlichen Unterschiede der beiden Systeme gegenüber:

VERGLEICH

PC	HOST
billig	teuer
single user	multi user
unabhängig (räumlich + zeitlich)	abhängig vom RZ, Modem...
langsam bei grossen Datenmengen	schnell bei grossen Datenmengen
640K Speicher	~2GB Speicher
einfache Bildschirm-ansteuerung	schwerfällige Bildschirmansteuerung
billige Standardsoftware	hohe Software Leasing-Kosten
"intelligente" Workstation	"dumme" Terminals

Ein PC ist wesentlich billiger als ein Terminalanschluβ an einen Groβrechner, sodaβ man versuchen wird, soweit dies möglich ist, möglichst viele Funktionen auf den PC zu übertragen. Der wesentliche Nachteil des PC ist, daβ er (meist) ein single-user System ist, nur ein Benutzer kann daran arbeiten, jeder Benutzer hat seine eigenen Daten. Sollen viel Benutzer auf dieselbe Datenbasis zugreifen, so ist ein Groβrechner notwndig. Auβerdem ist nur ein Groβrechner in der Lage, groβe Datenmengen in akzeptabler Zeit zu verarbeiten.

Die 'Intelligenz' eines PC schlieβlich macht ihn zum geeigneten User-Front-End: Die vom Benutzer gestellten Abfragen an die Datenbank werden vom PC analysiert und optimiert, bevor sie zum Groβrechner geschickt werden. Die Antwort des Rechners wird vom PC ebenfalls nochmals aufbereitet, bevor sie dem Benutzer präsentiert wird. Gerade komfortable, grafische Benutzeroberflächen sind auf dem PC wesentlich einfacher zu realisieren als auf dem Großrechner, der Benutzer spart durch die Intelligenz des PC teure Rechnerzeit und Leitungskosten.

Eigentlich sollten bei der Entwicklung von Software, die auf beiden Systemen eingesetzt werden soll keine Probleme auftreten: Für die meisten Programmiersprachen - jedenfalls für die "klassischen" - stehen auf beiden Systemen Übersetzer zur Verfügung, die das Programm in die Maschinensprache des jeweiligen Systems übersetzen und das Problem sollte damit gelöst sein.

In der Praxis treten dabei jedoch mitunter erhebliche Probleme auf:

1. Unterschiedliche Zeichensätze ASCII und EBCDIC

Die beiden Systeme benutzen unterschiedliche Zeichensätze: ASCII in der PC welt, EBCDIC in der Großrechnerwelt. Einige Sonderzeichen in ASCII haben kein entsprechendes Äquivalent in EBCDIC und müssen deshalb durch Zeichenkombinationen dargestellt werden. (Abb.3) Diese Konvertierungen können nur zum Teil vom Editor übernommen werden, ein Teil muß manuell geändert werden, wobei sich immer die Gefahr von Tippfehlern ergibt.

Umwandlungen für C

<table>
<tr><th>PC</th><th>→</th><th>Host</th></tr>
<tr><td>[</td><td></td><td>(|</td></tr>
<tr><td>]</td><td></td><td>|)</td></tr>
<tr><td>{</td><td></td><td>\(</td></tr>
<tr><td>}</td><td></td><td>\)</td></tr>
<tr><td>¬</td><td></td><td>^</td></tr>
<tr><td>¦</td><td></td><td>\!</td></tr>
<tr><td>~</td><td></td><td>\¬</td></tr>
<tr><td>\</td><td></td><td>¢</td></tr>
<tr><td>ASCII</td><td>→</td><td>EBCDIC</td></tr>
</table>

3

2. Numerische Probleme

Die verschiedenen Prozessoren arbeiten mit verschiedener Genauigkeit, Gleitkommazahlen werden unterschiedlich behandelt. Durch Rundungsfehler kann es dadurch zu unterschiedlichen Ergebnissen kommen. Durch sorgfältige Programmierung können diese Fehler aber im allgemeinen umgangen werden.

3. Der Sprachumfang

Für die meisten höheren Programmiersprachen, z. B. für Pascal, PL/1, C, Fortran existieren genormte Kerne, also Vereinbarungen über den Grundumfang der jeweiligen Sprache. Die meisten Hersteller von Compilern halten sich an diese Konventionen, aber meistens ist der Sprachumfang dieser Subsets sehr gering, sodaß die Programmierung umständlich und schwierig wird. Daneben gibt es zwischen den verschiedenen Implementierungen teilweise massive Unterschiede. Als Negativbeispiel möge PL/1 dienen. (Abb. 4) Verglichen werden der IBM Optimizing Compiler und der Pl/1 Compiler von Digital Research, der für PC's verfügbar ist.

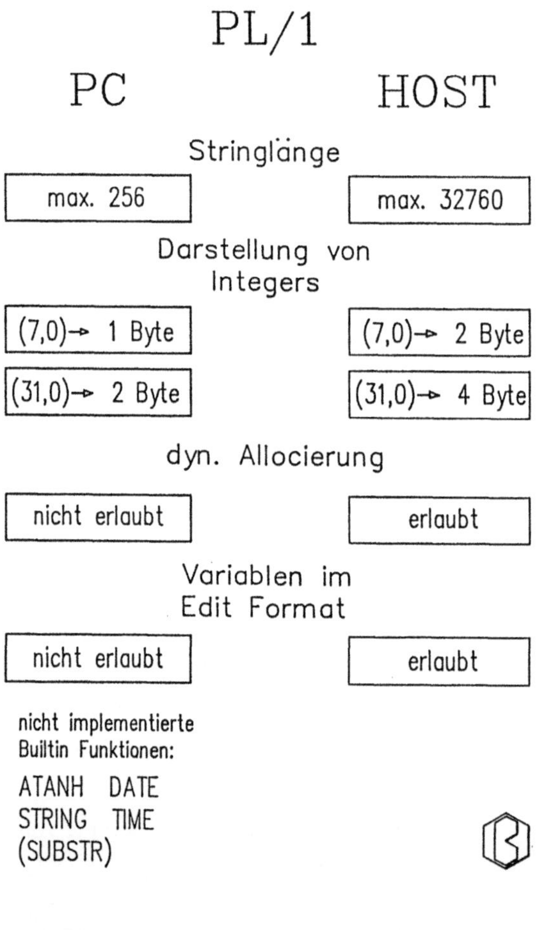

Die maximal erlaubte Stringlänge beträgt 256 (DR) bzw. 32760 (IBM) Bytes, wodurch sich auch intern ein anderes Speicherformat für variabel lange Strings ergibt. Zu besonders schwer zu findenden Fehlern führt die unterschiedliche Darstellungsweise von Integers: Bei beiden Compilern lassen sich 1,2 und 4 Byte Integers declarieren, sie werden aber jeweils anders dargestellt. IBM benutzt für 1- und 2-Byte Integers 2 Bytes, für 4-Byte Integers 4 Byte. DR benutzt für 1-Byte Integers auch nur ein Byte, für 2 Byte Integers 2 Byte. 4 Byte werden nicht unterstützt, der Compiler schneidet kommentarlos(!) 2 Bytes ab.

Für den Programmierer bedeutet das, daß er sich soweit wie möglich an den portablen Kern der Sprache hält, was zu wesentlich umständlicheren Programmen und zu erhöhten Entwicklungszeiten führt.

4. Input/Output (I/O)

Im Bereich des I/O liegen die größten Schwierigkeiten für integrierte Softwareentwicklungen. In den meisten Sprachen sind im Kern nur sehr wenige Eingabe/Ausgabe Funktionen enthalten, am extremsten in C, wo sie völlig fehlen. Im Folgenden soll durch einen kurzen Vergleich der beiden Systeme Host und PC die Frage erläutert werden, woher diese Schwierigkeiten kommen, die - soviel vorweg- im Resultat dazu führen, daß Programmteile, die I/O enthalten für PC und Host getrennt geschrieben werden müssen.

Speicherverwaltung PC (DOS)

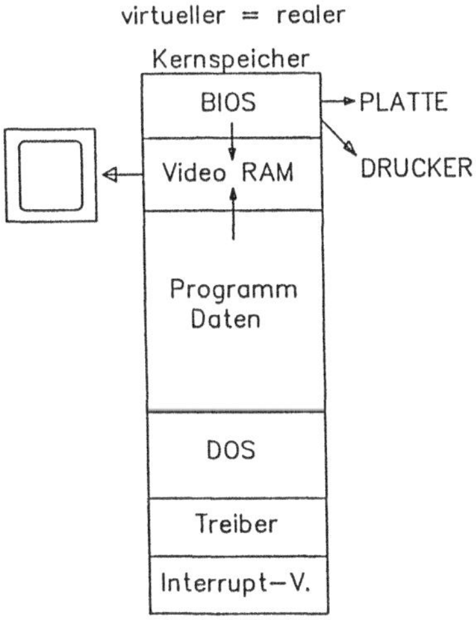

Abb. 4 enthält einen sehr groben Überblick über die Kernspeicheraufteilung bei einem PC unter DOS. Ganz unten im Speicher wird das Betriebssystem geladen, inklusive der notwendigen Interrupt-Vektoren und Treiber. Das BIOS (Basic Input Output System) am oberen Ende des Speichers regelt alle angeforderten I/Os, z. B. wenn ein

Zeichen auf den Bildschirm geschrieben werden soll, gelangt es über das BIOS in das Video RAM und von dort auf den Bildschirm. Diese sehr einfache Aufteilung ermöglicht es , auch komplexe grafische Bildschirmausgaben relativ einfach zu programmieren.

Bei einem Großrechner muß der Prozessor für alle Benutzer "gleichzeitig" verfügbar sein, der vorhandene (virtuelle) Kernspeicher muss unter die Benutzer aufgeteilt werden. Allein von diesen Problemen her ergiben sich kompliziertere Architekturen. Als erstes Beispiel möge das IBM Betriebssystem MVS unter TSO dienen (Abb. 6):

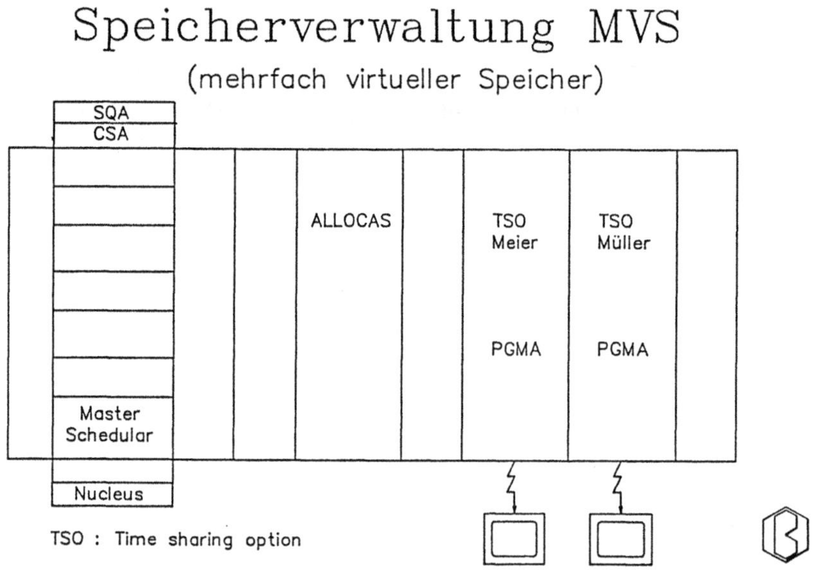

Jeder Benutzer seinen eigenen (virtuellen) Adressraum zugewiesen in das seine Programme und Daten geladen werden. Arbeiten mehrere Benutzer mit demgleichen Programm, so wird dieses auch mehrfach geladen. Sollen viele Anwender mit diesem Programm arbeiten, so ist dieses Verfahren nicht mehr sinnvoll. TSO ist deshalb eine typische Entwicklungsumgebung, als Produktionsumgebung wird ein TP Monitor eingesetzt, z. B. das CICS. (Abb. 7)
Im CICS wird allen Benutzern gemeinsam ein Adressraum zugewiesen. Jeder Benutzer erhält ein Terminal Control Table, das Programm wird nur einmal geladen, jeder Benutzer kann nun darauf zugreifen. Da zwar alle Benutzer auf dasselbe Programm zugreifen möchten, jeder Benutzer

aber seine Daten benötigt, muß das Programm reentrant übersetzt werden. Alle benötigten I/O werden nun nicht mehr vom Programm, sondern vom CICS verwaltet. D.h., im Programm dürfen nun keinerlei I/O Befehle mehr stehen, sondern nur noch Anweisungen ans CICS: EXEC CICS.....
Da das CICS auch ein ziemlich betagtes Softwareprodukt ist, ist die Programmierung im CICS sehr umständlich und zeitaufwendig.

Insgesamt muß festgehalten werden, daß die heutigen Programmiersprachen für die geplante integrierten Entwicklungen sehr wenig geeignet sind. Der Vorteil, mehrfach benötigte Programm(teile) nur einmal entwickeln zu müssen, wird durch die angedeuteten Schwierigkeiten fast vollständig aufgehoben, sodaß es in vielen Fällen, vor allem bei kleineren Programmen, effektiver sein kann, sie neu zu kodieren. Auf alle Fälle sollte vor Beginn der Arbeit genau analysiert werden, welche Programme dafür geeignet sind.

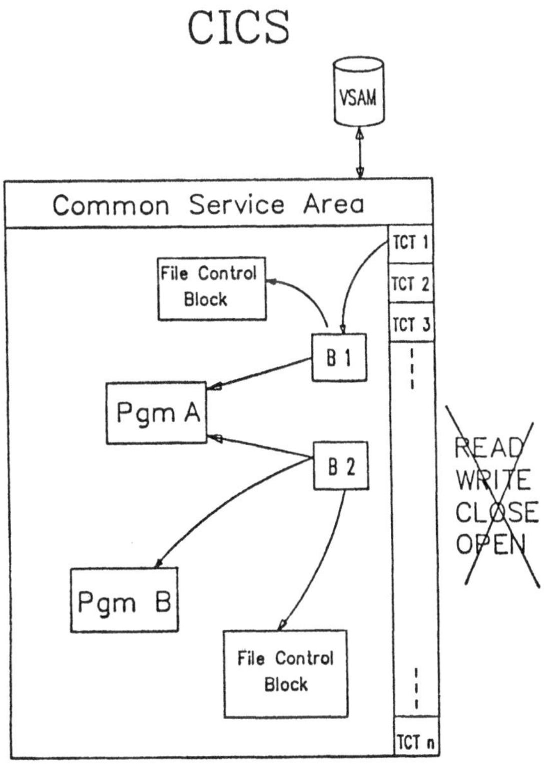

B1 Benutzer 1
B2 Benutzer 2
TCT Terminal Control Table
FCB File Control Block

INFUCHS: Konzept und Entwicklungsstand eines flexiblen Fakteninformationssystems für umweltrelevante Chemikalien

Lutz Austenat (*), Richard Bös, Andreas Heinrich (*), Thomas Höfer-Bosse, Michael Stopp, Burkhard O. Wagner

Umweltbundesamt
Bismarckplatz 1
D-1000 Berlin 33

***) Gesellschaft für Systemforschung und**
Dienstleistungen im Gesundheitswesen mbH Berlin
Stauffenbergstr. 14-14
D-1000 Berlin 30

Zusammenfassung

Die Faktendatenbank 'Informationssystem für Umweltchemikalien, Chemieanlagen und Störfälle' (INFUCHS) speichert umweltrelevante Daten zu Chemikalien und Stoffen. Diese werden aus den unterschiedlichsten Datenquellen aufbereitet. Das Ziel von INFUCHS ist die Bereitstellung von Hinweisen zu Hilfsmaßnahmen bei Unfällen, von Informationen zur Einschätzung der Gesundheits- und Umweltgefahren und zu rechtlichen Regelungen zu chemischen Stoffen sowie die Unterstützung der Verwaltung und der Fortentwicklung des Umweltrechts.

Die Software für INFUCHS bietet flexible Merkmalsgestaltung und benutzerabhängige Sicht der Informationen. Die Flexibilität ist erforderlich, da jede starre Beschreibungsstruktur innerhalb kürzester Zeit vom wissenschaftlichen oder technischen Fortschritt oder der Rechtsentwicklung im Umweltbereich überholt werden würde. Hinzu kommt, daß das System sich den Bedürfnissen unterschiedlichster Benutzer anpassen können muß. Der Dialog im INFUCHS erfolgt über eine Menü- bzw. wahlweise Befehlszeichensteuerung. Das INFUCHS erlaubt auch die Dokumentation und Zuordnung von Daten zu chemischen Handelsprodukten, die abhängig von der chemischen Zusammensetzung sind, womit für die im INFUCHS enthaltenen Stoffe eine bisher nicht übliche präzise Differenzierung möglich ist. Somit bietet INFUCHS nach ausreichender Datenaufbereitung eine wichtige Ergänzung zu forschungs- bzw. technikorientierten deutschen Datenbanken.

J. Gasteiger (Hrsg.)
Software-Entwicklung in der Chemie

1. INFUCHS - Informationssystem für Umweltchemikalien, Chemieanlagen und Störfälle

INFUCHS wird seit 1980 im Rahmen des Informations- und Dokumentationssystems Umwelt (UMPLIS) im Umweltbundesamt betrieben/1/. Aufgabe dieses Systems:

- Dokumentation der Umweltgefährlichkeit von Stoffen
- Hinweise zur Abwehr von Umweltgefahren bei Störfällen mit Chemikalien
- Unterstützung beim Vollzug gesetzlicher Regelungen
- Hilfe bei der Koordination chemikalienbezogener Arbeiten im Umweltbereich
- Dokumentation von Informations- und Regelungslücken zu existierenden Chemikalien durch Aufzeigen von Bereichen, in denen Informationen fehlen.

INFUCHS ist so konzipiert, daß im multi-user-Betrieb - von Mitarbeitern des Umweltbundesamtes und anderen Benutzern - online zugegriffen werden kann. INFUCHS ist sowohl Arbeitsinstrument für Fachleute als auch Informationsinstrument für die interessierte Öffentlichkeit /2/.

2. Software-Design

Die Zielsetzung des Aufbaus eines Fakteninformationssystems (wie z. B. dem INFUCHS) stellt andere Anforderungen an das Software-Design als übliche Literatur- bzw. bibliographische Informationssysteme (zur Begriffsbestimmung /3/).

Während bei Literaturinformationssystemen eine Art von Informationseinheit - die Literaturstelle oder die bibliographische Referenz - abgelegt wird, stellt sich bei Fakteninformationssystemen das Problem, eine Vielzahl verschiedener Arten von Informationseinheiten mit einer Vielzahl von Unterkategorien zur Beschreibung der Objekte ('entities') ablegen zu müssen. Der Begriff Informationseinheit soll verdeutlichen, daß nicht nur Eigenschaften, sondern mit Quellverweisinformationen versehene Aussagen, ggf. mit Unteraussagen, gespeichert werden. So waren allein für die Darstellung aller Merkmale eines Gesetzes im INFUCHS ca. 500 solcher Unterkategorien, in ca. 120 unterschiedliche Arten von Informationseinheiten zusammengefaßt, zu definieren, um die Fakten zur Beschreibung der Stoffe als Objekte des INFUCHS zu speichern. Zum Problem der Merkmalsvielfalt, das wir mit anderen Projekten zum Aufbau von Fakteninformationssystemen /4/, /5/ gemeinsam haben, kommen weitere Anforderungen und Probleme hinzu:

o Die Arten der Informationseinheiten (im INFUCHS Merkmale genannt) müssen in ihrer Struktur ständig den fortentwickelten wissenschaftlichen Erkenntnissen und Standardisierungen sowie geänderten Rechtsentwicklungen angepaßt werden können.

o Sehr unterschiedlich vorgebildete Auskunftssuchende richten Fragen an das INFUCHS. Dies reicht von Feuerwehrleuten bis zu Wissenschaftlern.

o Bestimmte Informationseinheiten oder Daten zu bestimmten Stoffen, z. B. Rezepturen, unterliegen Geheimhaltungsvorschriften.

o Einerseits gibt es typische Online-Erfassungsaktionen und Datenübernahmen im Rahmen des Austauschs unterschiedlichster Datenträger, andererseits gibt es die laufende Datenfortschreibung im Ablauf administrativer Verfahren ähnlich kommerziellen Datenbankanwendungen.

Neben der Möglichkeit der differenzierten Ausgabe aller Teile (Untermerkmale) einer Informationseinheit wurde von vornherein auch auf eine weitgehende Recherchemöglichkeit geachtet. Dies bedeutet nicht nur, die Recherchemöglichkeit über alphanumerische oder numerische Deskriptoren zu realisieren, sondern auch die Möglichkeit zur Suche numerischer Bereiche mit unterschiedlichen Dimensionen im Prinzip gleicher physikalischer Einheiten und dies in bestimmten Kombinationen. Die Vielfalt der Untermerkmalsarten läßt sich am Beispiel eines INFUCHS-Demonstrationsmerkmals erläutern. Wie in der Abbildung 1 ersichtlich, bietet INFUCHS die Möglichkeit, einfache und multiple Zahlen, Zahlenbereiche, Zahlen mit Einheiten, Zahlenbereiche mit Einheiten, normierte einfache und multiple Begriffe sowie Freitexte zu erfassen, zu pflegen, zu recherchieren und wiederzugeben.

Im INFUCHS können Merkmale an die Benutzeranforderungen durch verschiedene Benutzersichten angepaßt werden, wobei dennoch auf dieselben Daten zugegriffen werden kann. Die Merkmale können weniger, mehr, andere oder anders benannte Untermerkmale mit anderen physikalisch-chemischen Einheiten für verschiedene Benutzer besitzen. Die Benutzer können auch weniger, mehr oder andere Merkmale zur Pflege, Recherche oder Wiedergabe angeboten bekommen. Jeder Benutzer pflegt einen Teilbereich der Datenbank. Er kann diesen und weitere für ihn eingerichtete Bereiche anderer Benutzer zusätzlich lesen. Durch Eingabe von Benutzergrunddaten, Benutzersichten, Zugriffsberechtigungen, Merkmalsbeschreibungen und Merkmalen in eine Steuerdatei werden diese Festlegungen ('views') getroffen. Die Software interpretiert diese Steuerinformationen und gestaltet hieraus die Bildschirmmasken und Feldprüfungen (externe Sicht) sowie die Datenbankzugriffe (interne Sicht). Abbildung 2 zeigt die Definition eines Untermerkmals durch Angabe des externen Namens, internen Feldnamens und weiteren Definitions-Codes, die der Systemverwalter eingibt. Durch diese Definitionsmöglichkeiten, die damit auch ein aktives Data-Dictionary bieten /6/, ist ein wesentlicher Teil der zuvor genannten Anforderungen erfüllt, insbesondere ist gewährleistet, daß ein Benutzer nur die Daten bekommt, die er sehen darf und sehen will und genau in der gewünschten Weise und Abfolge. Weitere Anforderungen konnten durch die gewählte Datenbanksoftware, dem System ADABAS /7/,/8/, von vornherein abgedeckt werden: ADABAS bietet sehr guten Zugriffsschutz auf Datei- und Satzebene durch Paßwörter und Chiffrierungsmöglichkeiten, ist multi-user-fähig und verarbeitet alle Daten real-time einschließlich der notwendigen Invertierungen. Zusätzlich ist es transaktionsorientiert, d. h. bestimmte logische oder verwaltungstechnische Dialogfolgen können definiert werden, so daß bestimmte Informationseinheiten ganz oder gar nicht (Autobackout) in die Datenbank gelangen. Der Zustand einer zerstörten Datenbank kann jederzeit bis zur letzten vollständigen Transaktion rekonstruiert werden.

Aufgrund der Vielfalt der Merkmale wurde statt einer Kommandosprache, welche die gleiche Vielfalt an Befehlen und Schlüsselwörtern bieten müßte und damit unüberschaubar wird, ein menüorientierter Dialog mit Hilfe des Maskengenerators BIMAGE /9/ als Schnittstelle zum Benutzer entwickelt. Damit hat insbesondere der Benutzer die Möglichkeit, statt mit einer komplizierten Abfragesprache wie SQL, mit 'query-by-example' zu recherchieren /10/. Die Programme selbst sind in COBOL /11/, die Hilfsprogramme sind in NATURAL /12/ erstellt.

Die möglichen Nachteile einer menügesteuerten Dialogführung, wie z. B. Starrheit des Dialogs, werden durch die zusätzliche Möglichkeit der Eingabe von Steueranweisungen aufgelöst. Es können beliebig viele Erläuterungsmasken definiert und beliebigen Eingabefeldern zugeordnet werden. Der Benutzer kann sich durch Eingabe eines Fragezeichens Hilfe holen. Jede Maske enthält ein - immer mit Hilfsmaske unterlegtes - Steuerfeld, in das einfache Steuerkommandos eingegeben werden können. So kann auf verschiedenen aktuellen Listen - der Stoffe, Merkmale, Merkmalsgruppen, Angaben zum Merkmal, Ausgabezeilen - hin- und hergeblättert und gesprungen, kann ein gewählter Weg oder der gesamte Dialog abgebrochen werden und kann zwischen Neuerfassen, Ändern und Löschen gewechselt werden.

Der Dialogablauf konnte insgesamt relativ knapp gehalten werden, er kann durch den Benutzer nach Bedarf knapper oder ausführlicher gestaltet werden. Durch Definition bestimmter Benutzeroptionen kann der Dialogablauf, das Wiedergabe-Layout oder auch die Sprache für alle Masken, Texte und Meldungen gewählt werden. Insgesamt sind damit wichtige Forderungen an die 'Mensch-Maschine-Schnittstelle' erfüllt /13/.

Bei der Recherche können Stoffe in der Stoffdatenbank INFUCHS aufgrund von Angaben zu definierten und invertierten Merkmalen gefunden werden. Die Werte zu den Untermerkmalen werden untereinander generell "und"-verknüpft. Mehrfache Einzelwerte können alternativ oder soweit sinnvoll konjunktiv eingegeben werden. Die Recherche ist also wertetupel-, nicht nur einzelwertorientiert. Stoffe können gefunden werden, die die Aussage einer Informationseinheit als Ganzes - einschließlich aller Bezugswerte - erfüllen, z. B. letale Dosis gleich 20 mg/kg bei oraler Verabreichung bei Ratten oder Mäusen. Bei der Suche mit Schlagwörtern oder anderen qualitativen Einzelmerkmalen kann die invertierte Liste soweit gewünscht angezeigt, und es können Begriffe zur Suche ausgewählt werden. Für die Recherche mit Namen, Titeln und Summenformeln stehen besondere mehrstufige Algorithmen zur Verfügung. Bei erfolglosem Suchergebnis wird nach der Suche mit der vollständigen Zeichenfolge die Suche auf der Basis einer Elementzerlegung durchgeführt, danach bei Stoffnamen die Suche auf der Basis einer Stammerkennung chemischer Stämme, danach bei allen Namen schließlich die Suche auf der Basis phonetisierter Elemente /2/. Das Teilergebnis wird mit dem bisherigen Endergebnis logisch verknüpft (UND, ODER, VON-BIS, ABER NICHT). Unerwünschte Effekte dieses durch ADABAS vorgegebenen boolschen Retrievals /14/ können durch Verwerfen, Neuverknüpfen und Rücksetzen der Teilergebnisse abgemildert werden. Das Ergebnis kann vor der Ausgabe nach jedem Identifikationsmerkmal sortiert werden. Es kann durch Selektion nachgebessert werden. Ergebnisse und Zwischenergebnisse können benutzerbezogen unter einem Stichwort über die Sitzung hinaus abgelegt werden.

Je nach Ausgabeart wird ein bestimmtes Standard-Layout gewählt. So ist die Wiedergabe am Terminal grundsätzlich kompakt, auf den Druckern ausführlich. Für jeden Benutzer sind Wiedergabesichten für bestimmte Anwendungszwecke und Ausgabegeräte definierbar. Für jedes definierte Merkmal können, soweit denkbar, Darstellungsvarianten gewählt werden, wie die zeilenweise, spaltenweise oder tabellenweise Ausgabe.

Die Systemstruktur zeigt Abbildung 3.

3. Chemikalien in INFUCHS

Ein Informationssystem wie INFUCHS, in dem umweltrelevante Stoffeigenschaften und -wirkungen als Fakten einem chemischen Stoff zugeordnet werden sollen, erfordert, daß ein Stoff qualitativ und quantitativ eindeutig beschrieben sein muß. Nur dann können die für die Umweltbeurteilung wichtigen Fragen wie die Beurteilung der Toxizität eines Stoffes - die bereits durch Veränderungen der Zusammensetzung im ppm-Bereich beeinflußt werden kann - korrekt beantwortet werden. So verlangt auch die neuere Gesetzgebung die exakte qualitative und quantitative Beschreibung eines Stoffes, um aufgrund der Daten die Umweltrelevanz beurteilen zu können. Da im INFUCHS alle Chemikalien - sowohl Neustoffe als auch Altstoffe /15/ - abgelegt werden sollen, müssen auch Literaturdaten zu weniger präzis beschriebenen Stoffen verarbeitet werden können. Um dieser Notwendigkeit gerecht werden zu können, mußte für INFUCHS ein übergeordneter "Stoffbegriff" eingeführt werden, der folgende Unterscheidungen trifft:

A Qualitativ und quantitativ definierte Chemikalien und Chemikaliengemische

B Abstrakt definierte Chemikalien mit üblicher Stoffdefinition

C Abstrakt definierte Chemikaliengemische

D Stoffgruppen (bezogen auf Strukturparameter oder Eigenschaften)

Erst mit diesem INFUCHS-Stoffbegriff wurde die Grundvoraussetzung geschaffen, wissenschaftlich exakt Sachverhalte zu unterscheiden, die unterschiedlichen Objekten (Stoffen) zugeordnet werden müssen. (Chlorierte Phenole unterschiedlicher Produktionsverfahren weisen verschiedenartige Toxizitäten aus.) Zugriffsmöglichkeiten zu anderen Informationsmedien, die Stoffe ausschließlich aufgrund ihrer Struktur definieren, wie Beilstein- /4/, CAS- /16/, NLM- /17/ oder MACCS-Datenbanken /18/, sind auf diese Weise sichergestellt, obwohl Stoffe im INFUCHS insbesondere durch ihre Zusammensetzung (Reinheit) oder den Hersteller definiert werden.

4. Übertragung von Informationseinheiten in das INFUCHS

Im INFUCHS besteht ein hoher Freiheitsgrad bei der Definition von Merkmalen (Arten von Informationseinheiten).

Damit wurden Möglichkeiten geschaffen, Daten aus den unterschiedlichsten Quellen, z.B. hoch strukturierte aus einem Gesetzesvollzug, aber auch textlich unstrukturierte aus der Literatur, aufzubereiten und abzulegen.

Als Informationseinheit wird die Zusammenstellung von Daten aus einer Literaturquelle anhand nachvollziehbarer, definierter Kriterien, deren Quellenbezug ausgewiesen ist, bezeichnet. Je nachdem, ob ein Autor einzelne experimentelle Daten beschreibt oder ob er aufgrund zusammengetragener Daten einen Übersichtsartikel erstellt, werden unterschiedliche Formen von Informationseinheiten aus Literaturquellen zu einem Einzelaspekt (z. B. "Schmelzpunkt") bzw. zu einem Sammelaspekt (z. B. bei der Beurteilung der Umweltrelevanz) entstehen.

Bei der Aufbereitung von Daten zu umweltrelevanten Stoffen aus der Literatur sind verschiedene Formen von Informationseinheiten zu finden, die sich letztlich durch die definierten Anteile von Festlegungen der Bezugsgrößen und vorgegebenen Strukturen unterscheiden.

Um alle verschiedensten Angaben aus denkbar unterschiedlichsten Quellen aufbereiten zu können, wurden die Merkmale im INFUCHS entsprechend breit und offen definiert. Auf der Grundlage des INFUCHS-Stoffbegriffs können daher Informationseinheiten in ihren verschiedenen Formen entsprechend der Struktur der INFUCHS-Merkmale aufbereitet werden. Als Quellenbezug wird der jeweilige Fundort (die ausgewertete Quelle) abgelegt. Die Quelle wird im Rahmen der Umweltliteraturdatenbank ULIDAT von UMPLIS aufbereitet und steht damit sowohl in ULIDAT als auch in INFUCHS zur Verfügung. Für Übersichtsartikel, die Stoffgruppen behandeln, werden auf der Grundlage des INFUCHS-Stoffbegriffs Stoffdatensätze angelegt, bei denen meist mehr Freitext, der nur über Schlagwörter recherchierbar ist, anfällt.

5. Anwender und Ansprüche

Das bestehende INFUCHS-System dient bereits der Dokumentation von Fakten und Einschätzungen zu existierenden Chemikalien, sog. Altstoffen /15/, /23/. Dieser relativ kleine Bestand dient als

Auskunftssystem für Behörden und die interessierte Öffentlichkeit. Das Informationssystem unterstützt bereits heute probeweise den Vollzug des Chemikaliengesetzes bei fünf Bundesbehörden. Die Integration der Angaben aus dem Vollzug des Waschmittelgesetzes erfolgt zur Zeit. In beiden Bereichen erhalten die zuständigen Behörden von Herstellern oder Vertriebsfirmen zusammensetzungsbezogene Produktinformationen, auch zu Toxizitätsuntersuchungen. Angaben und Kurzfassungen der Studien werden zugriffsgesichert im INFUCHS verarbeitet. Testweise wird an einer Schnellauskunft gearbeitet, die Informationen bei Unfällen, Störfällen bzw. Katastrophenfällen zur Verfügung stellen soll. Die Datengrundlage bildet das Handbuch der gefährlichen Güter /24/.

Das INFUCHS wird in seinem hier dargestellten Umfang im Frühjahr 1987 verfügbar sein. Das weitere Ausbauvolumen ist finanzmäßig noch nicht abgeklärt. Bereits im Aufbau sind u. a. folgende Bereiche:

- Angaben, Toxizitätswerte und Dokumente zur Wassergefährdung zu ca. 800 Stoffen
- Liste der 100.000 in der EG in Verkehr befindlichen Chemikalien und - zugriffsgeschützt - die Liste der bisher angemeldeten bzw. mitgeteilten neu vermarkteten Stoffe
- Gefahrenhinweise und Empfehlungen zu Notfallmaßnahmen zu ca. 1.500 wichtigen Industriechemikalien
- Zu ca. 10.000 chemischen Stoffen bzw. Stoffgruppen Nennung der geltenden umweltrelevanten rechtlichen Regelungen in der Europäischen Gemeinschaft und der Bundesrepublik Deutschland
- Gefährlichkeitsdaten zu den Stoffen der Störfall-Verordnung
- Dossiers zu umweltrelevanten Daten zu 1.000 wichtigen Industriechemikalien.

Ergänzend zu den ausschließlich numerische, normierte alphanumerische und bibliographische Angaben enthaltenden Datenbanken RTECS /19/, ECDIN /20/ und IRPTC /21/ nimmt das INFUCHS eine einschätzungs- bzw. bewertungsfähige Darstellung der Untersuchungen zu chemischen Stoffen vor. Es liefert Dossiers zu chemischen Stoffen, die intellektuell aufarbeitbar sind und entsprechende Literaturreferenzen enthalten. Ein in Bereichen ähnliches Faktendatenbankkonzept liegt bei HSDB /22/ vor. Unseres Erachtens liegen die Probleme dieser Datenbank bei den verkürzten, wertenden Kurzaussagen zu Studien, die die Studienumgebung ausklammern.

Eine besondere Neuerung ist es, daß wissenschaftlich übliche Stoffbenennungen und gesetzliche Stoffbegriffe im administrativen Vollzug nebeneinander mit allen Informationen angeboten werden. Obwohl die Daten z. Z. nicht mehrsprachig gehalten werden, kann das Benutzungs-Layout in einer Fremdsprache ausgeführt werden. Da Fachbegriffe und numerische Angaben international verständlich sind, kann das INFUCHS in englischsprachiger Benutzungsversion angeboten werden. Insbesondere beim Informationsaustausch im Rahmen existierender Chemikalien, z. B. der in der Europäischen Gemeinschaft vermarkteten 100.000 Stoffe, eine günstige Option.

Unseres Erachtens bietet das INFUCHS eine gute Ergänzung zu den im Aufbau befindlichen Datenbanken in der Bundesrepublik Deutschland. Ein Verbund mit diesen erscheint wünschenswert, um eine umfassende Dokumentation zu Chemie, Technik und Gefahren chemischer Stoffe aufzubauen.

Literatur

/1/ Umweltbundesamt, Was ist UMPLIS?, Berlin, 1985

/2/ Musgrave, A.J., Page, B., Stopp, M., INFUCHS - Ein Informationssystem für Umweltchemikalien, Chemieanlagen und Störfälle in: Page, B., Informatik im Umweltschutz, Anwendungen und Perspektiven, Oldenburg Verlag, München 1986

/3/ Mie, F., Zur Terminologie und Typologie von Fakteninformationssystemen, Nachrichten für Dokumentation 36, 1985, Nr. 2, S. 66 ff.

/4/ Beilstein Online, Beilstein-Institut für Literatur der Organischen Chemie, Frankfurt a.M.

/5/ Gmelin online Datensystem, Gmelin-Institut, Frankfurt a.M.

/6/ Scheiter, W., Systementwicklung mit Data-Dictionary, 1984

/7/ ADABAS, Adaptierbares Datenbanksystem der Fa. Software AG, Darmstadt

/8/ Steinacker, I., Dokumentationssysteme, de Gruyter, Berlin 1975, S. 165 ff.

/9/ BIMAGE, Bildschirmmaskengenerator der Fa. GSD mbH, Berlin

/10/ Date, C.J., "SQL", "QBE"
in: Introduction to Database Systems,
Addison-Wesley, 1982

/11/ COBOL, Common business oriented language, American National Standard Programming Language COBOL, X.3.23-1974

/12/ NATURAL, Concepts and Facilities, Software AG, Darmstadt 1985

/13/ Ahrens, W., Datenbanksysteme, de Gruyter, Berlin 1971, S. 114 ff.

/14/ Salton, G., The state of the art, New York 1975, S. 121

/15/ Gesetz zum Schutz vor gefährlichen Stoffen (Chemikaliengesetz - ChemG) v. 16.09.1980, § 4 (5)

/16/ CAS Online, American Chemical Society, Columbus, OH

/17/ NLM, National Library of Medicine, Bethesda, MD

/18/ MACCS, Molecular Design Ltd., San Leandro, CA

/19/ RTECS, Registry of Toxic Effects of Chemical Substances, National Institute for Occupational Safety and Health (NIOSH), Cincinnati, OH

/20/ ECDIN, Environmental Chemicals Data and Information Network, Commission of the European Communities, Joint Research Centre, I-Ispra

/21/ IRPTC, International Register of Potentially Toxic Chemicals, United Nations Environment Programme, CH-Genf

/22/ HSDB, Hazardous Substance Date Bank, Department of Health and Human Services, National Institutes of Health, National Library of Medicine, Bethesda, MD

/23/ Stopp, M., INFUCHS - Die Faktendatenbank für Informationen über chemische Stoffe in: Deutsche Gesellschaft für Dokumentation, DGB-Schrift (OLBG-3), 2/83, S. 233-239

/24/ Hommel, G., Handbuch der gefährlichen Güter, Springer, Berlin-Heidelberg 1980

Abb. 1: Strukturiertes INFUCHS-Demonstrationsmerkmal

```
INFUCHS     Aendern:Demo-Gruppe/Demo-Merkmal-Stoffbezug                  #02000
--------------------------------------------------------------------------------
Stoffname:Test-Stoff
   UBA-Nr:    816     Syn-Nr:  0          CAS-Nr:         - -    vorhand.Angaben:  1
   Quelle:0000033    Adresse:           Bearb-Nr:  -  -    -          akt.Angabe:  1
  Merkmal:Demo-Merkmal-Stoffbezug

Zahl einfach       :00011 ..............................................
Zahl multipel      :0000011111 0000022222 0000033333 0000044444 0000055555+......
Zahlenbereich      :00011 - 00099 ..........................................
Zahl mit Einheit  :> ..         100.0 ...........................Kelvin
Zahlenber.m.Einhei:  ..          10.0 ...  - ..              20.0 ...mg/kg
Normbegriff einfac:+            ..............................................
Normbegriff multip:A-Begriff  B-Begriff  C-Begriff  D-Begriff  E-Begriff +......
Freitext           :Freitext-Zeile 1 mit Schlagwort 1 und Schlagwort2          +


--------------------------------------------------------------------------------
MELDUNGEN:
```

Abb. 2: Definition eines Untermerkmals im INFUCHS

```
MERKMALSDATEI : Erfassung/Pflege Grunddaten                          CHEMGRU1
--------------------------------------------------------------------------------
  Merkmalsnummer :  2000                              Anzahl Untermerkmale :  8
                                                           Anzahl Klassen :  0

Merkmalsname
        -deutsch :  Demo-Merkmal-Stoffbezug
       -englisch :  Demo-Item-Substance-Assigned

Logische Dateinr.:  15
Log. Freitextdat.:  8

  Identifik.-Typ :  U (U/H/P/Q/V/A/L)

         Wertart :  DEMOU
Startwertkennung :

Listenausgabetyp :

--------------------------------------------------------------------------------
MELDUNGEN :
```

```
         MERKMALSDATEI : Erfassen/Pflegen Untermerkmal                 CHEMUNT1
--------------------------------------------------------------------------------
        Merkmalsnummer :  2000                                Lfd. Nummer :  5

                   Typ :  11
                Format :  6
       Aufbereitungsart :
 Invertierungs-Kennung :    (0/1/2)
          Name-deutsch :  Zahlenber.m.Einheit
             -englisch :  Num.range w.dimens.
      Feldname/Periode :  G2 /
    Wiederholungsfaktor :
    Laenge des Merkmals :  43
Textabschnitts-Kennung :
    Impliziter Operator :  0 (O=Oder/D=Und)
  Ein-/Ausgabe-Einheit :  MV1
     Umrechnungs-Faktor :
         Nullwertoption :  F (F=fakultativ/optional,O=obligatorisch)
       Pruefanweisungen :

--------------------------------------------------------------------------------
MELDUNGEN :
```

Abb. 3: INFUCHS - Systemstruktur

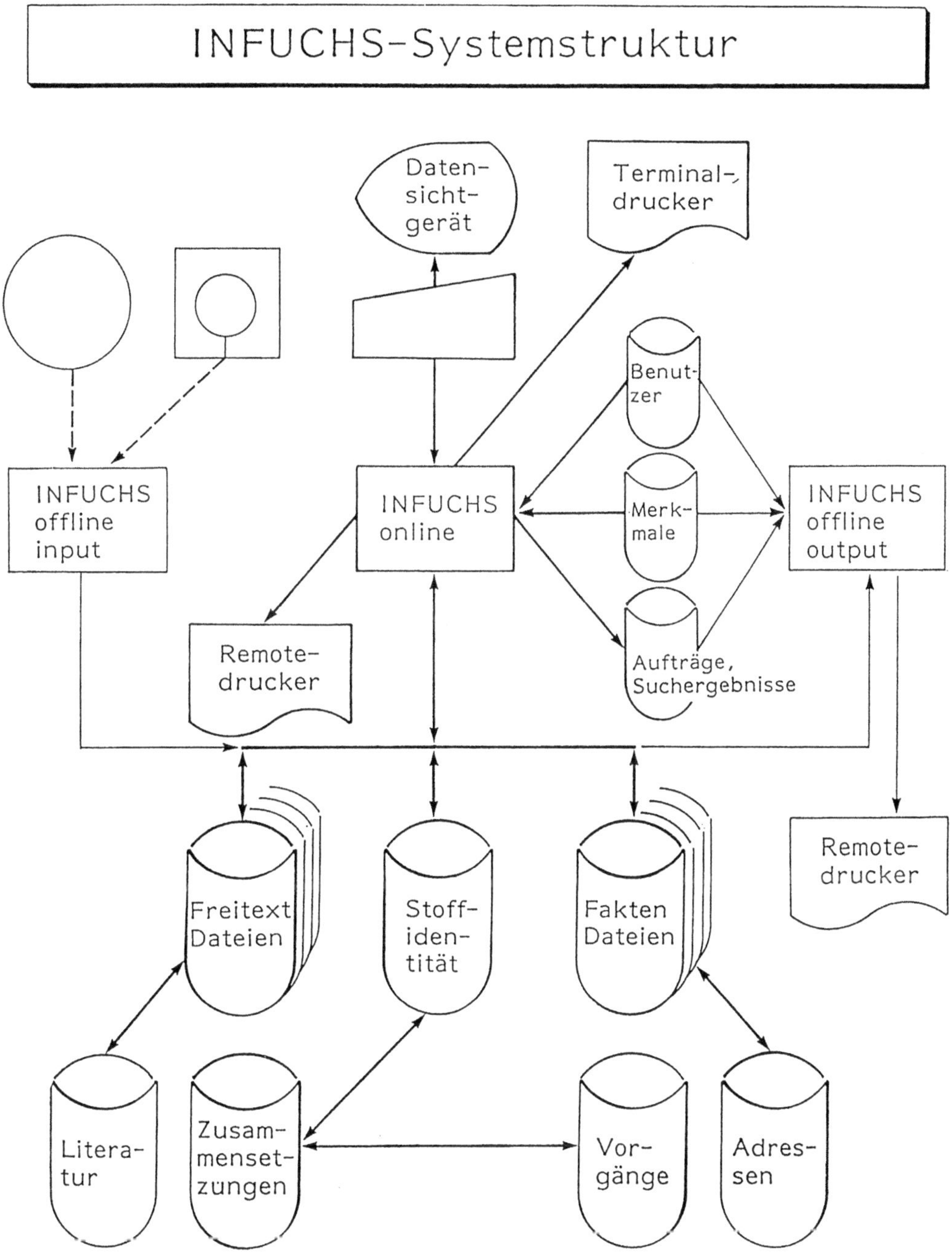

SPEKTREN II - ein strukturorientiertes spektroskopisches Informationssystem auf der Basis einer relationalen Datenbank

T.Förster, C.W.v.d.Lieth

Deutsches Krebsforschungszentrum
Zentrale Arbeitsgruppe Spektroskopie
Im Neuenheimer Feld
D-6900 Heidelberg

Abstract

Die Datenorganisation einer strukturorientierten relationalen Spektren – Datenbank wird beschrieben und deren Arbeitsweise exemplarisch dargestellt. Verglichen werden technische Details (Speicherplatzbedarf, Rechenzeitbedarf, Antwortzeiten) dieses relationalen Datenbanksystems mit denen des hierarchischen, in dem dieselbe Datenmenge bislang spektroskopieart – orientiert abgelegt war. Vor – und Nachteile dieser relationalen Datenbankstruktur werden diskutiert.

Einleitung

In den letzten zwei Jahrzehnten sind an verschiedenen Stellen und mit unterschiedlichen Intentionen und Hintergründen chemische und spektroskopische Informationen digital gespeichert worden. Hampel et al. (1) fanden etwa 50 verschiedene verfügbare Datenbasen, die chemische Informationen enthalten. Rumble et al. (2) meinen, daß dies eine Unterschätzung der tatsächlich vorhandenen Datenbasen um 3/4 ist. Die gegenwärtige Entwicklung zielt zudem darauf ab, weitere aufzubauen.

Leider gibt es keine allgemein akzeptierten Standards dafür, welche Informationen für eine bestimmte spektroskopische Methode in welchem Datenformat und mit welcher Datenstruktur gespeichert werden sollen. Das Fehlen derartiger Regeln macht einen Datenaustausch zwischen verschiedenen Datensammlungen oft schwierig, wenn nicht gar unmöglich. Dieses Hindernis läßt sich mit einem Konzept der relationalen Datenbank relativ einfach überwinden.

J. Gasteiger (Hrsg.)
Software-Entwicklung in der Chemie

In unserem spektroskopischen Informationssystem SPEKTREN I (3) waren auf der Basis eines hierarchischen Datenbanksystems separate Datensätze für ^{13}C - NMR - , IR - und Massen - Spektren gespeichert. Entsprechend den unterschiedlichen Meßverfahren existierten auch unterschiedliche Datenstrukturen. Ein wesentlicher Nachteil dieser Spektroskopieart - Orientierung war, daß die Verknüpfung von Daten einzelner Spektroskopiearten bei identischen Struktur - Informationen im praktischen Gebrauch recht schwierig war. Ein Wunsch war stets gewesen, zu einer Datenorganisation zu gelangen, die an der Molekülstruktur orientiert ist. Nach einem Wechsel des Betriebssystems ließ sich dies unter Verwendung einer relationale Datenbank verwirklichen.

Das Ziel der Umstellung war, die drei hierarchisch organisierten Datenbasen von SPEKTREN I in eine relationale Datenbank zu überführen und dabei gleichzeitig eine an der chemischen Struktur orientierte Datenorganisation zu schaffen, die einen einfachen Zugriff über die chemische Struktur zu den spektroskopischen Informationen ermöglicht.

SPEKTREN I

Seit Mitte der 70ziger Jahre wurde am Deutschen Krebsforschungszentrum die Datenbank SPEKTREN I (3) mit ^{13}C - NMR - , IR - und Massenspektren aufgebaut. Gegenwärtig umfaßt die Sammlung etwa 8.000 ^{13}C - NMR - , 3.000 IR - und 20.000 Massenspektren. Neben den Meßwerten, dem chemischen Namen, Bruttoformel sowie Aufnahmebedingungen wurde auch Strukturinformation in Form einer Verknüpfungstabelle gespeichert.

Die Datenaufnahme und der Datenretrieval basierte auf dem hierarchischen Datenbanksystem INDA (4). Verschiedene Auswertmethoden wie Identitäts - und Ähnlichkeitssuchläufe, Teilstrukturauswertung (3a,3b), ^{13}C - NMR - Spektrenabschätzung (3c) sowie spezielle statistische Auswertverfahren (3d) waren realisiert. Der Zugang zu den spektroskopischen Daten erfolgte über eine Spektren - Kennung oder über den chemischen Namen, Bruttoformel, Molgewicht oder Teilstrukturen, die in speziellen Dateien invertiert waren, um einen schnellen Zugriff zu ermöglichen. Darüber hinaus bot SPEKTREN I eine Reihe von Servicefunktionen an, wie die graphische Ausgabe von Struktur und Spektrum einer Substanz, die interaktive Konstruktion von 2 - dimensionalen Moleküldarstellungen sowie verschiedene Ein - und Ausgabemöglichkeiten.

Alle diese Funktionen sind ebenfalls in SPEKTREN II realisiert.

Wahl des Datenbanksystems

Unsere Hauptforderung an das zu wählende Datenbanksystem war, einen Satz an Informationen - die chemische Struktur - mit verschiedenen anderen Sätzen von Informationen - den spektroskopischen Daten - verknüpfen zu können. Derartige Mehrfachverknüpfungen zwischen verschiedenen Datensätzen sind mittels eines hierarchischen Datenbanksystems wesentlich mühevoller zu realisieren als in einem relationalen. Zudem sind relationale Datenbanken leichter an neue Anforderungen der Abspeicherung und des Datenretrievals anzupassen, als dies bei einem hierarchischen der Fall ist.

Die Tabellenform der Daten ist sehr übersichtlich und eröffnet durch die Möglichkeit der Datenverknüpfung über gleiche Spalteninhalte aus verschiedenen Tabellen eine hohe Unabhängigkeit von der Dateistruktur. Dies ist von großem Vorteil, wenn sehr flexible Suchmöglichkeiten gewünscht werden. Ferner ist für den Benutzer der Datenbank keinerlei Kenntnis der Zugriffspfade notwendig, da der beste Zugriffspfad per Programm bestimmt wird. Fakultativ können durch Anlegen von Indizes spezielle Zugriffspfade definiert werden, welche die mittleren Zugriffszeiten verkürzen.

In eine relationale Datenbank lassen sich ohne Schwierigkeiten neue Tabellen einbringen und in bestehenden Tabellen Spalten anfügen. So konnte etwa die Aufnahme stereochemischer Informationen dadurch realisiert werden, daß eine neue Tabelle (MORGCF) in die Datenbank aufgenommen und in vier bestehenden Tabellen jeweils eine Spalte angefügt wurde.

Tabellenaufbau

SPEKTREN II umfaßt z.Z. die vier Tabellen SUBSTANZ, C13, IR und MS, in denen chemische und spektroskopische Daten abgelegt sind, sowie die beiden Tabellen MORGAN und MORGCF, mit deren Hilfe der schnelle struktur - orientierte Zugriff auf die Daten realisiert wird.

In der Tabelle SUBSTANZ sind molekülspezifische Informationen wie chemischer Name, Chemical - Abstract - Registry - Nummer, Bruttoformel, Molmasse usw. abgespeichert. Die Tabellen C13, IR und MS enthalten die Meßwerte von ^{13}C - NMR - , Infrarot - und Massenspektren sowie spezielle Informationen wie Aufnahmebedingungen, Datum, Hersteller der Substanz, Lösungsmittel und eine Spektren - Kennung, über die ein direkter Zugang zu den jeweiligen Messungen (Laborjournalen) möglich ist.

Die Tabelle MORGAN enthält eineindeutige Verschlüsselungen der Molekülkonstitution mit einmalig vergebenen zugehörigen Morgan - Strukturnummern. Die chemischen Strukturen sind hierbei nach der von Morgan (5) entwickelten Technik codiert. Der große Vorteil dieses Codes liegt darin, daß er unabhängig von einer Ausgangsnummerierung des Moleküls, wie sie z.B. bei der Vorgabe einer Verknüpfungsmatrix vorliegt, generiert wird. Da die Morgan - Codierung für das CAS entwickelt wurde und dort Verwendung findet, ist prinzipiell auch eine Anknüpfung an die CAS - Datenbank möglich.

Während die originale Morgan - Codierung keine Erfassung der stereochemischen Konfiguration eines Moleküls erlaubt, ist dies bei Verwendung des durch Wipke und Dyott stereochemisch erweiterten Morgan - Algorithmus SEMA (6) möglich. Diese Codeerweiterung, welche die Konfiguration eindeutig verschlüsselt, wird in der Tabelle MORGCF zusammen mit einer einmalig vergebenen Konfigurationsnummer abgelegt.

Die Paare aus Morgannummer und Konfigurationsnummer stellen einen eineindeutigen, nicht - systematischen Metacode des um vieles längeren erweiterten Morgan - Codes dar und haben etwa die Funktion einer internen Chemical - Abstracts - Registry - Nummer. Die Tabellen SUBSTANZ, C13, IR und MS enthalten jeweils zwei Spalten für dieses Paar aus Morgan - und Konfigurationsnummer. Damit lassen sich alle Spektren aller drei Spektroskopiearten auffinden, welche sich von einer identifizierten Substanz in der Datenbank befinden.
Für Substanzen, deren Struktur noch nicht aufgeklärt oder aufgenommen ist, besteht daneben die Möglichkeit, Daten über die Spektren - Kennung zu verknüpfen.

Der Zugriff auf die Daten ist in Abbildung 1 dargestellt.

Legende :

mc = Morgan-Code
mn = Morgan-Nummer
kc = Konfigurations-Code
kn = Konfigurationsnummer
sub = Substanzdaten
k = institutsinterne Kennung
c13,ir,ms = Spektroskopiedaten

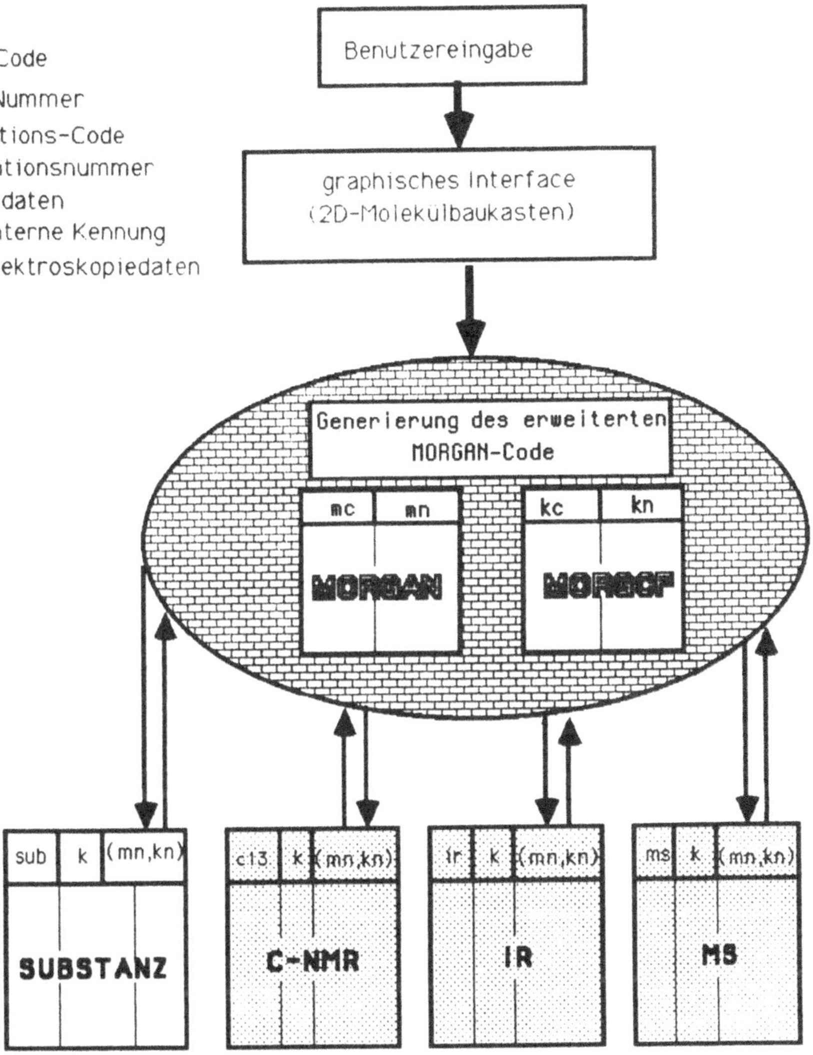

Retrieval aller Spektren einer Struktur

In Anhang 1 ist der Funktionsumfang von SPEKTREN II wiedergegeben. Als wesentliche neue Möglichkeit des Datenretrievals gegenüber SPEKTREN I ist das Auffinden aller Spektren mit identischer chemischer Struktur hinzugefügt worden. Hierzu kann das Molekül interaktiv generiert werden. Diese soll im folgenden exemplarisch für die Substanz Phorbol dargestellt werden.

Die Eingabe der chemischen Struktur erfolgt anhand eines komfortablen Eingabemenus (siehe Tabelle 1) in Form eines linearen Eingabecodes.

****

Tabelle 1 Der Befehlsumfang des linearen Eingabecodes zur Erzeugung einer 2 – dimensionalen Moleküldarstellung

a) Konstruktionsfunktionen

keL A B T	Kette (einnummeriert) der Länge L zwischen A und B vom Bindungstyp T
knL A B T	Kette (nachnummeriert), Parameter wie bei "ke"
reL A B T S	Ring (einnummeriert) der Größe L zwischen A und B vom Bindungstyp T bei Ringstellung S
rnL A B T S	Ring (nachnummeriert), Parameter wie bei "re"
bi A B T	Bindung zwischen A und B vom Bindungstyp T
ozO A B C ...	Ordnungszahl O für Atome A B C ... (max. 10)
*i	Molekül(– fragment) vervielfachen (i = 2,3,4,5)
id A B	vereinige die Atome A und B

b) Informationsfunktionen

aa	aktuelle Anzahl der eingegebenen Atome anzeigen
ia A B C ...	Info Atome A B C ... (max. 10)
pr	Connectiontable auf Bindigkeit prüfen

c) Löschen

la A B C ...	lösche Atome A B C ... (max. 10)
lb A B	lösche Bindung zwischen A und B
lc	lösche Connectiontable komplett

d) spezielle Funktionen

np	Nummerierung permutieren
vn A B	vertausche Nummer A mit B
so	sortiere Heteroatome an das Ende
sc	erzeuge HOSE - Code (7) der aktuellen Struktur
kc K S	kopiere Connectiontable von Kennung K aus Datei S
kf	Konfiguration aufnehmen
kb	Koordinaten neu berechnen
dr	drehe Molekül um 180 Grad
sp	spiegeln des gesamten Moleküls
ze	zeige Molekül(- fragment)

Anmerkungen zur Tabelle:

Mit den Adjektiven "ein - " und "nachnummeriert" wird die Nummerierung der Atome beeinflußt. Dies erlaubt die einfache Generierung beliebiger Molekülnummerierungen und ermöglicht so eine direkte Anknüpfung an die in der Nomenklatur üblichen Regeln.

Bei der Eingabe können Befehle mittels ";" verknüpft und mit der Klammerung "(Befehl)*i" ver - i - facht werden. Jede in der Datenbank vorhandene Struktur läßt sich mittels der Kennung irgendeines zugehörigen Spektrums ansprechen. Daneben gibt es die Möglichkeit, jede Struktur entweder durch Abänderung einer schon gegebenen oder durch gänzliche Neueingabe aufzubauen.

****

Mittels des Kommandos "ze" wird das 2 - dimensionale Bild des jeweils vorhandenen Moleküls generiert und graphisch auf dem Bildschirm wiedergegeben, sodaß der Benutzer jederzeit seine Eingabe kontrollieren kann. Die Atome werden fortlaufend durchnummeriert und können während der Konstruktion mit ihren Nummern angesprochen werden. Dabei werden zweckmäßigerweise zunächst die Grundgerüste (Ringe, Ketten) aufgebaut und dann die Heteroatome und Mehrfachbindungen gesetzt. Verschiedene spezielle Funktionen stehen zur Verfügung, um die intern generierte

Verknüpfungstabelle auf korrekte Bindigkeit zu prüfen, Nummerierungen zu vertauschen oder die graphische Darstellung zu manipulieren.

Die Strukturneueingabe von Phorbol kann wie folgt aussehen:

1. Schritt: Grundgerüst aufbauen

"rn10;bi 4 10;kn4 9 8;kn1 13 14;ze"

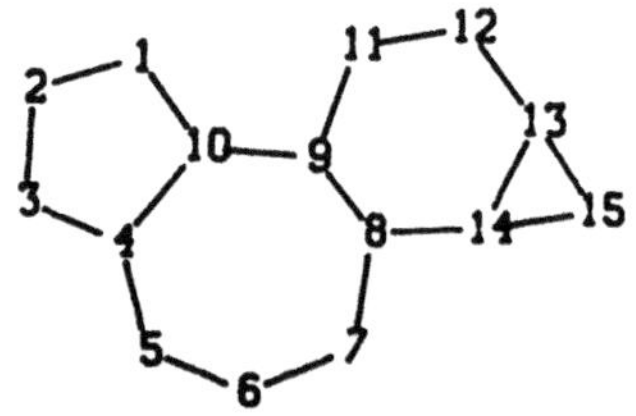

2. Schritt: Seitenketten anfügen

"(kn1 15)*2;kn1 11;kn1 2;kn2 6;kn1 3 0 2;kn1 4;kn1 13;kn1 12;kn1 9;ze"

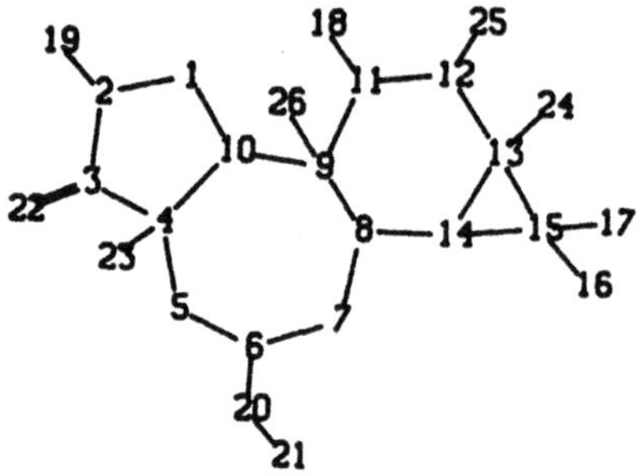

3. Schritt: Doppelbindungen und Heteroatome

"bi 1 2 2;bi 6 7 2;oz8 21 22 23 24 25 26;ze"

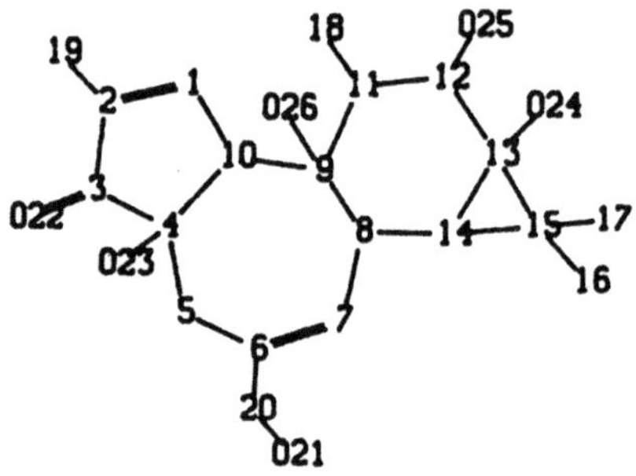

Man erhält die 2 – dimensionale Strukturdarstellung. Damit ist die Konstitution von Phorbol erfaßt. Die Stereozentren des Moleküls werden per Programm aufgefunden. Falls die betreffende Stereochemie bekannt ist, kann der Benutzer die gewünschte Konfiguration für die einzelnen Zentren eingeben. Intern werden dann der Morgan – Code und der Konfigurations – Code dieser Struktur erzeugt und die Spektren mit erfaßter identischer Struktur ausgegeben.

Alternativ kann diese Suche nach Spektren mit gleicher Struktur auch ohne Beachtung der stereochemischen Information vorgenommen werden.

^{13}C – NMR: Spektren – Kennung "C,DKF 2065"

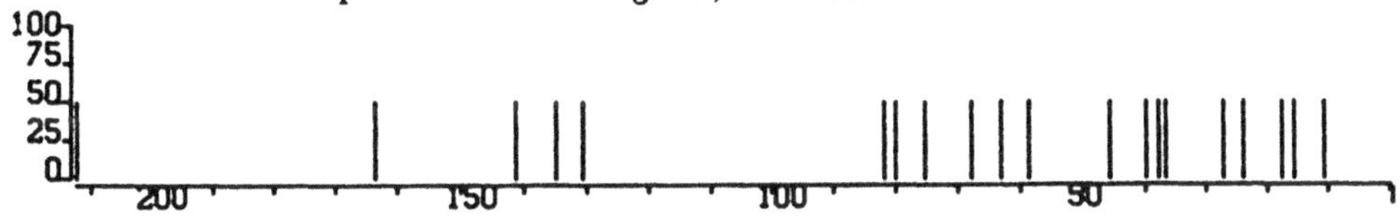

IR: Spektren – Kennung "I,IR 4533"

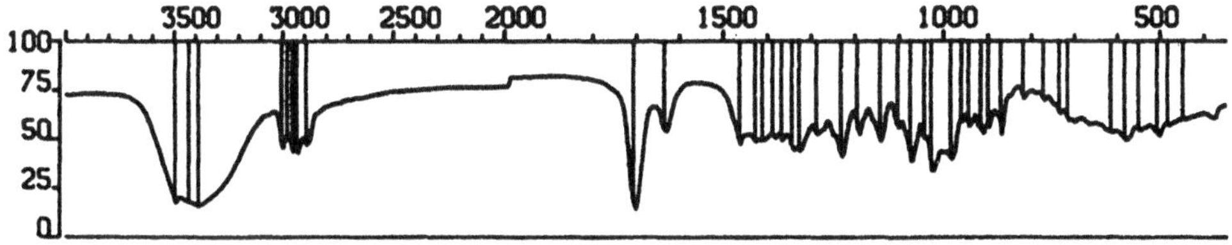

Masse: Spektren – Kennung "M,MSN11413"

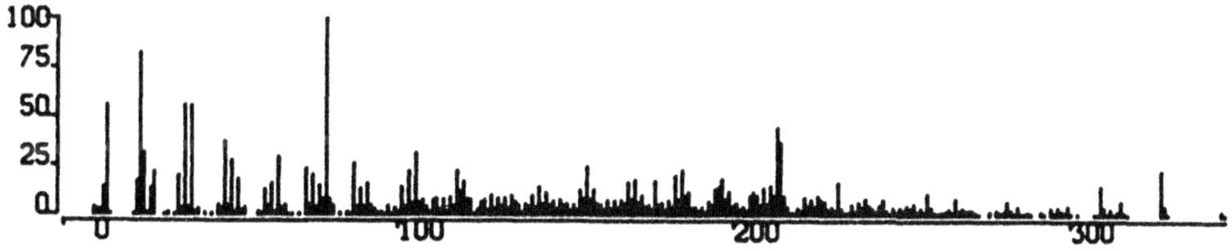

Vergleich hierarchische – relationale Datenbank

Als Nachteile relationaler Datenbanken werden oft der hohe Speicher – und Rechenzeitbedarf sowie die Verlängerung der Antwortzeiten beim Mehrbenutzerbetrieb genannt. Auch sollen im Fall ungeschickter Fragestellungen die Rechen – und Antwortzeiten unannehmbar große Werte annehmen können.

Pro Spektrum unterscheidet sich der Speicherplatzbedarf bei relationaler Datenstruktur nur unwesentlich von dem bei hierarchischer, da alle Informationen möglichst platzsparend abgelegt wurden. Lediglich für den IR-Kurvenzug wurde der speicherplatzintensivere Typ LNGVRCHAR gewählt (siehe auch Anmerkung zu Anhang 2 (b)). Da die Struktur-Informationen in Zukunft lediglich einmal pro Substanz abgespeichert werden müssen, ergibt sich eine Speicherplatzeinsparung.

Der durchschnittliche belegte Speicherplatz beträgt 0,3088 kB für ^{13}C-NMR-, 4,213 kB für IR- und 0,817 kB für Massenspektren. Die in SUBSTANZ gespeicherten Informationen benötigen durchschnittlich 0,312 kB pro Spektrum. Die Speicherung der Indizes bei relationaler Datenstruktur benötigt mit 7.000 kB etwas weniger Platz als die der Inverted Files mit 8.000 kB bei der hierarchischen. Da jedoch aufgrund des Tabellenaufbaus eine spezielle Abspeicherung der Meßwerte, wie wir sie zur Beschleunigung der Suchläufe in der hierarchischen Datenstruktur installiert hatten, entfallen ist, ergibt sich eine weitere Einsparung von etwa 8.000 kB.

Praktisch ist der benötigte Speicherplatz jedoch wesentlich größer geworden, was mit dem Konzept der Mini-Disk des benutzten VM-Betriebssystems zusammenhängt. Hierbei muß physikalisch Speicherplatz reserviert werden - eben die Mini-Disk -, der dann keinem anderen Benutzer zur Verfügung steht. Laut SQL-Empfehlungen sollte man etwa doppelt soviel Speicherplatz allokieren, wie man aktuell braucht, um einen gewissen Zuwachs garantieren und gewisse Kopieroperationen ausführen zu können. Eine nachträgliche Platzvergrößerung ist nur mit Schwierigkeiten durchführbar. Die Größe der Minidisk beträgt z.Z. 128 MB, wovon die Spektrendaten 34 MB belegen.

Nach unseren Erfahrungen sind die benötigten CPU-Zeiten für Anfragen in den beiden Datenbanksystemen durchaus miteinander vergleichbar. Ein Indentitätssuchlauf über etwa 2.500 IR-Spektren benötigte auf exakt derselben Maschine (IBM 4381) - allerdings mit unterschiedlichen Betriebssystemen - etwas mehr als 3 Minuten, sowohl für die hierarchische als auch für die relationale Datenbank. Auch liegen die interaktiven Antwortzeiten, die natürlich stark von der Belastung des Rechners abhängen, in der Größenordnung von wenigen Sekunden und sind damit zufriedenstellend. Normalerweise haben wir höchstens vier Benutzer, die zugleich mit SPEKTREN II arbeiten. Deshalb können wir keine Aussage darüber machen, wie sich eine größere Anzahl von gleichzeitigen Zugriffen auf die Datenbank in den Antwortzeiten bemerkbar macht.

Da für die üblichen Anwendungen der Datenbank die Zugriffspfade per Programm gesetzt werden, hat das Problem von ungeschickt gestellten Anfragen und daraus resultierenden enormen Rechenzeiten in der Praxis keine Probleme bereitet. Für Anfragen, bei denen der Benutzer selbst die SQL-Anfrage stellen muß (z.B. beim Retrieval über chemische Namen, Bruttoformel, Molmasse etc.) wird zudem versucht, durch vorgefertigte Anfragemöglichkeiten optimal zu leiten.

Benutzte Hard- und Software

SPEKTREN II basiert auf dem relationalen Datenbanksystem SQL/DS Release 3 (Structured Query Language) (8) der Firma IBM und ist auf einem IBM-Rechner der Serie 4381-R14 unter dem Betriebssystem VM/CMS installiert.

Um einen schnellen und dynamischen Zugriff auf die Datenbank zu haben, sind die Daten-Zugriffsprogramme ASSEMBLER-Routinen, während die Anwendungsprogramme in FORTRAN 77 geschrieben sind.

Die benutzte Plotsoftware ist DISSPLA (9).

Zusammenfassung

Die Umstellung der spektoskopieart-orientierten, hierarchisch organisieren Datenbank SPEKTREN I auf eine strukturorientierte, relationale Datenorganisation hat etwa 1 1/2 Mannjahre an Arbeitskraft benötigt. Eine entsprechende Umorganisation der hierarchischen Struktur, wie zunächst geplant, hätte sicherlich eines ähnlichen Zeitaufwands bedurft.

Der Hauptvorteil der jetzigen Datenstruktur ist darin zu sehen, daß es sehr einfach möglich ist, für weitere Daten wie z.B. stereochemische Informationen, spezielle Teilstrukturen etc. die bestehende Datenbank zu erweitern und diese neuen Daten sofort in jeder gewünschten Weise in den Datenretrieval mit einzubeziehen. Diese Eigenschaft ist speziell für Datensammlungen wie SPEKTREN II, die hauptsächlich im wissenschaftlichen Bereich mit sich schnell ändernden Anforderungen angesiedelt sind, von besonderer Bedeutung.

Die befürchtete Verlangsamung des Datenretrievals gegenüber der hierarchischen Struktur ist nicht eingetreten, ebensowenig eine entscheidende Erhöhung der erforderlichen Rechenzeit. Der praktisch benötigte Speicherplatzbedarf hat sich allerdings fast verdoppelt.

Danksagung

Wir danken Herrn R. Merx vom Insitut für Dokumentation und Statistik des DKFZ für seine unermüdliche Hilfe beim Einrichten der SQL - Datenstrukturen ebenso wie Frau I. Köhler und Herrn Dr. H.J. Opferkuch für die finanzielle und organisatorische Absicherung des Projekts.

Literatur

1) V.E.Hampel, W.A.Bollinger, C.A.Gaynor ,J.J.Oldani
"An online Directory of Databases for Material Properties"
Lawrence Livermore National Lab., CA, 1984, UCRI.90276 Rev.1.

2) J.R.Rumble and D.R.Lide
J.Chem.Inf.Comput.Sci. 25, 231 (1985)

3a) M.Zippel, J.Mowitz, I.Köhler, H.J.Opferkuch
Anal.Chim.Acta 140, 123 (1982)

3b) I.Köhler, M.Zippel, C.W.v.d.Lieth, H.J.Opferkuch
Fresenius Z.Anal. Chem 315, 334 (1983)

3c) C.W.v.d.Lieth, J.Seil, H.J.Opferkuch, I.Köhler
Magn.Res.Chem. 23, 1048 (1985)

3d) J.Seil, C.W.v.d.Lieth, H.J.Opferkuch, I.Köhler
Anal.Chim.Acta (in press)

4) K.Schadewalt, R.Merx, DKFZ Heidelberg, Abteilung Zentrale Daten - verarbeitung, Technical Report 12/1978

5) H.L.Morgan, J.Chem.Doc. 5, 107 (1965)

6) W.T.Wipke, T.M.Dyott, J.Amer.Chem.Soc. 96, 4834 (1974)

7) W.Bremser, Anal.Chim.Acta 103, 355 (1978)

8) IBM Corporation, SQL/Data System Release 3

9) ISSCO, San Diego, Calif., DISSPLA

Anhang 1: Befehlsumfang von Spektren II

a) Datenretrievalfunktionen

VGL	Indentitäts- und Ähnlichkeitssuchläufe
IST	Auffinden von Spektren mit identischer Struktur
SQL	Retrieval von chemischen Namen, Bruttoformel, Molmasse etc. unter Benutzung der SQL-Anfragesprache
AUS	Auswahl von HOSE-Teilstrukturcodes
CAB	^{13}C-NMR-Spektrenabschätzung

b) Ausgabefunktionen

ZE	zeige Struktur/Spektrum am Terminal
DRU	drucke Struktur/Spektrum auf dem Schnelldrucker
PLO	plotte Struktur/Spektrum
KO	kopiere Struktur/Spektrum in ein anderes Format/Arbeitsdatei

c) Datenaufnahmefunktionen

AUF	Aufnahme neuer Strukturen/Spektren
AE	ändere fehlerhafte Strukturen/Spektren
LOE	lösche Strukturen/Spektren
LIE	lies Struktur/Spektrum und bearbeite mit externem Programm

d) Informations- und Hilfsfunktionen

SE	setze Programmablaufsteuerung
PRO	speichere Programmablaufsteuerung über die jeweilige Sitzung hinaus (profile)
NAC	Nachricht an den Systembetreuer
INF	Info über Funktionsumfang, -ablauf und gesetzte Parameter

****

Anhang 2: Aufbau der verschiedenen Tabellen

Tabelle MORGAN:

Spalten-Name:	Daten-Typ:		Inhalt:
MOSTNR	SMALLINT		Morgan-Nr.
MONCT	SMALLINT		Anzahl Atome
MONRI	SMALLINT		Anzahl Ringe
MOFRAT	VARCHAR	(101)	"From Attachment"-Liste
MORICL	VARCHAR	(101)	"Ring Closure"-Liste
MONOVA	VARCHAR	(101)	"Node Value"-Liste
MOLIVA	VARCHAR	(101)	"Line Value"-Liste

Tabelle MORGCF:

Spalten – Name:	Daten – Typ:		Inhalt:
MOCFNR	SMALLINT		Morgan – Konfiguration – Nr.
MOCFDN	SMALLINT		Kenngröße Doppelbindg./Atome
MODBCF	VARCHAR	(10)	Konfiguration der Doppelbindgn.
MOATCF	VARCHAR	(25)	Konfiguration der C – Atome

Tabelle SUBSTANZ:

Spalten – Name:	Daten – Typ:		Inhalt:
KENN	CHAR	(10)	Kennung
CAS	CHAR	(12)	CAS – Nummer
NAME1(a)	VARCHAR	(200)	Substanzname
NAME2(a)	VARCHAR	(200)	Substanzname (Fortsetzung)
MM	SMALLINT		Molmasse
BF	VARCHAR	(100)	Brutto – Formel
PHYSIN	VARCHAR	(254)	physikal. Information
BIOINF	VARCHAR	(254)	biolog. Information
COR2D	VARCHAR	(254)	2 – dim. Koordinaten
CT1	VARCHAR	(254)	2 – dim. Connectiontable
CT2	VARCHAR	(254)	2 – dim. Connectiontable
CT3	VARCHAR	(254)	2 – dim. Connectiontable
WLN	VARCHAR	(200)	Wiswesser – Line – Notation
MOSTNR	SMALLINT		Morgan – Nr.
MOCFNR	SMALLINT		Morgan – Konfiguration – Nr.

Tabelle C13:

Spalten – Name:	Daten – Typ:		Inhalt:
KENN	CHAR	(10)	Kennung
VER	CHAR	(1)	Versionskennung
DATUM	CHAR	(8)	Datum
RF	VARCHAR	(200)	Referenz
HE	VARCHAR	(200)	Hersteller
LSGM	VARCHAR	(100)	Lösungsmittel
AUF	VARCHAR	(100)	Aufnahmedaten
PK	VARCHAR	(254)	Protonenkopplung
HK	VARCHAR	(254)	Heterokopplung
RZ	VARCHAR	(254)	Relaxationszeiten
ASS	VARCHAR	(254)	Zuordnungen
SHIFTS(b)	VARCHAR	(254)	Shifts
INTEN (b)	VARCHAR	(254)	Intensitäten
UZ	VARCHAR	(254)	unsichere Zuordnung
COM	VARCHAR	(200)	Kommentar
MOSTNR	SMALLINT		Morgan – Nr.
MOCFNR	SMALLINT		Morgan – Konfiguration – Nr.

Tabelle IR:

Spalten – Name:	Daten – Typ:		Inhalt:
KENN	CHAR	(10)	Kennung
VER	CHAR	(1)	Versionskennung
DATUM	CHAR	(8)	Datum
RF	VARCHAR	(200)	Referenz
COM	VARCHAR	(200)	Kommentar
HE	VARCHAR	(200)	Hersteller
AUF	VARCHAR	(200)	Aufnahmedaten
LSGM	VARCHAR	(200)	Lösungsmittel
SHIFTS(b)	VARCHAR	(254)	Bandenlage
INTEN(b)	VARCHAR	(254)	Intensitäten
IRPLOT	LNGVCHAR	(32767)	Kurvenzug
MOSTNR	SMALLINT		Morgan – Nr.
MOCFNR	SMALLINT		Morgan – Konfiguration – Nr.

Tabelle MS:

Spalten – Name:	Daten – Typ:		Inhalt:
KENN	CHAR	(10)	Kennung
VER	CHAR	(1)	Versionskennung
DATUM	CHAR	(8)	Datum
RF	VARCHAR	(200)	Referenz
COM	VARCHAR	(200)	Kommentar
HE	VARCHAR	(200)	Hersteller
AUF	VARCHAR	(100)	Aufnahmedaten
LSGM	VARCHAR	(200)	Lösungsmittel
SHIFTS1(b)	VARCHAR	(254)	M/E – Werte
SHIFTS2	VARCHAR	(254)	M/E – Werte
SHIFTS3	VARCHAR	(254)	M/E – Werte
SHIFTS4	VARCHAR	(254)	M/E – Werte
SHIFTS5	VARCHAR	(254)	M/E – Werte
SHIFTS6	VARCHAR	(254)	M/E – Werte
SHIFTS7	VARCHAR	(254)	M/E – Werte
SHIFTS8	VARCHAR	(254)	M/E – Werte
INTEN1(c)	VARCHAR	(254)	Intensitäten
INTEN2	VARCHAR	(254)	Intensitäten
INTEN3	VARCHAR	(254)	Intensitäten
INTEN4	VARCHAR	(254)	Intensitäten
MOSTNR	SMALLINT		Morgan – Nr.
MOCFNR	SMALLINT		Morgan – Konfiguration – Nr.

Erklärung der Datentypen:

CHAR(n)	Spalte vom Datentyp Character der Länge n
VARCHAR(n)	variabel lange Spalte vom Typ Character der maximalen Länge n
LNGVCHAR(n)	variabel lange Spalte vom Typ Character der maximalen Länge n (es werden jeweils Blöcke von 254 Byte angelegt)
SMALLINT	Spalte zur Abspeicherung von Werten von Typ Integer (2 Byte)

Anmerkungen:

SPEKTREN II ist im Augenblick für Moleküle bis zu 100 Atomen (ohne Wasserstoffatome) ausgelegt. Es können maximal 127 ^{13}C - Signale und IR - Banden sowie 1000 M/E - Werte und deren Intensitäten gespeichert werden.

(a) um chemische Namen bis zu einer Länge von 400 Zeichen abspeichern zu können, wurden 2 Spalten angelegt, da nur über Spalten mit einer maximalen Länge von 200 Zeichen ein Index gelegt werden kann.

(b) Meßwerte sowie die Connectiontable wurden in mehreren Spalten vom Datentyp VARCHAR der maximalen Länge von 254 Byte gespeichert. Dies erwies sich als wesentlich platzsparender als eine Abspeicherung in Spalten von Typ LNGVCHAR. LNGVCHAR - Spalten belegen jeweils Blöcke von 254 Byte, unabhängig davon, wieviel Platz tatsächlich gebraucht wird, während VARCHAR Spalten nur den Platz belegen, der der tatsächlichen Länge des Strings entspricht.

(c) die normierten Intensitäten der M/E - Werte wurden auf 0,4 Einheiten gerundet, da dies eine Abspeicherung in 1 Byte ermöglichte.

****

Tabelle 3: Liste der gewählten Indizes

Indizes:

Tabelle	Spalte(n)	Charakteristik
SUBSTANZ	KENN	U
SUBSTANZ	MOSTNR,MOCFNR	D
SUBSTANZ	MM	D
SUBSTANZ	BF	D
SUBSTANZ	NAME1	D
C13	KENN	U
C13	MOSTNR,MOCFNR	D
C13	RF	D
C13	HE	D

IR	KENN	U
IR	MOSTNR,MOCFNR	D
MS	KENN	U
MS	MOSTNR,MOCFNR	D
MS	RF	D
MS	HE	D
MORGAN	MOSTNR	U
MORGAN	MONCT,MONRI	D
MORGCF	MOCFNR	U
MORGCF	MOCFDN	D

U = Unikate erforderlich
D = Duplikate zugelassen

GPSR Compliance

The European Union's (EU) General Product Safety Regulation (GPSR) is a set of rules that requires consumer products to be safe and our obligations to ensure this.

If you have any concerns about our products, you can contact us on ProductSafety@springernature.com

In case Publisher is established outside the EU, the EU authorized representative is:

Springer Nature Customer Service Center GmbH
Europaplatz 3
69115 Heidelberg, Germany

Batch number: 10844827

Printed by Printforce, the Netherlands